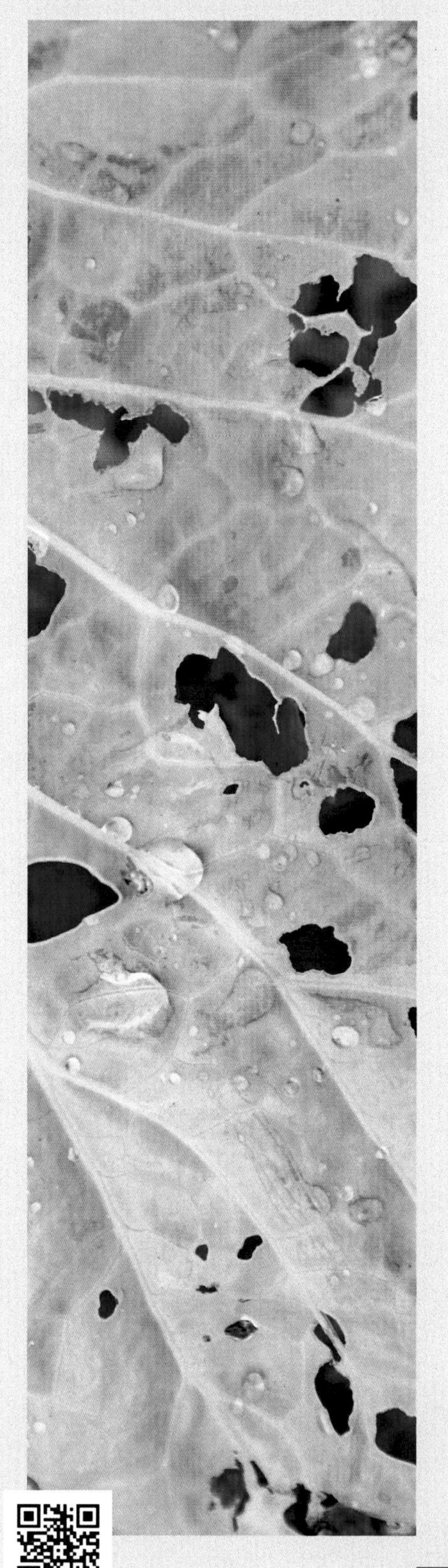

알아두면 좋은

채소 병해충

국립농업과학원 著

안전하고 신선한 채소 생산을 위해 생물적, 재배적, 물리적, 화학적 방제기술 등을 조합한 친환경적 병해충 종합관리기술은 반드시 필요하다.

21세기사

알아두면 좋은

채소 병해충

THE DISEASE AND INSECT PESTS OF VEGETABLES

CONTENTS

<병해편>

제1장 채소병해의 종합관리(IPM)

제2장 병해각론

CONTENTS

<해충편>

제1장 채소해충의 종합관리(IPM)

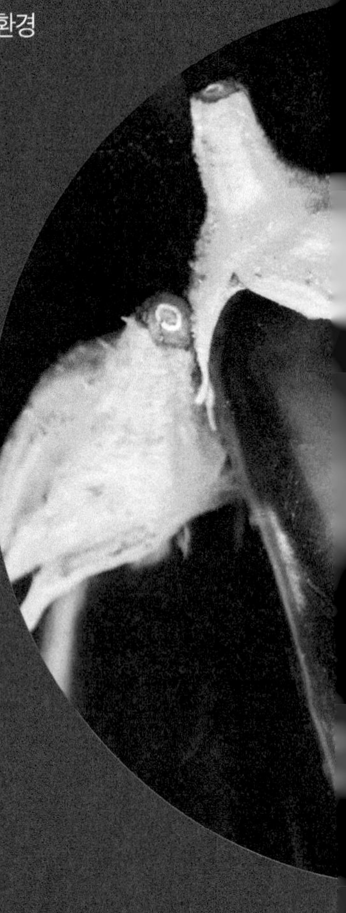

제2장 채소의 공통 해충

제3장 십자화과 채소의 해충

제4장 가짓과 채소의 해충

제5장 박과 채소의 해충

제6장 백합과 채소의 해충

제7장 딸기의 해충

특집

<병해편>

채소병해

배추 무름병

배추 뿌리혹병

배추 검은무늬병

양배추 검은썩음병

배추 균핵병

고추 역병

채소병해

가지 역병

토마토 풋마름병

고추 탄저병

토마토 잎곰팡이병

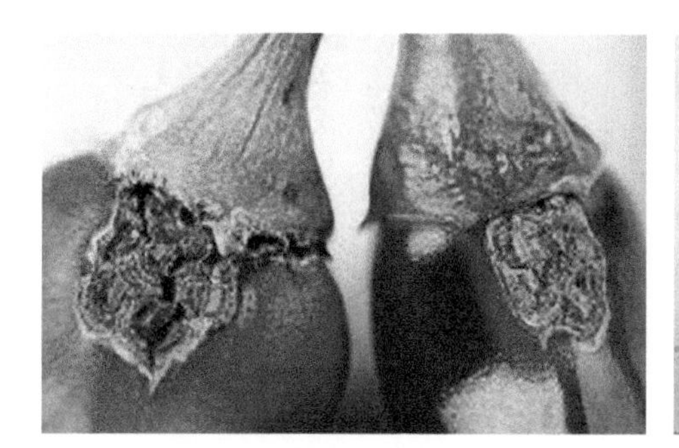

고추 궤양병

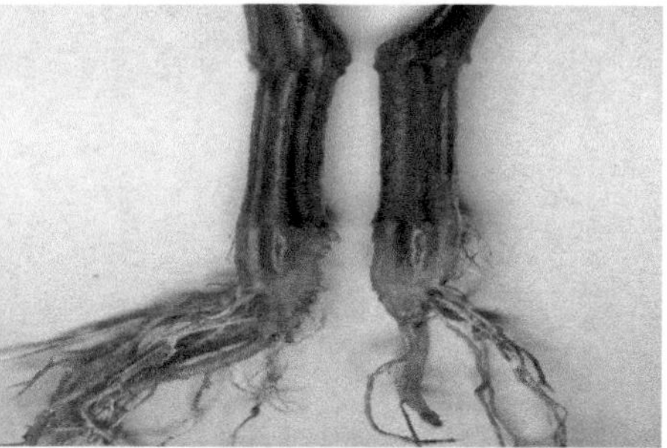

오이 덩굴쪼김병

<병해편>

채소병해

수박 덩굴마름병

오이 노균병

수박 탄저병

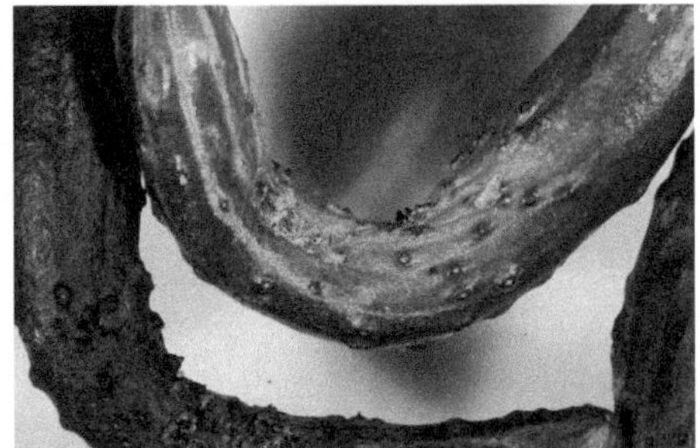

오이 검은별무늬병

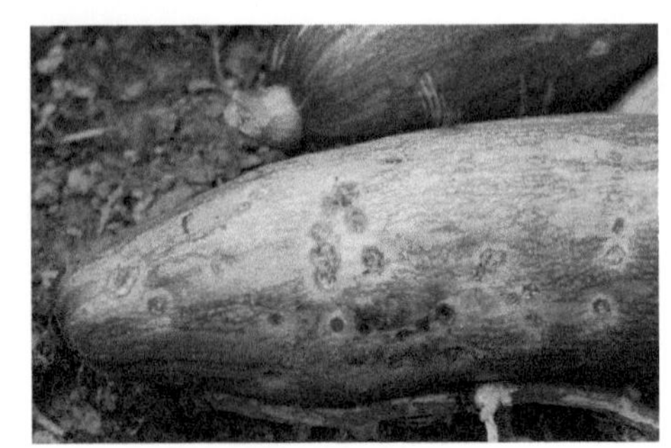

호박 검은별무늬병

멜론 균핵병

채소병해

양파 노균병

파 검은무늬병

마늘 녹병

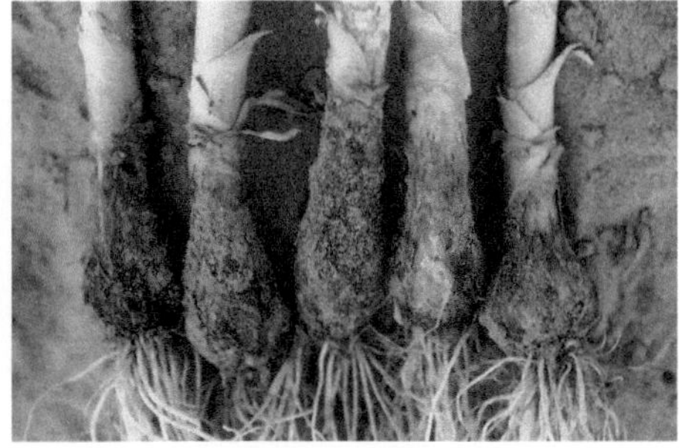

마늘 흑색썩음균핵병

마늘 잎마름병

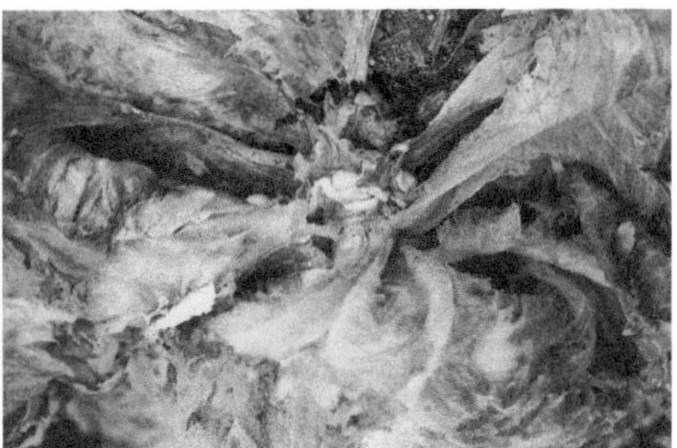

상추 균핵병

<병해편>

채소병해

딸기 잿빛곰팡이병

딸기 흰가루병

당근 검은잎마름병

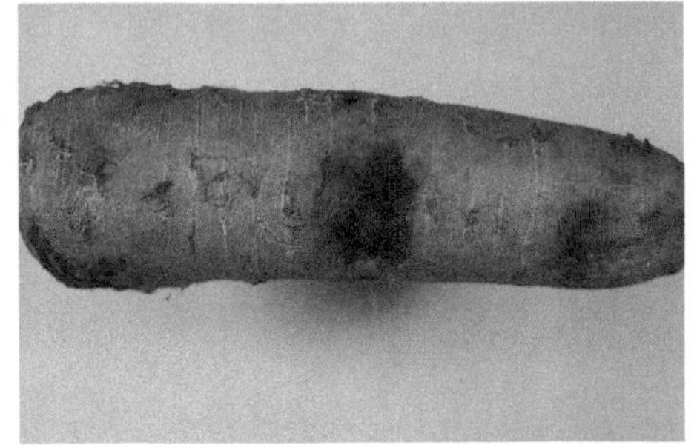

당근 검은무늬병

생강 뿌리썩음병

생강 잎집무늬마름병

MEMO

<해충편>

채소해충

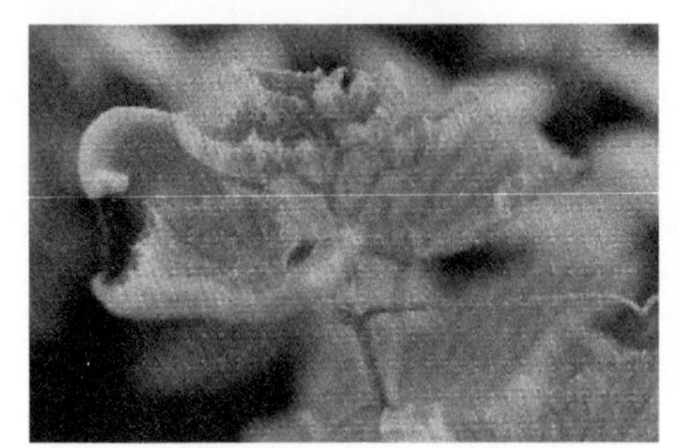

오이 잎의 점박이응애 피해

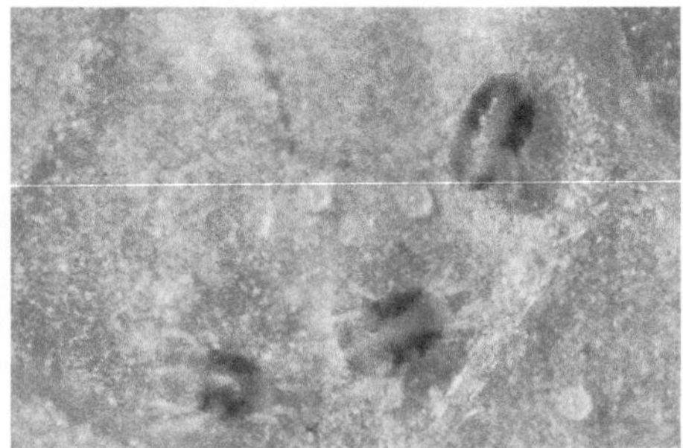

점박이응애 알과 성충

멜론 잎의 차응애 피해

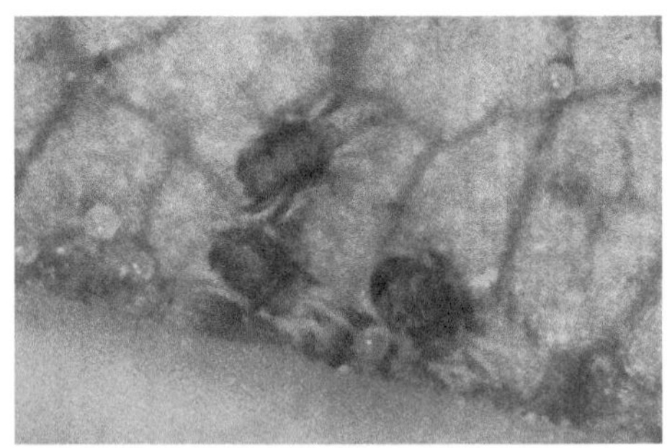

차응애 알과 성충

오이 잎의 오이총채벌레 피해

오이총채벌레 성충

채소해충

오이 잎의 꽃노랑총채벌레 피해

꽃노랑총채벌레 성충

복숭아혹진딧물 녹색계통

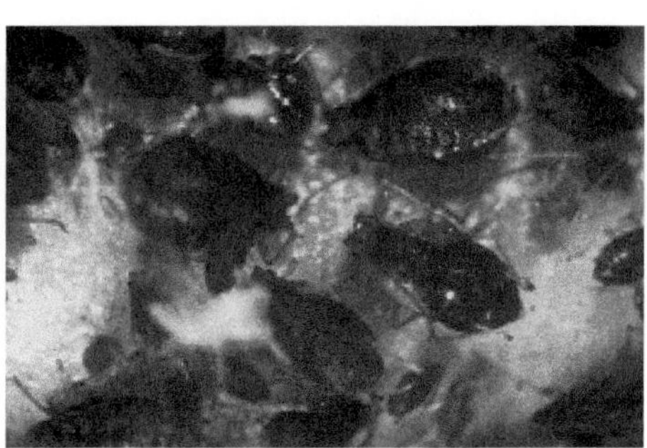

복숭아혹진딧물 적색계통

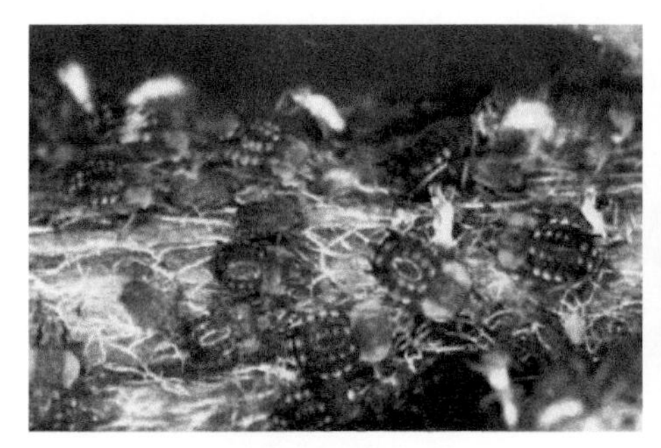

목화진딧물 약충과 성충

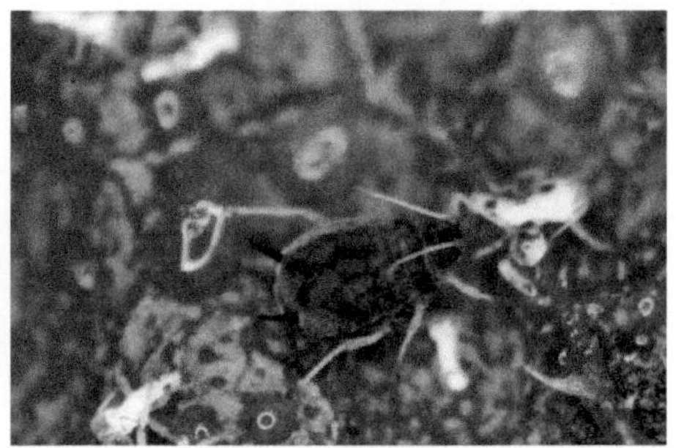

목화진딧물 무시성충

<해충편>

채소해충

온실가루이 종령약충

온실가루이 성충

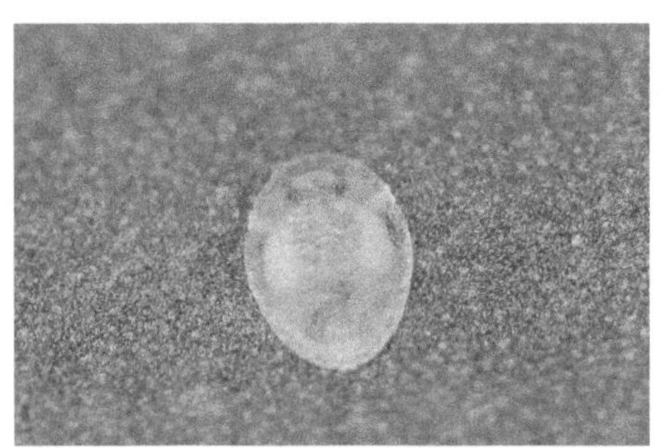

담배가루이 종령약충

담배가루이 성충

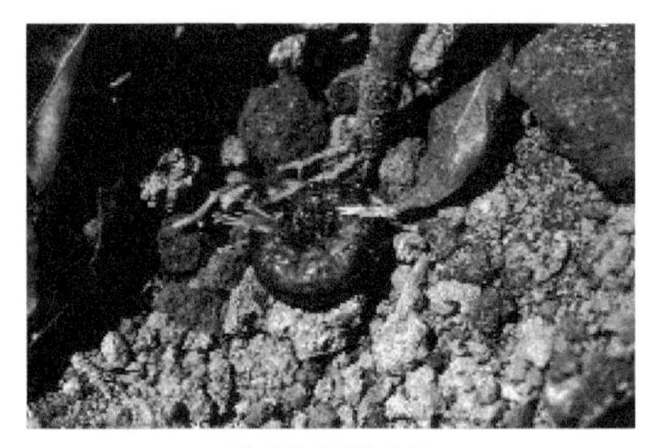

검거세미나방 유충

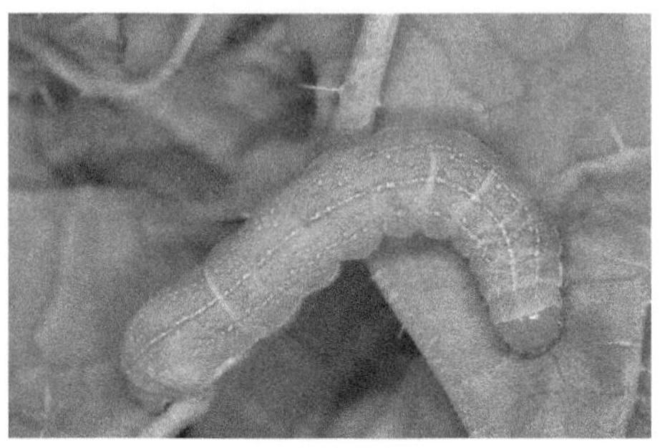

도둑나방 유충

채소해충

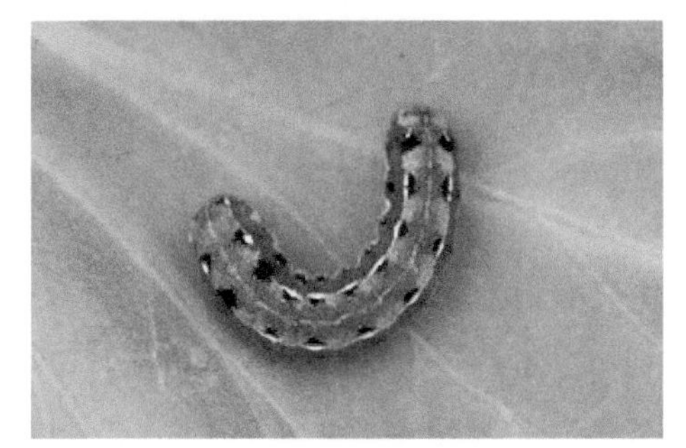

담배거세미나방 유충

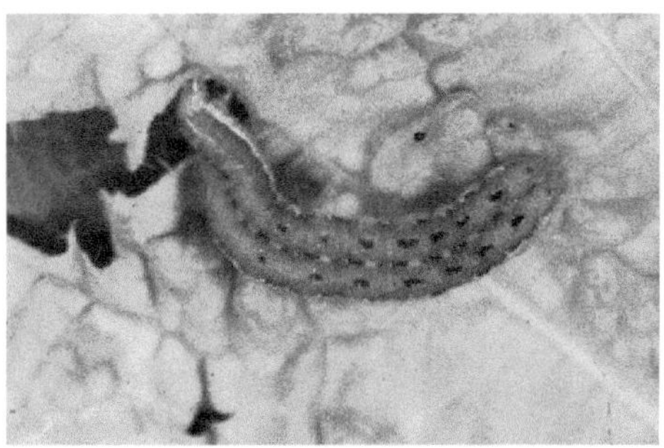

파밤나방 유충

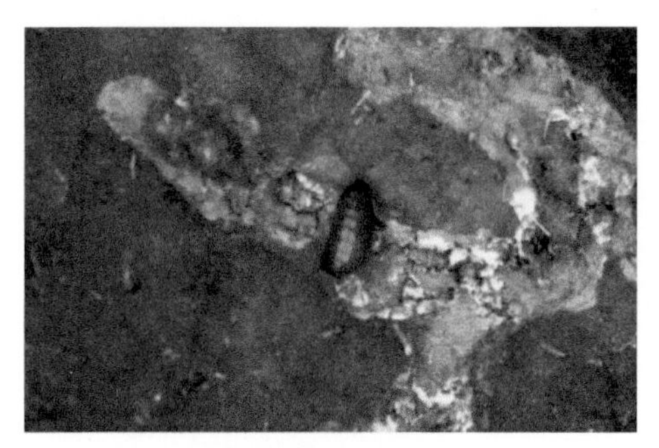

아메리카잎굴파리 번데기

아메리카잎굴파리 성충

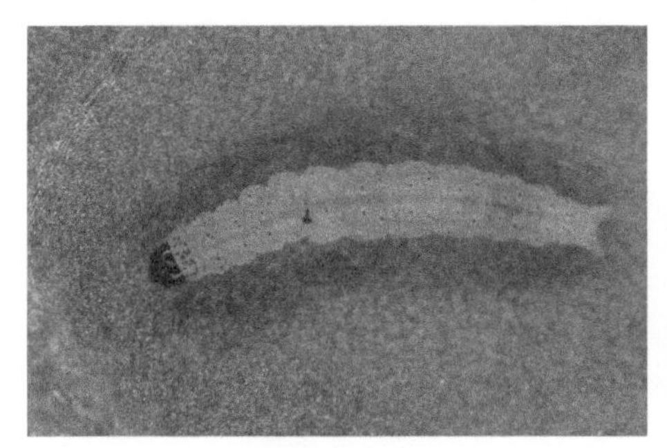

배추좀나방 유충

배추흰나비 유충

<해충편>

채소해충

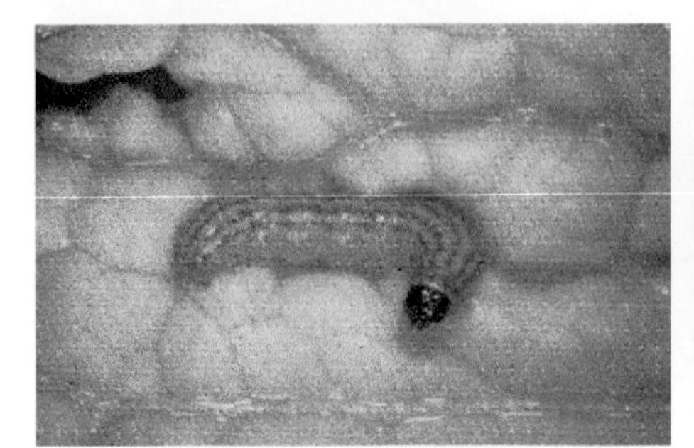

배추순나방 유충

무테두리진딧물 약충과 성충

고추 열매의 담배나방 피해

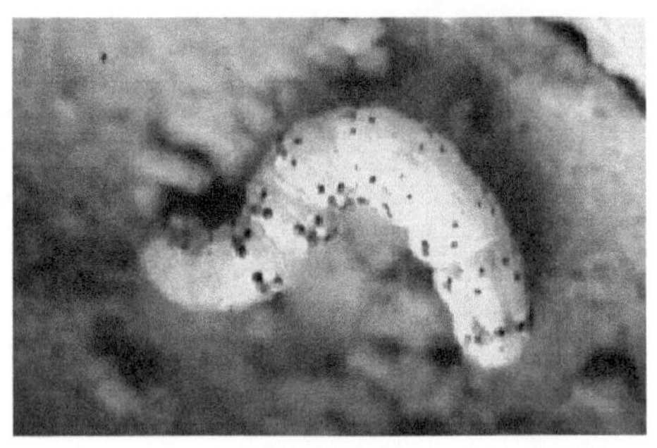

담배나방 유충

고추의 차먼지응애 피해

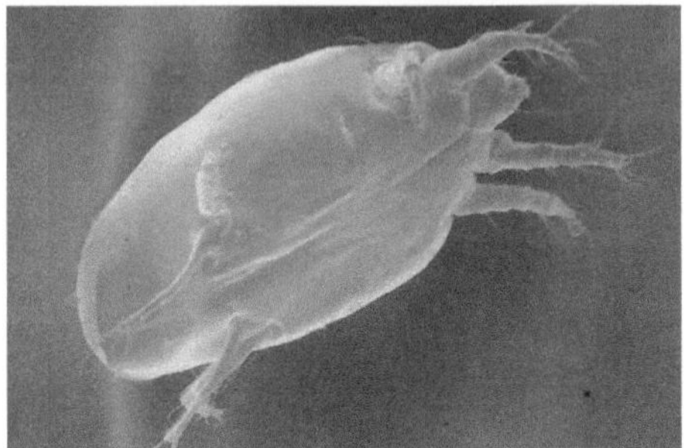

차먼지응애 성충

채소해충

오이 잎의 목화바둑명나방 피해

목화바둑명나방 유충

오이의 뿌리혹선충 피해

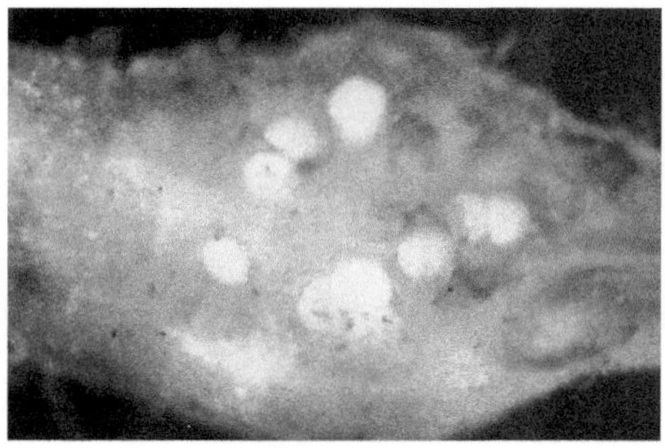

뿌리혹속의 뿌리혹선충

마늘의 뿌리응애 피해

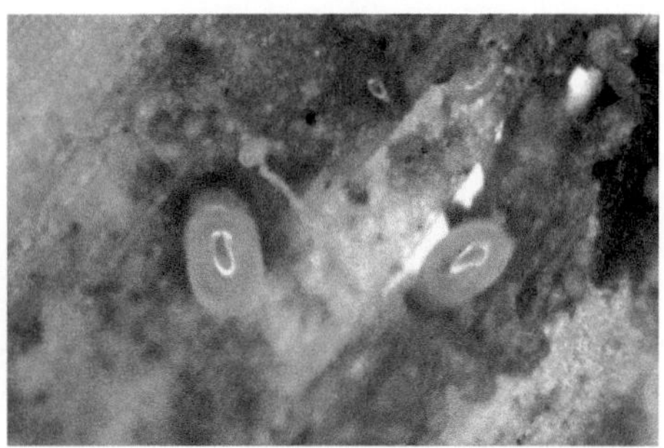

뿌리응애 성충

<병해편>

제1장 채소병해의 종합관리 (IPM)

채소병해는 건전한 씨앗(종자)을 최우선으로 선택하여 재배기간 동안 효과적인 방제법을 사용해야 최대한 예방할 수 있다. 각각의 여건과 환경에 알맞은 관리 요령에 대해 알아보자.

1. 씨앗(종자)의 선택
2. 모기르기(육묘) 시의 병해방제
3. 아주심기(정식) 전 재배지 관리
4. 본 재배지에서 병해의 관리

01 씨앗(종자)의 선택

모를 옮겨 심는 밭(본밭)에 있어서 병 발생의 1차적인 원인이 되는 종자전염성 병해를 방제하기 위해서는 건전한 씨앗(종자)의 선택이 필수적이다. 채소의 종자에는 곰팡이균으로 노균병균, 탄저병균, 덩굴쪼김병균, 점무늬병균, 잘록병균, 시들음병균이 묻어 있고 배나 배유에는 더뎅이병균, 반점세균병균이 들어 있기 쉽다. 또 바이러스병을 일으키는 담배모자이크바이러스(TMV), 오이녹반모자이크바이러스(CGMMV) 입자들까지 존재할 수 있으므로 이들을 씨를 뿌리기(파종) 전 살균시키기 위한 대책이 필요하다.

가장 좋은 방법은 이들 병해가 발생하지 않은 장소에서 씨를 받은(채종) 종자를 사용하는 것이지만, 대부분 종자를 시중에서 구입하여 사용하므로 확인할 길이 없다. 현재 판매되고 있는 종자들은 종묘회사에서 종자를 소독한 후 시판하고 있으나 주로 곰팡이 병해를 대상으로 한 것이다. 그렇기 때문에 종자전염성 세균병해, 즉 토마토의 더뎅이병, 궤양병이나 담배모자이크바이러스, 오이녹반모자이크바이러스와 같은 종자전염성 바이러스를 대상으로 한 종자소독은 필요할 경우 사용자 손에서 이루어지지 않으면 안된다.

저항성 품종의 선택은 병해를 방제하는 데 효과적이고 경제적인 방제방법이므로 저항성 품종이 시중에 나와 있을 경우 이 품종을 선택하여 재배하는 것이 좋다. 그러나 현재까지 시들음병, 역병, 무름병, 풋마름병, 담배모자이크바이러스와 같은 전신감염성 병해에 대한 저항성 품종은 개발되어 있지 않다. 노균병, 탄저병, 잿빛곰팡이병, 흰가루병과 같이 지상부에 국부적으로 병을 일으키는 병해에 대해서는 품종에 따라 그 견딤성 정도에 차이가 있으므로 가능한 한 병에 덜 걸리는 품종을 선택하는 것이 방제관리에 용이하다. 이러한 품종을 선택하면 병원균의 증식 속도가 타 품종에 비해 느려서 병의 관리가 쉬울 뿐만 아니라 약제방제를 할 경우 그 효과가 감수성 품종(병에 잘 걸리는 품종)에 비해 대단히 높게 나타난다.

시들음병, 풋마름병과 같은 전신 감염성 병해는 저항성 대목으로 접목재배하면 방제가 가능하다. 박과류와 달리 토마토는 품종에 따라 대목과의 친화성이 다르므로 친화성이 높은 대목 중에서 병원균의 레이스에 저항성인 대목을 선정하여 재배하여야 한다. 일본은 위의 두 병해를 방제하기 위하여 토마토의 접목재배가 보편화되어 있다. 우리나라도 시들음병과 풋마름병에 저항성 대목으로 영무자, B블록킹 등을 대목으로 사용하고 있으며 박과 작물의 경우는 참박이나 호박을 대목으로 이용하여 시들음병(덩굴쪼김병)을 방제하는 방법이 보편화되었다.

02 모기르기(육묘) 시의 병해 방제

씨앗(종자)이 싹을 틔울(발아) 때는 각종 병해에 대한 저항력이 매우 약하므로 종자 속에 들어 있는 종자전염성 병원균이나 토양 속에 들어 있는 각종 병원균에 의하여 침해받기 쉽다. 종자전염성 병원균은 적절한 종자소독 방법에 의하여 퇴치할 수 있지만, 종자가 자라는 토양이 건전하지 않으면 종자가 발아하여 제대로 자랄 수 없다. 토양 내에 존재하는 병원균들은 종자가 발아하기 전 종자를 썩히거나(발아 전 잘록병), 발아 후 새싹이 나왔을 때 지제부•를 썩혀 어린모를 쓰러지게 하는데(발아 후 잘록병), 이러한 현상은 토양 내 수분 함량이 높거나 햇볕을 충분히 받지 못해 어린모가 웃자랄 때 많이 발생하게 된다.

대개의 병들은 병 하나에 병원균이 하나씩이지만 식물이 어려서 저항력이 약할 때는 여러 개의 병원균들이 어린모를 침해하게 되는데 채소의 잘록병은 3종의 서로 다른 균에 의하여 발생하게 된다. 이들 중 가장 중요한 병원균이 라이족토니아(*Rhizoctonia*)이며, 다음으로 피시움(*Pythium*) 그리고 푸사륨(*Fusarium*)이 있다. 이들 3종의 균은 각기 다른 환경에서 발생하게 되는데 *R. solani*는 저온 다습 상태에서, *Pythium*은 종류에 따라 저온 혹은 고온일 때 토양 내 수분 함량이 과다하면 발생하게 된다. 그리고 *F. oxysporum*은 토양온도가 20℃ 이상의 고온이고 비

Tip

지제부(地際部) •
토양과 지상부의 경계 부위

길항작용 ••
두 가지 화합물이 함께 있을 때 서로의 작용을 방해하는 현상

교적 건조한 토양에서 잘 발생하는데 이들 균들은 서로 길항작용**이 있어 동일 장소에서 복합적으로 함께 병을 일으키는 경우는 거의 없다.

앞의 3종 중 *R. solani*에 의한 잘록 증상이 가장 흔하며, 다음으로 *Pythium* spp 순이다. 이들 병해를 방제하기 위해서는 건전한 종자와 건전한 상토를 사용하는 것이 필수적이다. 모판흙(상토)은 가능한 한 시중에서 판매하는 육묘용 상토를 구매하여 쓰는 것이 바람직하고, 오염된 토양이나 밭 토양을 소독하지 않고 그대로 상토로 쓰지 않도록 해야 한다. 일반토양을 상토로 쓸 경우는 한 번도 작물을 심지 않았던 산흙의 심토(마사토)를 사용하든가 오랫동안 물에 담갔던 토양(논토양)을 사용하는 것이 밭 토양보다는 안전하다.

잘록병 방제에 또 하나의 중요한 사항은 모를 튼튼하게 기르는(육묘) 것이다. 이를 위해서는 균형 있는 비료주기(시비)가 매우 중요하며 작물이 웃자라지 않도록 햇볕을 충분히 받도록 하고, 온도가 너무 높아서 웃자라지 않도록 주의를 기울여야 한다. 일조량이 적고 온도가 높게 되면 어린모가 웃자라고 연약해져 잘록병균에 의해 침해받기 쉽다. 또한 병이 아니더라도 지상부의 과다한 무게에 의해 지제부 줄기가 쓰러지면 그 부근이 병원균에 의해 침해되어 잘록병을 초래하게 된다. 웃자람은 토양수분의 과다와도 연관되는데 토양수분은 모종의 생육에 지장을 받지 않을 정도로 최소한 유지시켜 주는 것이 잘록병 방제의 관건이다. 이외에 밀식파종을 하게 되면 영양부족에 의하여 웃자라게 되거나 포기 사이의 습도가 높아져 병원균의 활동에 적합한 환경을 제공하게 되므로 병 발생이 많아진다.

일단 잘록병이 발생하면 더 이상의 물주기(관수)는 피하고 약제방제를 생각해야 하는데 효과적인 약제를 선택하기 위해서는 먼저 병원균의 종류를 알아야 할 필요가 있다. 이것은 전문가가 아니면 불가능하기 때문에 근처 농업기술센터에 문의하는 것이 바람직하나 시간이 없을 때는 '에트리디아졸.티오파네이트메틸수화제'와 같은 광범위용 살균제를 시용하는 것이 좋다. 만약 병원균의 동정이 가능할 때에는 병원균 특이적인 전문약제를 사용하는 것이 훨씬 효과적이다. 참고로 현재 시판되고 있는 약제 중 *R. solani*에 대해서는 '펜사이큐론' 계통, *Pythium* spp에 대해서는 '에트리디아졸' 계통, *F. oxysporum*에 대해서는 '베노밀' 계통의 약제가 효과적이다. 약제를 사용할 때는 반드시 추천 농도를 준수하고 약해•의 유무를 확인한 후 사용해야 한다.

Tip

약해 •
농약살포에 의해서 발생하는 유용 동식물에 대한 해(害)

모기르기(육묘) 시 또 하나 주의하여야 할 사항은 모판이 진딧물 등 해충에 노출되지 않도록 하는 일이다. 진딧물에 노출되면 이들이 매개하는 오이모자이크바이러스나 순무모자이크바이러스와 같은 바이러스에 오염되게 되는데, 육묘상의 어린모에는 그 증상이 나타나지 않더라도 본밭에 아주심기(정식) 후 바이러스병이 나타나게 된다. 따라서 육묘상은 가급적 망사로 덮어 환기 시 진딧물 등이 들어오지 않도록 하는 적절한 관리가 필요하다.

03 아주심기(정식) 전 재배지 관리

아주심기(정식) 후 모를 옮겨 심는 밭(본밭)의 작물 재배기간 동안 발생하는 병해 중 가장 주의해야 하는 것이 전신 감염성 시들음성 병해들인데, 여기에 해당하는 것이 푸사륨(*Fusarium*) 곰팡이에 의한 시들음병과 랄스토니아(*Ralstonia*) 세균에 의한 풋마름병이다. 이 두 가지 병해 이외에 파이토프토라(*Phytophthora*), 스클레로티니아(*Sclerotinia*) 곰팡이에 의한 역병이나 균핵병도 지제부 줄기를 침해하여 포기 전체를 고사시킬 수 있다. 라이족토니아(*Rhizoctonia*)나 피시움(*Phythium*) 등에 의해 지하부의 뿌리나 땅가 줄기가 썩으면 결과적으로 포기 전체가 말라 죽게 되어 전신 감염성의 증상을 초래한다.

이외에 지상부의 일부분에 병을 일으키는 국부적 병해를 보면 콜레토트리쿰(*Colletotrichum*)에 의한 탄저병, 페로노스포라(*Peronospora*)에 의한 노균병, 보트리티스(*Botrytis*)에 의한 잿빛곰팡이병 등이 있다. 알타나리아(*Alternaria*)나 플레오스포라(*Pleospora*) 곰팡이에 의한 점무늬병, 에리스페(*Erysiphe*) 곰팡이에 의한 흰가루병과 이 밖에 덩굴마름병, 검은별무늬병, 잎곰팡이병 등도 피해를 주는 병이다. 위와 같은 병해들은 환경이 알맞으면 아주심기 직후부터 수확기까지 작물 재배기간 내내 발생할 수 있으므로 위의 병해를 대상으로 한 종합적인 방제대책이 마련되어야 한다.

이러한 병해를 효과적으로 방제하기 위해서는 아주심기 전부터 방제관리에 신경을 써야 한다. 특히 중요한 부분은 재배지 주위에 남아 있는 발병 잔재물 처리와 토양 내에 분포하고 있는 토양전염성 병원균들을 죽여 없애거나 밀도감소를 유도하는 대책들이다.

전작기 작물 수확 후 잔재물을 치우는 작업인 재배지 위생은 병해의 전염원을 사전에 제거한다는 의미에서 매우 중요하다. 병에 걸린 식물체 잔재물을 모두 모아 태우는 방법이 가장 완벽한 재배지 위생방법이며, 이들을 토양 깊이 1m 이상 매몰하는 방법도 좋은 방법이다. 일본은 이들을 모아 몇 겹의 비닐로 덮은 다음 혐기발효•시켜 병원균을 완전 멸균시킨 후 퇴비로 사용하는 방법을 실용화하고 있다.

Tip

혐기발효 •
산소가 존재하지 않는 상태에서 미생물을 배양하여 원하는 생산물을 얻는 것으로 알코올 발효, 아세톤 발효 등이 이에 속함

토양 속의 각종 병원성 곰팡이, 세균, 바이러스, 선충 등의 전염원을 제거하는 것이 중요한데 작물을 재배하기 전에 토양소독을 하여 이들 전염원을 제거하고 재배하는 것이 가장 안전한 방법이다. 동일 작물이나 근연작물을 이어짓기(연작)한 재배지는 병원균이 선택적으로 증식하여 소위 이어짓기 장해를 일으키게 되므로 이런 밭은 가능한 피하고, 근연작물을 재배하지 않았던 재배지나 처녀지에 재배하는 것이 안전하다. 퇴비나 석회의 사용은 병원균과 경쟁 상태에 있는 유용미생물(주로세균)의 생존에 필수적인 영양물과 적합한 토양환경을 제공하므로, 병원균의 밀도를 감소시키는 효과가 있다. 석회를 사용하여 토양산도를 높여주면 곰팡이의 밀도는 감소하고 각종 세균들의 밀도는 반대로 증가하게 되어 토양 내 생물환경이 작물의 생육에 유리한 쪽으로 변화한다.

재배지 위생의 한 방법으로 돌려짓기(윤작)를 들 수 있는데 재배작물과 유전적으로 거리가 먼 작물일수록 공유하고 있는 병원균의 수도 적어지고 생리학적인 영양 요구성도 달라져 돌려짓기(윤작) 효과는 높아진다. 병원균의 영양원이 되는 작물을 심지 않으면 토양 내 병원균의 생존 및 증식은 감소할 수밖에 없으며, 돌려짓기(윤작) 작물과

관련한 미생물의 활동이 증가하면 할수록 그와 경쟁적인 병원균의 활동은 미약해지고, 시간이 갈수록 그 밀도가 감소한다. 돌려짓기에 의한 재배지 위생의 방법은 경제성이 먼저 고려되어야 하는데 주작물에 필적할 만한 돌려짓기 작물이 없을 경우 농가에서 실행하기에는 어렵다는 문제점이 있다.

재배지의 선정도 병 발생을 사전에 예방한다는 면에서 결코 소홀히 할 수 없는 사항이다. 가급적 물 빠짐이 좋은 밭이나 지하수위가 너무 낮지 않은 밭을 선택하고, 지나칠 정도로 점토 성분이 많은 밭은 피해야 병 발생을 줄일 수 있다. 점토 함량이 너무 높은 재배지는 새흙넣기(객토)나 유기물 시용 등의 방법을 통하여 토양의 통기성이나 물리성을 개선하는 것도 바람직하다. 유기물(퇴비)의 사용은 앞서 설명한 대로 유용미생물의 영양원을 제공하는 동시에 토양의 물리성을 개선한다는 데에 의의가 있다. 유기물의 특성에 따라 그 효과는 크게 달라지는데 특히 완전히 부숙되지 않은 유기물을 사용할 경우 또는 C/N비(오수 속에 함유된 탄소 대 질소의 비율)가 낮은 유기물을 시용할 경우 가스(Gas) 장해가 발생하거나 염류가 집적되는 등의 부작용이 있다. 이럴 경우 오히려 유기물을 사용하지 않은 것보다 못하므로 유기물 사용 시에는 신중을 기할 필요가 있다. 계분이나 돈분의 경우는 C/N비가 너무 낮아 유기성 성분보다는 질소 비료를 사용하는 것과 유사하게 되어 오히려 병 발생을 촉진시키는 사례도 많다. 유기물 중 두엄이나 대두박처럼 탄소 성분이 많은 것을 사용하는 것이 좋다.

마지막으로 토양을 화학적 방법으로 소독하는 방법은 그 효과가 크지만 돈이 많이 들고 비선택적이며, 토양소독 후 재오염의 기회를 어떻게 줄이는가에 대한 대책이 강구되어야 하는 문제점이 있다. 과거의 토양소독 방법을 보면 특정 병원균을 대상으로 선택적 약제의 토양혼화 및 관주 등의 방법이 사용되어 왔으나 효과가 일시적이기 때문에 현재는 비선택적인 토양 훈증방법을 보편적으로 사용하고 있다. 현재는 '다조멧입제'와 같은 토양훈증제를 이용하여 토양 내에 있는 병원균, 선충, 잡초, 곤충 등을 포함하는 모든 생물을 죽인 후 작물을 재배하고 있다. 이와 같은 방법은 토양 내의 병원균만을 선택적으로 죽일 수 없기 때문에 부득이 사용되고 있지만 앞서 설명하였듯이 비용이 많이 들고 토양소독 후 재오염을 막는 대책이 필요하다. 또한 토양소독제의 독성이 강하여 취급이 쉽지 않으며 사용방법이 번거롭다는 데에 문제가 있다. 그러나 이어짓기 피해(연작장해) 현상이 심하여 정상적인 작물재배가 불가능한 경우는 토양소독 방법을 고려해 볼 필요가 있다. 재오염만 없다면 이론적으로 토양소독의 효과는 몇 년이고 지속되므로 일시에 경비가 많이 든다고 할지라도 경제성은 충분히 있다고 생각된다.

재배지 내 잔존하고 있는 비료 성분량을 고려하지 않고 비료를 주면 비료 성분이 지나치게 누적되어 작물의 정상적인 생육이 불가능하게 된다. 특히 시설재배의 경우는 토양 내 수분이 겉흙으로 올라올 때 비료 성분도 함께 겉흙으로 올라와 집적되고, 토양수분 내에 녹아 있는 비료 성분의 농도가 너무 높아진다. 이러면 삼투압 현상에 의하여 식물체 내의 수분이 바깥으로 녹아내리고 식물이 시드는 소위 염류장애 현상이 일어난다. 식물이 시들지 않더라도 토양 내 염류농도가 높아지면 뿌리의 호흡과 활력이 떨어지고 잔뿌리가 쉽게 부패되어 원뿌리(주근)도 갈변•하게 된다. 이때에 정상적인 뿌리는 침해할 수 없는 각종의 부정성(병원력이 약한) 병원균이 뿌리를 가해하거나 주병원균의 침입처 역할을 함으로써 병 발생을 촉진한다. 따라서 비료를 주기 전에 재배지 내 잔존하는 비료량을 조사하여 비료량을 조절하여야 뿌리의 썩음증상이나 전신 감염성 시들음성 병해의 발생을 막을 수 있다.

Tip

갈변(褐變) •
식물의 조직이 물리적, 생리적 장애 또는 병원균, 바이러스 등의 감염에 의해 갈색으로 변색되는 현상

염류의 장해를 받은 식물은 영양분의 흡수가 정상적으로 이루어지지 못하므로 지상부가 영양장애를 받게 되고 포기 전체가 약하게 자라게 된다. 이럴 경우 지상부 잎이나 줄기에 발생하는 공기전염성 병원균의 침입이 쉬워지고 노균병, 흰가루병, 탄저병, 잿빛곰팡이병, 잎곰팡이병, 점무늬병 등의 지상부 병해 발생이 더욱 많아지게 된다. 과도한 비료주기는 토양병해뿐만 아니라 지상부를 침해하는 공기전염성 병해도 간접적으로 많아지게 하므로, 적절한 비료관리는 채소에 발생하는 병해를 방제하는 효과적인 수단이라고 할 수 있다.

04 본 재배지에서의 병해관리

시설 내 환경관리

시설재배의 환경 중에서 가장 중요한 것이 습도이다. 작물 생장이 가능한 온도 범위에서는 정도 차이가 있을지라도 병원균의 활동이 언제나 가능하므로 습도만큼 중요하진 않다. 공기습도가 높게 되면 곰팡이 병원균의 홀씨(포자)는 언제든지 싹을 틔워(발아) 식물체를 침입하게 된다. 특히 잿빛곰팡이의 분생포자는 장기간의 포화습도 상태가 지속되어야 발아할 수 있으므로 시설 내 공기습도는 병 발생에 가장 중요한 요인으로 작용한다. 채소의 지상부에 발생하는 모든 병해 중 흰가루병을 제외하고는 모두 그 침입 발병에 높은 습도가 필수적이므로 시설이나 재배지 내 포기 사이의 습도가 높지 않도록 관리해야 한다. 통풍, 환기, 배게 심기(밀식) 방지, 웃자람 방지, 투광을 좋게 하는 관리, 주·야간 온도차이가 너무 심하게 나지 않도록 하는 관리 등이 시설 내의 이슬이 맺히는 시간을 줄이거나 습도를 낮추어 병 발생을 효과적으로 억제하는 좋은 방법이다.

별도의 온도관리가 필요한 병해는 노균병, 잿빛곰팡이병, 시들음병, 풋마름병, 무름병 등인데 토마토 시들음병의 레이스 J3를 제외하고는 땅의 온도(지온)가 20℃ 이상의 온도에서 발생하게 되므로 토양덮기(피복)에 의한 온도상승은 피하는 것이 좋다. 레이스 J3의 경우는 고온보다는 오히려 저온에서 잘 발병하므로 이에 반대되는 대책이 필요하다(각론 참조).

무름병, 풋마름병은 극고온성 병해이므로 토양온도뿐 아니라 무더운 여름철에 비가 자주 오거나, 재배지 내 물대기(관수)를 너무 자주하게 될 경우 많이 발생한다. 식물이 영양장해를 받아 약하게 자랄 때 많이 발생하는 병해로는 노균병, 덩굴마름병,

잎곰팡이병, 점무늬병을 들 수 있다. 영양장해는 염류장해로 인한 뿌리의 양분흡수 저해, 비료량의 부족으로도 일어날 수 있지만 포기당 엽수나 과실 수가 너무 많을 경우도 발생할 있어 눈솎기(적아), 순지르기(적심), 열매솎기(적과) 등의 방법으로 영양상태를 조절해주는 것이 좋다.

병든 포기 및 병환부의 제거

발병 초기에 병든 포기를 제거하는 것은 굉장한 방제효과가 있다. 병든 포기의 제거는 시설 내부나 재배지로부터 병환부를 격리하는 데 그 의의가 있는 것이지, 발병된 부분을 식물체로부터 분리하는 데 목적이 있는 것이 아니다. 병환부를 식물체로부터 떼어 내어 재배지에 그대로 방치해두면 오히려 병환부상의 병원균 포자나 세균 세포의 증식이 더 빨라져 그냥 둔 것보다 못한 결과를 초래하게 된다. 이와 같은 현상은 잿빛곰팡이병, 잎곰팡이병, 점무늬병과 같은 지상부 반점성 병해에 모두 해당된다. 지상부에 국부적으로 발생하는 병해는 일부 지점의 병환부에서 시작하여 전 재배지로 퍼져 나가는 것이 일반적인 현상이다. 이와 같이 전염원이 한곳에 집중되어 있을 때에는 그곳의 초기전염을 제거하는 것은 병이 퍼진 후 약제를 살포하는 것보다 훨씬 효과적일 수 있다.

전신 감염의 병해는 지상부 병해와는 달리 재배지의 여러 곳에서 동시 다발하는 경우가 많으므로 초기 전염원의 제거효과는 지상부 국부병해에 비해 다소 낮을 수도 있다. 그렇다고 해서 발병된 포기를 그대로 두는 것은 전염원의 확산을 방치하는 것이 되므로 발병된 포기를 뽑아내고 그 자리에 약제를 주입하는 것이 바람직하다. 여기에 해당하는 병해로 시들음병, 풋마름병, 역병, 균핵병 등을 들 수 있다. 다행히 이들 병해가 한 지점에서 시작되어 주위로 확산된다면 그만큼 병든 포기(이병주)의 제거효과도 높아질 것이다.

약제방제

지금까지 기술한 여러 가지 조치가 이루어지지 않아 병이 발생하였다면 약제방제 이외에는 대안이 남아 있지 않다. 현재까지 사용되고 있는 살균제는 전문약제와 광범위 약제로 크게 나눌 수 있는데 시들음병, 역병, 잿빛곰팡이병, 균핵병, 흰가루병에는 침투이행성 전문약제들이 많이 나와 있으므로 이들 약제를 선택적으로 사용하여 방제계획을 짜야 한다. 그밖의 탄저병, 덩굴마름병, 잎곰팡이병, 점무늬병, 겹둥근무늬병 등은 이들 병해를 동시에 방제할 수 있는 약제를 선택하여 방제계획을 수립하는 것이 바람직하다.

더뎅이병, 풋마름병, 궤양병, 무름병과 같은 세균병은 동(구리)제나 항생제에 주로 의존하게 되는데 그 방제효과가 곰팡이 병해에 비하여 크게 떨어진다. 바이러스병해는 방제약제가 없으므로 충매전염성의 경우 매개충의 구제와 같은 병의 예방이 유일한 방제방법이 된다.

여러 가지 약제 중에서 항생제는 속효성•이고 그 효과가 오래 지속되지 않으므로 병이 급격하게 발생할 때 짧은 간격으로 사용해야 효과적이다. 약제를 시용할 때는 병원균 내성균의 선발압••을 줄이기 위하여 약효가 뚜렷한 전문약제와 일반적으로 널리 쓰이는 광범위 약제를 번갈아(교호) 살포하는 것이 바람직하다.

Tip

속효성 •
빠르게 나타나는 효과를 가진 성질

선발압 ••
어떤 집단 내의 선발에 의해 유전자군의 상대빈도가 변하는 경우에 개개의 유전자에 작용하는 선발의 강도. 선발 강도 시설재배의 경우 약제방제는 시설 내 습도를 높이지 않는 훈연제, 미립제, 고농도 극미량 살포분제와 같은 제형의 사용이 바람직하다. 약제의 사용 시기는 되도록 병원균의 밀도가 낮은 병 발생 초기에 할수록 효과가 높다. 또한 병원균의 홀씨(포자)가 발아하여 활동하는 시기인 비 오기 직전이나 비 온 직후 사용하는 것이 방제효과를 높이는 요령이다. 약제의 살포 효과는 품종이 가진 유전적인 병해에 대한 견딤성이 높을수록 상승하므로 약제방제의 효과를 높이기 위해서는 병에 너무 약한 품종을 심지 않도록 하는 것이 필요하다.

제1장 채소병해의 종합관리(IPM)

1. 씨앗(종자)의 선택

▶ 모를 옮겨 심는 밭(본밭)에 있어서 병 발생의 1차적인 원인이 되는 종자전염성 병해를 방제하기 위해서는 건전종자의 선택이 필수적

▶ 저항성 품종의 선택은 병해를 방제하는 데 효과적이고 경제적인 방제방법이므로 이 품종을 선택하여 재배하는 것이 최우선

2. 모기르기(육묘) 시의 병해 방제

▶ 식물이 어려서 저항력이 약할 때는 여러 개의 병원균들이 어린모를 침해하게 되는데 채소의 잘록병은 3종의 서로 다른 균에 의하여 발생

▶ 건전한 씨앗(종자)과 상토를 사용하는 것이 필수적인데 모판흙(상토)은 가능한 한 시중에서 판매하는 육묘용 상토를 구매하여 쓰는 것이 바람직

▶ 모기르기(육묘) 시 모판이 진딧물 등 해충에 노출되지 않도록 해야 함

3. 아주심기(정식) 전 재배지 관리

- ▶ 모를 옮겨 심는 밭(본밭)의 작물 재배기간 동안 발생하는 병해 중 가장 중요한 것이 전신 감염성 시들음성 병해
- ▶ 재배지 주위에 남아 있는 발병된 잔재물의 처리와 토양 내에 분포하고 있는 토양 전염성 병원균들을 죽여 없애거나 혹은 밀도감소를 유도하는 대책이 필요
- ▶ 작물을 재배하기 전에 토양소독을 하여 전염원을 제거하고 재배하는 것이 가장 안전한 방법
- ▶ 가급적 물 빠짐이 좋은 밭이나 지하수위가 너무 낮지 않은 밭을 선택하고, 지나칠 정도의 점토 성분이 많은 밭은 피할 것

4. 본 재배지에서의 병해관리

- ▶ 시설재배의 환경 중에서 가장 중요한 것은 습도
- ▶ 시설 내 공기습도는 병 발생에 가장 중요한 요인으로 작용
- ▶ 시설이나 재배지 내의 포기 사이 습도가 높지 않도록 관리
- ▶ 약제를 시용할 때는 병원균 내성균의 선발압을 줄이기 위하여 약효가 뚜렷한 전문약제와 일반적으로 널리 쓰이는 광범위 약제를 번갈아(교호) 살포하는 것이 좋음

<병해편>

제2장 병해각론

작목에 따라 특징적인 병해가 발생한다. 이번 장에서는 대표적인 채소 병해의 증상과 최근 발생 현황에 대해 알아보고, 채소병해 증상을 진단하는 방법 그리고 이를 방제할 수 있는 방법에 대해 살펴본다.

01 십자화과 채소의 병해 (무, 배추, 양배추, 갓, 순무)

무름병(연부병)

배추의 병해 중 피해가 가장 크다. 여러 재배방법(작형) 중에서 가을배추는 속이 차는 결구기(잎이 여러 겹으로 겹쳐서 둥글게 속이 드는 시기) 이후 늦가을에 온도가 높을 때, 고랭지 배추는 7월 하순~8월 고온기에 발생한다. 특히 비가 많이 와서 습도가 높아지면 많이 발생한다. 십자화과 외에 가짓과, 국화과, 백합과 등 30여 종의 채소에 병을 일으킨다.

<표 2-1> 배추 재배방법(작형)별 주요 병해 발생 정도 비교

병해명	고랭지 재배	봄재배	가을재배
뿌리마름병	◎	△	△
노균병	○	◎	◎
잘록병	○	○	○
검은무늬병	◎	○	○
흰무늬병	△	△	△
뿌리혹병	◎	◎	◎
밑둥썩음병	○	○	○
흰녹가루병	△	△	△
균핵병	△	△	△
무름병	◎	○	◎
검은썩음병	△	△	△
바이러스병	△	◎	◎

◎ : 다발생, ○ : 중, △ : 소발생

가. 병원균

병원균은 *Pectobacterium carotovorum*이라는 세균으로 2~8개의 주생모를 가진 그람음성의 짧은 간균이다. 세포의 크기는 0.5-0.8×1.5-3.0μm이며 한천에서 회백색의 원형 또는 아메바상의 균총을 형성한다. 펙틴분해효소를 생성하며 식물조직을 연화부패시킨다. 생육온도는 4~40℃, 최적온도는 32~33℃인 고온균이다. 건조에 대한 저항력이 매우 약하며 생존에는 다습조건이 필수적이다. pH 6이상의 중성이나 약알칼리성 토양에서 잘 자란다.

나. 병의 증상 및 진단방법

땅과 닿는 지상부와 지하부의 상처 부위에 수침상 반점이 생겨 점차 포기 전체로 퍼지면서 흐물흐물하게 썩는다. 병에 걸린 부위에서 심한 악취가 발생한다. 속이 들기(결구) 전에 발병한 배추는 포기 전체가 부패하며, 결구 배추에서는 잎자루의 기부부터 썩기 시작하여 점차 속으로 번진다. 무는 어린모 시기에 땅가 부위에 수침상 병무늬(병반)가 나타나고 잎은 노랗게 시든다. 성장기 무는 근관부 아래쪽으로 무르면서 뿌리 안쪽부터 썩어 없어져 속이 비고 악취가 난다.

다. 발생생태

(1) 전염방법

병원균은 식물의 겉껍질(표피)을 뚫고 직접 침입하지 못하며 주로 관개수, 빗물, 토양곤충 등을 통하여 식물체의 상처 부위로 침입한다. 병원세균은 기주식물이나 잡초의 뿌리 근처에서 생존하며 대개 겉흙으로부터 15cm 이내의 토양에 분포하지만 25cm 이상의 깊이에서 생존하는 것들도 있다.

(2) 발생환경

토양에 사는 세균이므로 이어짓기(연작)에 의하여 토양 내 병원세균 밀도가 증가한다. 결구기 이후의 고온과 잦은 비로 다습할 때 많이 발생하며 토양해충(배추흰나비, 벼룩잎벌레, 거세미, 고자리파리 등), 선충에 의한 상처, 토양곤충 표면에 묻은 병원세균에 의하여 침입한다.

라. 방제방법

품종에 따라 발생 정도에 차이가 있으므로 견딤성이 강한 품종을 재배한다. 병 발생이 심한 곳은 3~4년간 볏(화본)과 또는 콩과 작물로 돌려짓기(윤작)하고 가능한 한 물 빠짐이 좋은 땅에 재배한다. 병든 식물은 일찍 제거하고 수확 후 병든 잔재물이 재배지에 남아 있지 않도록 토양 깊이 매몰하거나 소각하여 다음 해 전염원을 줄인다. 식물체에 상처가 나지 않도록 주의하고 발병이 심한 곳은 재배 전에 토양 살충제를 살포하여 토양곤충의 구제에 힘쓴다. 질소 비료를 너무 많이 주면 병 발생이 많아지므로 3요소의 균형시비가 되도록 한다.

토양전염성 세균성 병해로 약제의 살포 효과는 매우 낮으므로 예방적으로 살포해야 한다. 재배 전에 토양을 토양훈증제(다조멧 등)로 훈증하여 멸균하는 방법이 있으나 경제성 검토가 필요하다. 약제방제로 동(구리)제와 항생제로 발병이 우려되거나 발병 초기에 주기적으로 살포한다.

시들음병(위황병)

이어짓기(연작)하면 발생이 증가하는 병해로 배추, 무에 발생이 심하다. 시들음병은 전국적으로 분포하고 있으며 배춧과 작물 전반에 걸쳐 발병하고 있다. 기주별로 병원성에 차이를 보여 배추에서 분리한 시들음병균은 배추, 양배추, 무에 병원성이 강한 반면 양배추에서 분리된 시들음병균은 비교적 병원성이 약하다. 무에서 분리한 시들음병균은 배추에 병원성이 있으나 그 정도가 약하고 양배추에서는 병원성이 거의 없는 것으로 나타났다.

가. 병원균

기주에 따라 병원성이 분화되어 있는 토양전염성 곰팡이의 일종으로 배추와 양배추의 병원균은 *Fusarium oxysporum* f.sp. *congutinans*이고 무의 병원균은 *F. oxysporum* f.sp. *raphani*이다. 병원균의 생육적온은 28℃이며 산성토양에서 발생이 심하다. 병원균은 소형분생포자, 대형분생포자, 후막포자를 만든다. 후막포자는 토양에서 5~15년간 생존이 가능하다. 소형분생포자의 크기는 5-38×2-6μm, 대형분생포자는 18-70×2-6μm, 후막포자는 원형-타원형으로 6-12×6-12μm이다.

<표 2-2> 배추, 양배추, 무에서 분리한 시들음병균의 각각의 기주에 대한 병원성 정도 국립농업과학원, 1998년

분리주기	토양온도(℃)		
	배추	양배추	무
배추	+ ~ ++	+ ~ ++	- ~ ++
양배추	- ~ +	- ~ +	- ~ +
무	~ +	-	- ~ ++

- : 병원성 없음, + : 병원성 약, ++ : 병원성 강

나. 병 증세(병징)

병원균이 물관부에서 증식하므로 수분 이동이 곤란해져 지상부 부분 특히 아랫잎부터 노랗게 시든다. 병든 포기의 뿌리를 잘라보면 물관부가 갈색으로 변해 있다.

다. 발생생태

(1) 전염방법

주로 토양으로 전염되지만 종자를 통해서도 전염되며, 육묘 시 잘록병의 원인이 되기도 한다. 병원균은 뿌리의 잔뿌리나 뿌리혹선충이 가해한 뿌리를 통해 침입하여 물관부에서 증식한다.

(2) 발생환경

땅의 온도가 20℃ 이상의 고온이 될 때 발병이 심해지며 산성토양이나 토양수분이 적은 모래땅에서 발생이 많다.

라. 방제방법

시들음병은 일반적으로 품종 간 저항성 차이가 심하므로 저항성이 강한 품종을 재배한다. 이어짓기를 피하고 3~5년간 볏(화본)과 작물로 돌려짓기한다. 병든 포기는 일찍 제거하고 수확 후 병든 잔재물이 재배지에 남아 있지 않도록 한다. 토양이 쉽게 건조해지는 모래땅에 재배를 피하고, 토양수분을 일정 수준으로 유지하도록 노력한다. 질소비료의 편중된 사용을 피하고 완전히 썩힌 유기물을 사용하여 토양 내 유용미생물의 밀도를 증가시켜 건전한 생육을 유도한다.

발생이 많은 밭은 논으로 사용하든가 물에 담가두면 토양이 혐기상태로 되어 병원균이 죽거나 생육이 쇠퇴하고 밀도가 감소한다. 가을재배의 경우 파종기를 늦추어 고온기의 생육을 피하면 발생이 현저히 줄어든다. 씨앗(종자)이 전염되기 때문에 건전 식물에서 채종하여 사용하거나 종자를 소독한다. 종자소독은 베노람.티람수화제나 티람수화제로 종자 kg당 4~5g 분의•하거나 200배액으로 1시간 담가둔다. 병원균이 토양 내에 존재하므로 다조멧입제와 같은 토양훈증제로 훈증을 하는 것이 가장 효과적이다.

Tip

분의•
종자 등을 약제 등 가루로 입히는 것

뿌리마름병

속칭 똑딱병이라고 부르는 병해로 1980년 이후 고랭지 재배에서 무름병과 함께 가장 큰 문제가 되었지만 예전에 비해 발생이 감소하는 경향이다. 배추, 양배추, 무, 갓에 발생하지만 배추에 가장 피해가 크다.

가. 병원균

*Aphanomyces raphani*라는 색조류계 난균에 속하는 곰팡이의 일종이다. 역병균, 노균병과 비슷한 생태를 가진 토양균으로 팡이실(균사), 난포자, 유주자를 형성한다. 유주자는 역병균, 노균병과는 달리 구형의 유주자낭을 만들지 않고 균사와 비슷한 원통형관에서 유주자를 분출한다. 균사의 폭은 4.0~12.0μm이며 난포자의 크기는 17.5~26.5μm이다. 병원균의 최적 생육온도는 24~28℃이다.

<표 2-3> 배추 뿌리마름병균의 배춧과 작물 어린모에 대한 병원성

국립농업과학원, 1998년

작물명	병 증세 발현 소요기간	병 증세 발현정도
배추	13	심
양배추	13	극심
무	10	심
갓	20	약

나. 병의 증상 및 진단방법

배추의 어린모에는 잘록 증상을 보이고, 아주심기(정식) 후에는 배추 뿌리의 발달이 미약해져 생육이 쇠퇴하며, 결구기(잎이 여러 겹으로 겹쳐서 속이 드는 시기) 이후에는 포기 전체가 시든다. 병든 포기의 뿌리는 거의 마모되어 잘록하게 지상부에 붙어 있고 잔뿌리는 없다. 따라서 바람이나 기타 외부의 물리적인 힘에 의하여 지상부와 지하부로 쉽게 분리된다. 무는 뿌리의 겉껍질(표피)이 갈색으로 변하며 점차 균열이 생긴다. 병든 뿌리를 잘라보면 내부가 검게 변색되어 있다.

배추의 뿌리마름병은 대체로 아주심기 후 15~20일부터 발생하기 시작하여 아주심기 20~40일 이후에 발생이 가장 심하고 결구기 이후에는 발생이 크게 증가하지 않는다. 작물이 어릴수록 발병이 심한데 이것은 작물이 어릴수록 뿌리가 가늘고 연약하며 잔뿌리가 없어 병원균의 침입이 쉽기 때문이다.

다. 발생생태

(1) 전염방법

병원균은 난포자의 형태로 토양 내의 병든 잔재물에서 겨울나기(월동)한 후 난포자가 발아하여 생긴 원통형의 유주낭에서 유주자를 분출하여 전염한다. 유주자는 두 개의 헤엄털이 있어 운동성이 있으며 토양 내의 물을 따라 기주체로 이동한다. 난포자는 토양에서 장기간 생존이 가능하다.

(2) 발생환경

병원균이 토양에 살고 있으므로 이어짓기에 의하여 병원균의 밀도가 해마다 높아지는데, 이것은 병원균이 월동하는 병든 잔재물이 점차 재배지에 누적되기 때문이다. 병원균은 토양 내 수분을 통하여 이동하여 전염하므로 생육기에 비가 많이 온 해나 토양 내 물 빠짐이 나쁜 재배지에서는 병 발생이 많다. 특히 고랭지 재배의 경우 6월에 비가 많이 오면 많이 발생한다. 또한 지나치게 물을 많이 주면 병원균의 이동이 활발해져 병 발생이 많아진다.

라. 방제방법

저항성 품종을 재배한다. 배추의 경우 품종 간 발병차이가 있으므로 고산지 배추 등 병에 견디는 힘이 조금이라도 있는 품종을 선택한다. 이어짓기를 피하고 볏(화본)과 작물로 2~3년간 돌려짓기를 한다. 고랭지의 경우 배추 뒷그루로 호맥을 9월에 심는다. 다습한 저습지나 물 빠짐(배수)이 불량한 찰흙토양에서는 재배를 피하고, 상습발생지는 고랑을 깊게 파는 등의 배수 관리를 철저히 한다. 석회나 퇴비 등을 사용하여 토양을 개량하는 방법이 있으나 비가 많이 내리는 고산지에서는 유실이 많아 효율이 떨어진다. 퇴비를 사용하여 토양 내의 물리·화학성을 좋게 하며 유용미생물의 밀도를 높인다. 토양병해이므로 약효가 뚜렷하지 않으나 아미설브롬분제를 아주심기(정식) 전 포기당 5g씩 구멍을 뚫고 주거나(파구) 플루아지남분제를 아주심기 직전에 토양에 뒤섞어 준다.

바이러스병

고랭지, 평야지 재배를 불문하고 연중 발생하여 큰 피해를 주는 병해다. 우리나라에서는 3~4종의 바이러스가 무, 배추에 발생하는 것으로 알려지고 있으며, 특히 그중 일부는 생육 후기에 괴저반점을 일으켜 상품성을 떨어뜨리기도 한다.

가. 병원체

세계적으로 10여 종의 바이러스가 십자화과 작물을 침해하는 것으로 알려지고 있으나 우리나라에서는 4종이 보고되어 있다. 배추, 무에서는 순무모자이크바이러스(TuMV), 오이모자이크바이러스(CMV), 질경이모자이크바이러스(RMV) 3종이 알려져 있다. TuMV는 사상형으로 그 크기는 750×12-15nm이고 불활성화 온도는 60℃, 내희석성은 $5×10^{-3}$~10^{-4}, 내보존성은 4~5일이다. RMV는 사상형으로 그 크기는 300×18nm이고, 내열성은 95℃ 이상, 내희석성은 10^{-8}, 내보존성은 18주 이상으로 TMV와 유사한 매우 안정된 성질을 갖는 바이러스다.

나. 병의 증상 및 진단방법

순무모자이크바이러스(TuMV)는 무에서 주로 모자이크 증상을 나타낸다. 생육 초기에 발병하여 병 증세가 심하게 나타나고 잎이 기형으로 되며 간혹 괴저반점이 나타나기도 한다. 배추에 있어서는 전형적인 모자이크 증상과 수많은 괴저반점을 형성한다. 특히 괴저형의 반점은 병의 진전이 빠르고 외관을 손상시키기 때문에 상품가치를 떨어뜨릴 뿐만 아니라 이 부위에 세균의 침입을 조장하여 일찍 부패하게 만드는 등 피해가 크게 나타난다. 오이모자이크바이러스(CMV)는 주로 모자이크 증상으로 나타나므로 순무모자이크바이러스(TuMV)에 비해 그 피해가 크지 않으나 다른 바이러스와 복합감염에 의해 그 피해가 증폭되기도 한다.

질경이모자이크바이러스(RMV)는 배추에 괴저윤문반점, 중륵괴저반점, 기형 등을 일으키며 심할 경우 포기 전체가 위축된다. 고랭지 재배 배추에서 가장 문제가 심한 바이러스는 순무모자이크바이러스(TuMV)로 지역 및 연도에 따라 발생에 차이를 보이나 1992년도의 경우 재배지에 따라 2~100%의 발생을 보였다. 고랭지에서 배추 생육시기별 병 증세 분포를 보면 생육 초기일수록 모자이크, 기형증상이 심하고 후기에는 괴사반점의 증상이 심한 것으로 나타나고 있다.

다. 발생생태

(1) 전염방법

순무모자이크바이러스(TuMV)와 오이모자이크바이러스(CMV)는 모두 진딧물에 의해 비영속적으로 충매전염을 하며 종자전염과 토양전염은 하지 않는다. 질경이모자이크바이러스(RMV)는 이와는 달리 토양전염을 주로 하며 충매전염을 하지 않는 것으로 밝혀졌다. 3종의 바이러스 모두 식물의 즙액을 통하여 전염이 가능하다. 순무모자이크바이러스(TuMV)나 오이모자이크바이러스(CMV)는 재배지 근처의 밭둑이나 재배지 안에 있는 해묵이(숙근성) 잡초에서 진딧물이 서식 바이러스를 머금고 있다가 작물로 날아와 바이러스를 옮기게 되며 대체로 5~7분 안에 다른 건전한 식물체에 옮겨가 빨아 먹을(흡즙) 때 바이러스병이 쉽게 전염된다. 매개 진딧물은 복숭아혹진딧물 등 10여 종이 있으나 주종은 복숭아혹진딧물과 무테두리진딧물이다. 질경이모자이크바이러스(RMV)는 토양전염하는데 시험결과 그 전염율은 평균 75%로 매우 높게 나타나고 있어 향후 이 바이러스가 배추 이어짓기(연작)지에 정착할 경우 큰 피해가 우려된다.

Tip

원생동물 ●
단세포동물의 총칭. 아메바 등의 육질충류(근족충류), 짚신벌레 등의 섬모충류, 말라리아원충 등의 포자충류, 트리코모너스 등의 편모충류로 나뉜다.

유주자낭 ●●
균류 등의 무성 생식을 담당하는 홀씨가 들어 있는 주머니

<표 2-4> 배추, 무 바이러스병 병원입자의 형태 및 전염방법

바이러스 종류	입자의 형태	매개충	전염방법		
			즙액전염	종자전염	토양전염
TuMV	사상형	진딧물	+	-	-
CMV	구형	진딧물	+	-	-
RMV	막대형	알려지지 않음	+	알려지지 않음	+

<표 2-5> 배추 생육시기별 바이러스의 병 증세 분포

고령지농시

생육시기	바이러스병 증세 분포(%)				
	모자이크	기형(위축)	황화	괴사반점	기타
6월 하순~7월 하순	33.3	35.6	11.1	-	20.0
8월 초순~9월 중순	15.1	21.1	-	50.4	13.4

(2) 발생환경

고랭지의 경우 일반적으로 6월 중하순부터 발병이 시작되며 초기에는 낮은 이병율을 보이다가 기온이 높고 건조한 기후가 계속되면 진딧물이 많이 날아와 발병이 급격히 증가한다. 고도가 1,000m 이상의 고랭지에서는 진딧물이 적게 날아와 바이러스병의 발생이 아주 적다. 질경이모자이크바이러스(RMV)는 이어짓기(연작)에 의해 바이러스 입자가 재배지 내 축적될 수 있으며 바이러스의 안전성이 매우 높기 때문에 향후 병 발생의 증가가 예상된다.

라. 방제방법

내병성 품종을 재배한다. 재배지 주변의 잡초를 제거하여 진딧물의 날아오는 원인(비래원)을 없앤다. 모기르기(육묘) 시 감염되면 피해가 커지므로 가림망을 덮어 모를 기르거나 진딧물을 철저히 죽인다. 가을재배에서는 파종기를 늦추어 고온기 생육을 피한다. 재배지에서는 살충제를 살포하여 진딧물을 구제한다. 은색테이프나 비닐을 이용하여 진딧물이 날아오지 못하게 한다. 질경이모자이크바이러스(RMV)의 경우 십자화과 이외의 작물로 돌려짓기(윤작)하고 수확 후 병든 뿌리가 재배지에 남아 있지 않도록 재배지 위생을 철저히 한다.

뿌리혹병(무사마귀병)

뿌리혹병은 배추, 무, 양배추, 갓 등의 배춧과 채소에 발생하는 병이다. 우리나라에서는 1928년 수원의 배추 재배지에서 처음 발생했다고 기록되어 있다. 이후 발생이 적었으나 1993년부터 경기도, 강원도 고랭지를 비롯하여 전국 배추 재배지에서 병이 발생하여 큰 피해를 주었다. 최근에는 약제 살포 등으로 병 발생이 다소 감소하는 경향이나 물 빠짐이 좋지 않고 산도가 낮은 곳에서 여전히 발생이 많다.

가. 병원균

배추 뿌리혹병균은 살아 있는 식물에서만 기생하는 순활물 기생균으로 원생동물•에 속하며, 배춧과 채소의 뿌리에 형성된 혹의 조직 내에 많은 휴면포자를 형성한다. 홀씨(포자)는 구형이고, 크기는 1.9~4.3μm이다. 피해를 받은 조직이 파괴되면서 나온 휴면포자가 싹을 틔워 1개의 편모를 갖는 유주자가 뿌리털을 통해 식물체 내로 침입한다. 침입 후 포자는 편모를 잃고 유주자낭••을 형성한다. 그다음 변형체가 되어 세포 안에 충만하게 되고 많은 핵을 만든 후에는 휴면포자낭이 된다. 병원균의 발육적온은 20~24℃, 최고온도는 30℃이다. 습도가 45% 이하면 병원균의 활성이 떨어진다. 세계적으로 16종의 레이스가 분포되고 있는 것으로 알려지고 있으며 우리나라에서는 그중 10종이 분리되었다.

Tip

관개수 ●
농사에 필요하여 논밭에 대는 데 드는 물(관개용수)

나. 병의 증상 및 진단방법

병든 식물체는 대개 시드는 증상과 발육이 부진한 위축증상을 나타낸다. 시들음 증상은 병원균의 침입을 받은 뿌리 유조직이 세포가 커지거나 이상증식으로 유관속의 발육이 불완전하기 때문에 나타난다. 토양오염이 심한 경우 아주심기(정식) 후 25일이 지나면 나타난다. 시들은 식물체를 뽑아보면 발병 초기에는 아주 작은 혹이 뿌리에 붙어 있다.

병이 심해지면 큰 혹으로 커지며 도관을 통하여 이동하는 영양분과 수분흡수를 차단하고, 결국 식물체는 시들음 증상을 일으켜 자라지 못하고 말라 죽는다. 생육기간 중 맑은 날씨가 계속되면 발병 초기에는 오후에 약간 시드는 증상을 보이다가 아침이면 다시 회복되는 상태를 반복한다. 따라서 시드는 증상이 보이면 식물체를 바로 뽑아 뿌리를 관찰하고 혹 발생유무를 진단한다.

다. 발생생태

(1) 전염방법

밭 주변에서 서식하는 배춧과 잡초식물(냉이류)이 기주작물로 기록되어 있으나 그것보다는 무, 배추, 양배추 등의 재배작물에 형성된 뿌리혹이 토양 속에 방치되어 휴면포자가 토양 속에 누출, 겨울나기(월동)한 후 1차 전염원이 된다. 휴면포자는 토양 속에서 수년간 생존할 수 있으므로 한번 뿌리혹병균에 감염된 재배지는 수년간 배춧과 작물을 재배하기 어렵다. 병원균은 물에 의한 전염이 가장 일반적이다. 홍수로 인한 토사의 유출은 단시일 내에 많은 면적에서 병을 발생시킬 수 있다. 이 외에도 농기계나 농기구에 묻은 흙의 이동, 병든 토양을 사용하여 모를 기른 후 묘의 이동, 배추를 운반하는 차량에 묻은 흙이나 쓰레기, 바람에 의한 모래흙(사토)의 이동, 방목하는 동물의 이동이나 야생동물들 혹은 관개수•나 사람의 이동에 의하여 전염될 수 있다. 병원균은 흙 속에서 휴면포자 상태로 존재하다가 발아하여 한 개의 유주자(1차 유주자)를 형성하고, 기주의 뿌리털에 침입하여 조직 내 변형체가 된다. 변형체는 여러 개의 핵을 가진 유주낭이 되고 유주자낭은 4~8개의 2차 유주자를 형성한다. 유주자는 기주세포벽이 붕괴되면 밖으로 흘러나온다. 2개의 제2차 유주자가 합쳐져 원형질융합이 일어나며, 제2차 유주자는 기주의 뿌리피층으로 침입하여 제2차 감염을 일으킨다. 피층 안에서 감염된 변형체가 증식함에 따라 기주의 세포는 커지게 되고 혹을 형성한다. 이 경우 생긴 변형체는 2차 변형체로 뿌리털안의 제1차 변형체와는 구별되며, 감수분열 후 분화되어 많은 휴면포자를 형성한다.

(2) 발생환경

병원균의 발육최적온도는 20~24℃이며, 지온이 18~25℃일 때 많이 발생한다고 알려져 있으나 온도가 병 발생의 절대적인 조건은 아닌 것으로 보인다. 토양수분은 토양 중의 휴면포자 및 유주자의 이동에 중요한 역할을 한다. 토양의 보수력이 45% 이하이면 병원균의 증식이 억제되고, 발병이 급격히 감소하는 것으로 알려져 있다. 병원균은 산성토양에서 잘 번식하고, 염기성토양에서 생육이 억제된다.

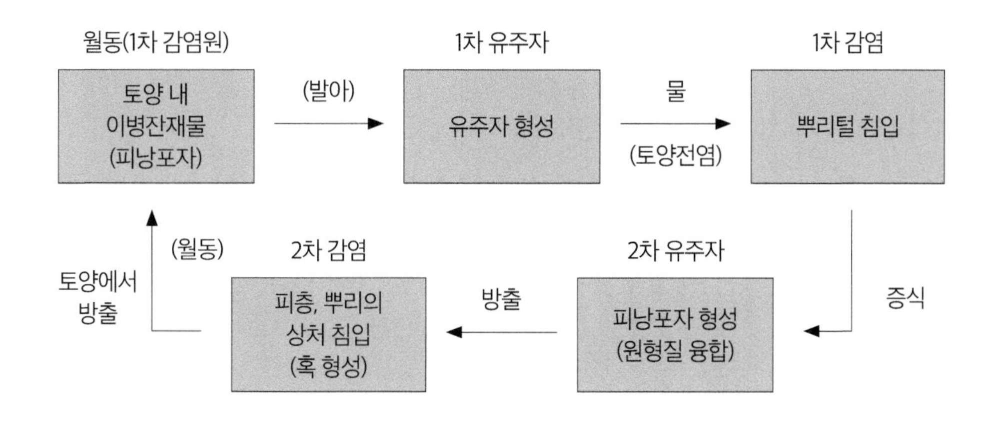

토양산도 pH 7.2~7.4 이상의 염기성토양에서는 포자발육이 정지된다. 일조량과 일장은 병 발생에 중요하다. 강한 광선을 받을 때와 일장이 13~16시간으로 길어질 때 병 발생이 심한 것으로 알려져 있다. 따라서 봄재배 시에는 일찍 아주심기하고 가을재배 시에는 늦게 아주심기하는 것이 방제에 효과적이다.

라. 방제방법

저항성 품종을 재배하여 병을 방제하는 것이 가장 이상적이다. 국내에서도 저항성 품종의 연구가 활발하게 이루어지고 있으며 일본에서는 뿌리혹병에 저항성을 가진 배추, 무 품종이 개발되었다.

(1) 경종적(생태적) 방제법●

① 토양에서 병원균의 생존기간이 6~7년이므로 감자, 상추, 마늘, 양파, 가지 등을 최소한 6년 이상 돌려짓기하면 효과가 있다.

② 건전상토에서 포트 모기르기(육묘)한 후 아주심기(정식)하면 초기 감염 및 근권●●토양 오염을 피할 수 있다.

③ 이랑을 높게 하여 발생주로부터 형성된 유주자가 물에 의해 2차 전염하는 것을 가급적 피한다.

④ 토양 내의 유기질(퇴비) 함량을 늘리고 토양의 물 빠짐을 양호하게 해주면 병원균의 증식 및 전파가 억제된다.

⑤ 관찰을 통해 병든 식물체를 조기에 제거하여 2차 감염 후 휴면포자 형성을 억제시킨다.

⑥ 토양산도를 pH 7.5 이상으로 교정하여 휴면포자 증식 및 발아를 억제한다.

⑦ 발병된 토양에서 사용한 농기구와 신발은 물이나 차아염소산나트륨 용액 등으로 잘 세척한 다음 사용한다.

Tip

경종적 방제법 ●
병해충, 잡초의 생태적 특징을 이용해 작물의 재배조건을 변경시켜 방제하는 방법. 생태적 방제법이라고도 한다.

근권 ●●
토양미생물이 영향을 받는 토양 내의 공간

(2) 재배지 위생

① 병든 잔재물은 토양에 묻지 않고 가능한 한 소각 처리한다.

② 재배지 내에 배춧과 잡초를 제거하고 비기주 작물로 돌려짓기한다.

③ 여름철 기온이 높을 때 태양열 소독을 하는 것도 효과적이다. 밭을 간 후에 물을 충분히 주고 겉흙의 온도를 50~60℃ 정도로 올려주면 된다. 이 방법은 토양 중 휴면포자의 발아억제에 효과적이다.

(3) 약제방제

디메토모르프.피라클로스트로빈, 아미설브롬, 플루설파마이드, 플루아지남 등 28종류의 약제가 분제, 입제, 수화제로 등록되어 있다. 자세한 내용은 한국작물보호협회에서 발행한 농약사용지침서를 참고한다.

<표 2-6> 배추 품종 및 계통별 뿌리혹병에 대한 저항성 정도

강원도농업기술원, 1998년

구분	품종
저항성	CR싱싱배추,CH238, 94CC789 등 계통
중도저항성	CH179, CH211, 신황, 황황65, CD4, CD5, CD6, CR1, CR2, CR3, CR11, CR13, CR15, CR570, CR607, 9400789 등 20품종 및 계통
병걸림성(이병성)	매력배추, 정상배추, 금춘배추, 삼진배추, 금가락배추, CH208, CD3, 맛나배추, 가을황배추, 노랑봄배추 등 33품종 및 계통

<표 2-7> 무 품종 및 계통별 뿌리혹병에 대한 저항성 정도

구분	품종
저항성	백광무, 관동여름무, 대진여름무, 왕관무, 속성대형봄무, 태왕무, 천하대형몸무, 무시로열무, 중앙김장무 등 26품종 및 계통
중도저항성	청운무, 태백무, 백자무, 녹두봄무, 태청무, 명산무, 대형추석무, 배양무, 추와미농무 등 9품종
병걸림성(이병성)	새롬무, 가을알타리무, 참맛알타리, 태광무, 하청무, 소고장무, 아담무, 97R576 등 23품종 및 계통

노균병

배추, 무의 재배시기(작기) 중 흔히 발생하는 병해로 4~5월의 이른 봄이나 9~10월 늦가을 저온에서 발생한다. 특히 비가 자주 와서 그늘지고 습한 날씨가 계속되면 피해가 커진다. 시설재배에서도 흔히 발생하는 병해이다.

Tip

무가온재배 •
인공적으로 온도를 높이거나 낮추지 않는 상태에서 재배하는 방법

가. 병원균

병원균은 분생포자와 난포자를 형성한다. 포자낭은 24-24×12-22μm이고 난포자의 크기는 26~45μm이다. 난포자는 겨울나기(월동)를 위한 내구체로 불량한 환경에서도 잘 견딘다. 병원균은 대표적인 저온균으로 포자발아 적온은 7~13℃이고, 발병 최적온도는 10~15℃이다. 포자발아에는 이슬과 같은 물이 절대적으로 필요하며 순활물 기생균으로 인공배양이 불가능하다.

나. 병의 증상 및 진단법

잎에 희미한 황녹색의 반점이 생겨 점차 황색의 다각형 무늬로 확대되며, 뒷면에는 흰색 곰팡이가 생긴다. 병든 잎은 아랫잎부터 말라 죽는다. 뒷면에 있는 곰팡이와 잎맥(엽맥)에 둘러싸인 병무늬(병반)로 쉽게 진단할 수 있다.

다. 발생생태

(1) 전염방법

노균병균은 분생포자가 유주자를 방출하지 않고 직접 발아하여 식물체의 기공이나 겉껍질을 뚫고 침입한다. 종자전염과 공기전염을 한다.

십자화과 ••
쌍떡잎식물 양귀비목의 한 과로 배춧과, 겨잣과라고도 한다.

(2) 발생환경

이른 봄과 늦가을의 온도가 낮고 비가 자주 올 때 발생이 많다. 하우스에서는 무가온 재배•시 발병하기 쉽고, 식물체 간의 통풍이 나빠질 때, 생육 후기에 비료기가 떨어져 쇠약하게 자랄 때 병 발생이 많아진다.

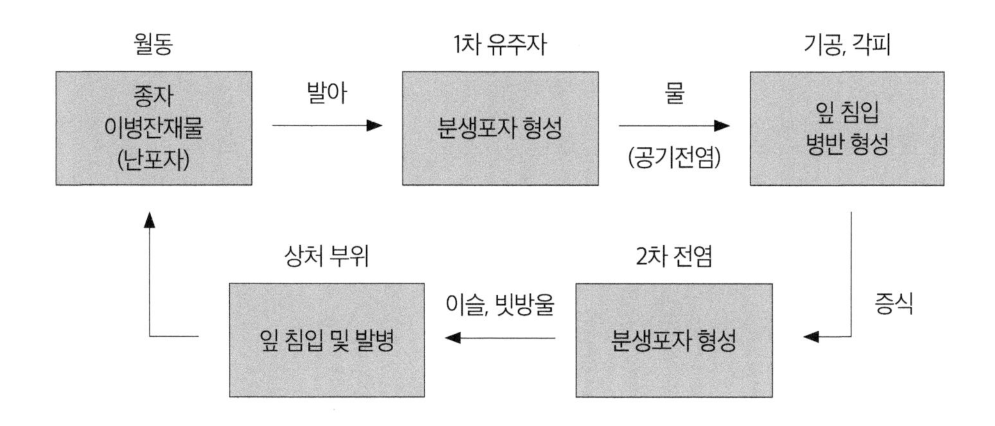

라. 방제방법

병든 잎은 일찍 제거하고 수확 후 병든 식물의 잔재물이 남지 않도록 모아서 토양 깊이 묻는다. 배게 심지(밀식) 않도록 하며 그늘진 곳에서 재배를 피한다. 생육 후기에 비료기가 떨어지지 않도록 충분히 비료를 준다.

약제는 병원균의 밀도가 적은 발병 초기에 살포하여야 효과가 높다. 동일계통의 약제를 계속 사용하면 병원균의 약제내성이 생겨 방제효과가 떨어진다. 방제약제로는 가스가마이신, 메탈락실-엠, 에타복삼 등 27종이 등록되어 있고 자세한 내용은 한국작물보호협회에서 발행한 농약사용지침서를 참고한다.

밑둥썩음병

결구기 이후에 배추 잎이 땅에 닿는 부분에서 발생한다. 최근 들어 이어짓기(연작)에 의하여 점차 발생이 증가하는 추세에 있으나 아직까지 큰 피해는 없다. 배추, 양배추, 무 등 십자화과•• 전반에 걸쳐 발생하나 배추에서 가장 흔하게 발생한다.

가. 병원균

*Rhizoctnia solani*는 토양서식 곰팡이의 일종으로 홀씨(포자)를 만들지 않으며, 균사와 균핵을 형성한다. 균핵은 모양이 불규칙하며 토양 내에서 2~5년간 생존한다. 밑둥썩음병균의 생육적온은 20℃ 부근이며, 병을 일으키는 균의 발육적온은 25~30℃로 알려져 있다. 밑둥썩음증상은 병원균의 균사융합군 AG-2-1에 의해서 발생한다. 간혹 유성세대인 담자기와 담자포자를 형성하며, 포자의 크기는 7-13×4-7μm이다.

나. 병의 증상 및 진단방법

땅과 닿는 부분의 잎에 짙은 갈색의 반점이 생기고, 점차 확대되면서 병환부는 움푹 파인다. 병이 진전되면 내부조직이 물러지며 포기 전체가 회색으로 썩는데 냄새는 없다. 어린모 시기에는 잘록병을 일으키기도 한다. 땅과 가까운 잎에 생긴 짙은 갈색의 움푹 파인 병반으로 용이하게 진단할 수 있다.

다. 발생생태

(1) 전염방법

병원균은 토양 혹은 토양 내의 병든 잔재물에서 균사나 균핵 형태로 겨울나기(월동)하여 다음 해 전염원이 된다.

(2) 발생환경

배춧과 작물을 이어짓기하면 토양 내 병원균의 밀도가 높아 발생이 많아지며, 늦가을 결구기 이후 온도가 낮고 비가 자주 올 때 피해가 커진다.

라. 방제방법

이어짓기를 피하고 볏(화본)과 작물로 2~3년간 돌려짓기한다. 석회나 퇴비를 사용하여 토성을 개량하고 토양 내 생물상이 균형을 이루도록 한다. 병든 포기는 일찍 제거하고 수확 후 병든 잔재물이 재배지에 남지 않도록 한다. 토양 병이므로 약제 살포 효과는 낮다. 발병이 심한 곳은 다조멧 등으로 토양훈증소독한 후 재배하거나 1,000m^2(10a)당 20kg의 플루설파마이드.플루톨라닐분제를 아주심기(정식) 전 토양 전면에 혼화처리 한다.

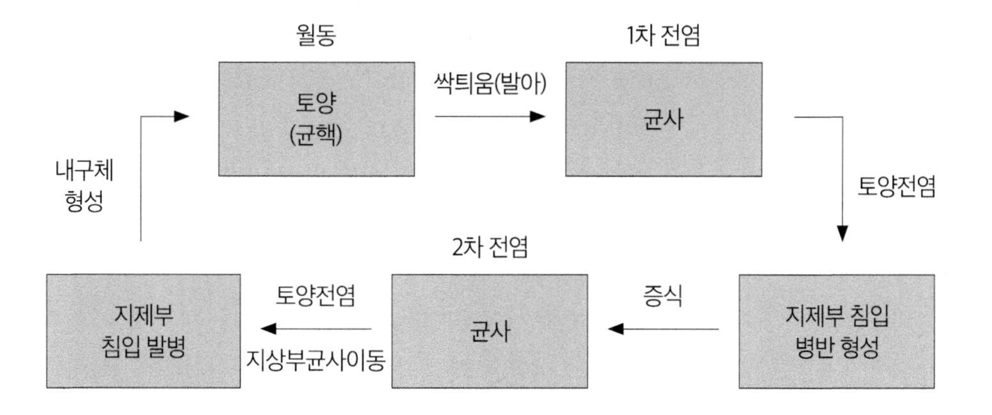

검은무늬병(흑반병)

생육기간 중에 발생하며 고랭지 재배나 가을재배의 고온에서 피해가 크다. 배추의 겉잎에 주로 발생하며 생육 후기에 병반 수가 증가하나 큰 피해는 없다. 배추, 무, 양배추, 꽃양배추, 순무 등 배춧과 작물에서 발생한다.

가. 병원균

Alternaria brassicae, *A. brassicicola* 및 *A. japonica*라는 3종의 유사한 곰팡이에 의하여 발생하는데 담갈색 곤봉형의 분생포자를 형성한다. 분생포자는 흑갈색으로 대개 횡격막과 종격막이 있으며 크기는 병원균 종별로 차이가 있다. 생육온도는 2~30℃, 적온은 22~24℃이다.

나. 병의 증상 및 진단방법

잎에 갈색의 원형반점이 생겨 확대되며, 병무늬(병반)끼리 서로 합쳐져 병환부가 탈락하여 구멍이 생긴다. 병든 잎은 아랫잎부터 말라 죽는다. 후기 병반 표면에는 흑색의 포자가루가 생기기도 한다.

다. 발생생태

(1) 전염방법

병에 걸린 식물체의 잔재물이나 씨앗(종자)에서 균사 혹은 분생포자의 형태로 월동하여 다음 재배시기의 전염원이 되며, 병환부 표면에 형성된 포자가 바람에 날려 공기전염한다. 종자를 통한 전염율도 상당히 높다.

(2) 발생환경

고랭지 재배방법은 한여름 고온기 혹은 가을재배 시 기온이 따뜻하고 비가 자주 올 때 발생이 많고, 생육 후기에 비료기가 떨어져 잎자람새(초세)가 약해지면 발생이 많아진다.

라. 방제방법

건전종자를 사용하거나 종자소독을 한다. 병든 잎은 일찍 제거하고 수확 후 병든 잔재물을 제거한다. 후기 생육이 쇠퇴하지 않도록 충분히 비료를 준다. 등록된 약제는 없다. 파, 마늘 등 채소 작물에 등록된 검은무늬병 방제약제를 사용할 수 있으나 약해 유무를 확인한 후 사용해야 한다.

흰무늬병

배추, 무, 순무에 발생하는데 그 피해는 검은무늬병에 비하여 크지 않고 잎에 산발적으로 발생한다.

가. 병원균

*Cercospora brassicicola*라는 곰팡이의 일종으로 채찍모양의 갈색의 분생포자를 형성한다. 크기는 50-120×3.0-4.5μm이고 여러 개의 격막을 갖고 있다. 병원균은 비교적 저온성(20℃ 내외)이며 다습한 조건에서 잘 자란다.

나. 병의 증상 및 진단방법

잎의 표면에 회갈색의 작은 병무늬가 생겨 점차 확대되며, 백색의 원형-다각형으로 된다. 발생이 심한 잎은 아랫잎부터 말라 죽는다. 병반이 종이처럼 하얗기 때문에 쉽게 진단이 가능하다.

Tip

균총●
미생물이 고체배양기에 만드는 집단. 고체배지에서 자유로이 운동할 수 없는 미생물이 고정되어 불어나기 때문에 수백만이 한 곳에 모여 눈으로 관찰할 수 있는 집단화된 미생물의 무리

다. 발생생태

(1) 전염방법

병원균은 병든 잔재물에서 균사의 형태로 겨울나기(월동)하여 다음 해 전염원이 되며 병환부에 생긴 분생포자가 바람에 날려 2차적으로 공기전염한다.

(2) 발생환경

늦가을~초겨울의 잦은 강우로 온도가 낮고 습도가 높을 때 발생이 많고 생육 후기에 약해지면 발병이 촉진된다.

라. 방제방법

품종 간 발병에 큰 차이가 있으므로 저항성 품종을 재배한다. 생육 후기에는 비료기가 떨어지지 않도록 충분히 비료를 주어 왕성한 생육을 유도한다. 병든 잎은 일찍 제거하고 재배지에 병든 잔재물이 남아 있지 않도록 전염원을 제거한다. 등록된 방제약제는 없다.

검은썩음병(흑부병)

노균병이나 검은무늬병처럼 흔히 발생하는 병은 아니며, 때와 장소에 따라 심하게 발생한다. 양배추, 꽃양배추, 무, 배추, 갓에 발생하며 우리나라뿐 아니라 전 세계에서 양배추에 큰 피해를 끼치는 병해 중 하나로 재배지 어디에서나 볼 수 있다. 특히 무에 발생하면 큰 피해를 끼친다.

가. 병원균

Xanthomonas campestris pv. *campestris*는 토양에서 서식하는 단극모를 가진 그람음성, 호기성 세균으로 크기는 0.4-0.5×0.7-3.0μm이다. 인공배지상에서 옅은 노란색을 띠고, 원형 또는 부정형 균총•을 형성한다. 30~32℃의 고온에서 생육이 좋고 51℃에서 10분이면 사멸한다. pH 7.4의 약알칼리 토양에서 잘 자란다.

나. 병의 증상 및 진단방법

양배추는 잎의 가장자리부터 옅은 황색~갈색의 불규칙한 무늬가 생겨 안쪽으로 확대된다. 잎맥과 뿌리의 물관부가 검게 변한다. 무의 잎은 잎맥으로 둘러싸인 부분이 수침상으로 물러 썩으며 황색을 띠고 뿌리의 물관이 검게 변하며 심하면 속 전체가 비게 된다. 잎 가장자리는 누렇게 마르며 잎맥은 검게 변한다.

다. 발생생태

(1) 전염방법

종자전염과 토양전염을 한다. 병원세균은 병든 식물의 화병, 꼬투리, 도관을 따라 씨껍질에 침입하거나 잎 끝의 수공으로 침입하며, 토양수분을 따라 이동하여 식물체의 상처를 통하여 침입하기도 한다. 식물체에 침입한 병원 세균은 도관을 통해 식물체 전 부위로 확산한다. 병무늬(병반)에서 누출된 세균은 빗방울에 의하여 주위로 확산하여 2차 전염을 일으킨다.

(2) 발생환경

5월이나 9~10월에 기온이 높고 비가 많이 와서 다습해지면 많이 발생하나 여름에는 거의 발생하지 않는다. 뿌리나 잎의 상처는 병의 발생을 조장한다.

라. 방제방법

품종에 따라 발병 정도에 차이가 크므로 저항성 품종을 재배한다. 이어짓기(연작)를 피하고, 볏(화본)과나 콩과 작물로 2~3년간 돌려짓기(윤작)한다. 병든 식물은 일찍 제거하고 병든(이병) 잔재물이 재배지에 남아 있지 않도록 모두 모아서 토양 깊이 묻어 버린다. 종자는 무병주에서 씨를 받아 사용하고 종자소독을 한다.

씨앗(종자)은 치아염소산칼슘 용액 400~1,000배액에 30분간 담그거나 50℃에서 15분간 또는 55℃에서 5분간 따뜻한 물에 담가 소독한다. 작업 시 잎에 상처가 생기지 않도록 주의하고 가해해충을 방제한다. 발병이 우려되면 옥솔린산수화제 등을 예방적으로 살포한다.

세균검은무늬병

배추, 무, 양배추에 발생하며 무에서 발생이 흔하나 큰 피해는 없다.

가. 병원균

Pseudomonas syringae pv. *maculicola*이며, 1~3개의 속생모를 가진 막대 모양이다. 그람음성의 호기성 세균으로 크기는 0.7-0.8×2.4-3.1μm이다. 25~27℃에서 잘 자라며 48~49℃에서 10분이면 죽는다. pH 7 부근의 중성에서 생육이 좋다.

나. 병의 증상 및 진단방법

무 잎에 수침상의 작은 반점이 생겨 점차 확대되며 나중에는 부정형의 흑갈색 병무늬(병반)로 되고 병환부는 말라서 떨어진다. 잎맥에는 6~8mm 크기의 주위와 경계가 명확하지 않은 흑갈색 병반이 생긴다.

뿌리의 앞부분(근두부)에서 처음에는 작은 회색반점이 생기고 후에 흑색의 부정형 병반으로 변하며 심하면 지상부에 노출된 부분이 균열되기도 한다.

다. 발생생태

(1) 전염방법

병원세균은 토양 내 병든 잔재물이나 씨앗(종자)에서 겨울나기(월동)하여 다음 해 전염원이 된다. 2차 전염은 병환부의 병원세균이 빗물, 관개수 등에 의해 옮겨져 생긴다.

(2) 발생환경

봄과 가을철에 기온이 비교적 낮고 비가 자주 올 때 많이 발생하며, 기온이 30℃ 이상 되는 여름철이나 추울 때는 병이 발생되지 않는다. 점질토양보다 사질토양에서 많이 발생하며 질소질 비료가 부족하여 생육이 좋지 않을 때에도 발생이 많다.

라. 방제방법

발병이 심한 곳은 십자화과 이외의 작물로 1~2년 돌려짓기(윤작)한다. 건전종자를 사용하거나 종자소독을 한다. 모래땅에서의 재배를 피하거나 토성을 개량해 준다. 작업 시 상처가 생기지 않도록 주의하며, 잎을 가해하는 해충을 구제한다. 생육 중기 이후에 비료가 부족하지 않도록 충분히 비료를 준다.

흰녹가루병

무, 배추, 순무, 갓에 발생하나 무에서 가장 흔하다. 생육기 중 저온시기에 흔히 발생하나 큰 피해는 없다.

가. 병원균

*Albugo macrospora*는 색조류계에 속하는 난균 곰팡이로 분생포자(유주자낭), 유주자, 난포자를 형성한다. 유주자낭은 무색, 단세포, 구형으로 12-29×10-27μm이다. 난포자는 구형으로 직경은 30~48μm이다. 유주자낭의 발아온도는 0~25℃이고 극저온균에 속하며 10℃에서 생육이 좋다.

나. 병의 증상 및 진단방법

잎의 뒷면에 흰색의 원형반점이 생기면서 약간 융기하여 돌기처럼 보인다. 이 돌기는 파열하여 흰가루(분생포자)가 흩날린다. 융기한 병반 주위는 잎의 색깔이 황변하여 주변조직으로 확산된다.

다. 발생생태

(1) 전염방법

병원균은 병든 식물체의 잔재물에서 난포자 혹은 균사 형태로 겨울나기(월동)하여 다음 해 전염원이 된다. 난포자가 발아하여 생긴 분생포자로부터 두 개의 헤엄털을 가진 유주자가 분출하며, 유주자는 빗물에 의해 전반되어 식물체의 숨구멍(기공)을 통하여 침입한다.

(2) 발생환경

봄과 가을에 걸쳐 기온이 낮고 비가 자주와 저온 다습 조건이 되면 발생하기 쉽다.

라. 방제방법

병든 식물은 일찍 제거하고 전염원이 재배지에 남아 있지 않도록 수확 후 잔재물은 토양 깊이 묻어버린다. 상습발생지는 배춧과 이외의 작물로 돌려짓기를 한다. 약제방제로는 보르도혼합액입상수화제 혹은 코퍼하이드록사이드수화제를 발병 전 7일 간격으로 약액이 충분히 묻도록 골고루 뿌려준다.

균핵병

배추, 무 등 배춧과 작물뿐만 아니라 박과, 가짓과 채소 등 여러 작물에 발생하는 병해다. 배춧과에서는 배추에서 발생이 심하며 노지, 시설재배를 막론하고 흔하게 발생하는데 최근 들어 발생이 점차 증가하는 경향이다.

가. 병원균

*Sclerotinia sclerotiorum*은 자낭균에 속하는 곰팡이의 일종으로 균핵, 자낭반, 자낭포자를 형성한다. 균핵은 비교적 큰 편이며 흑색으로 표면이 매끄럽고 쥐똥 모양이다. 크기는 1.2-13.5×1.0-6.3μm이다. 일정 휴면기간을 거친 후 발아하여 1~8개의 자낭반을 형성하며 버섯 모양의 상반부의 원반은 크기가 1.2~13.0mm이다. 자낭반에는 자낭이 들어 있으며 자낭 안에서 자낭포자가 분출하는데 자낭포자는 무색, 단세포, 타원형으로 크기는 10-18×5-8μm이다. 병원균의 생육 범위는 2~29℃이고 생육적온은 22~24℃이다.

나. 병의 증상 및 진단방법

배추에서는 결구기 이후에 발생하는데 땅과 닿는 부위의 밑둥이 수침상으로 썩으며 병환부 주위에 흰 팡이실(균사)이 보인다. 점차 배추 내부로 확대되면서 물러 썩으며 나중에는 병환부 주위에 흰색 균사가 뭉쳐 쥐똥 모양의 균핵이 형성된다. 무에는 잎, 잎줄기, 밑둥 등 전 부위에서 발생하며 생육 초기에는 땅가 줄기나 밑둥이 감염되어 병환부가 물러 썩으며 주변에 흰색의 균사와 흑색 균핵이 형성된다.

다. 발생생태

(1) 전염방법

병든 식물체의 잔재물에서 균사 혹은 균핵의 형태로 겨울나기(월동)하여 토양전염하며 2차 전염은 균사에 의하여 공기전염한다. 균핵은 토양 속에서 장기간 생존할 수 없으며 담수에 의하여 쉽게 부패된다.

(2) 발생환경

기온이 20℃ 내외로 서늘하고 비가 자주 올 때 많이 발생하며 시설재배에서는 가온기간이 끝난 직후 습기가 많아지면 많이 발생한다. 또한 질소 비료를 편중해 사용할 경우나 식물이 약하게 자랄 때 피해를 받기 쉬우며, 이어짓기에 의해 병원균의 토양 내 밀도가 증가하는 것도 발생이 심해지는 원인이 된다.

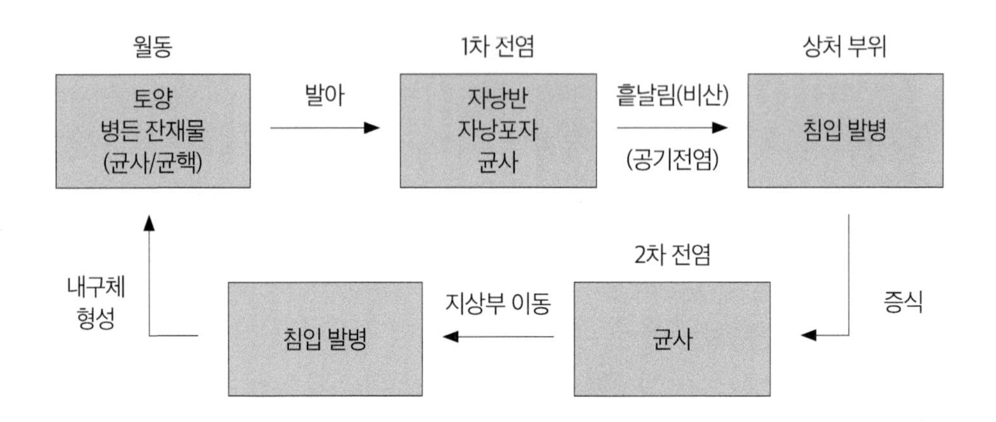

라. 방제대책

시설재배에서 온도가 너무 낮지 않도록 관리하고 습기가 많지 않도록 한다. 발생이 심한 재배지는 볏(화본)과 작물로 2~3년간 돌려짓기한다. 작물을 심기 전 재배지를 1~2주간 물에 담가 균핵의 부패를 유도하거나 깊이갈이하여 겉흙상의 균핵을 토양 깊이 매몰한다. 토양을 태양열을 이용해 소독하거나 다조멧 등의 토양훈증제를 이용하여 소독한 후 작물을 재배한다. 등록된 방제약제는 없다. 오이, 쑥갓 등 다른 채소 작물의 균핵병 방제약제를 사용할 수 있으나 약해 유무를 검토한 후 사용해야 한다.

Tip

목질화 ●
식물의 세포막에 리그닌이 쌓여 나무처럼 단단해지는 현상

배축(胚軸) ●●
① 종자가 발아하였을 때 뿌리와 줄기의 경계가 되는 부분
② 식물의 배(胚)를 구성한 부분. 자라서 줄기가 됨.

잘록병(입고병)

씨앗(종자)이 발아하기 전에 토양 내에서 종자를 썩게 하거나 발아 후에 어린모의 땅가 줄기가 잘록하게 썩으면서 쓰러지는 병으로 파종 후 일정기간 내에 발생하며 식물이 자라면 발생하지 않는다. 배추, 무, 양배추 등 배춧과 작물뿐만 아니라 채소 전반에 걸쳐 발생하며 모를 기르는(육묘) 환경이 불량해지면 흔하게 발생하여 피해를 초래한다.

가. 병원균

잘록병을 일으키는 병원균은 *Pythium* spp. *Rhizoctonia solani, Fusarium* spp. 등이 있다. 배춧과 작물의 잘록병은 대개 *Rhizoctonia solani*에 의하여 발생한다. *Rhizoctonia*균은 홀씨(포자)를 형성하지 않으며 주로 토양 속에서 장기간 부생적으로 생활하는 전형적인 토양전염성 곰팡이로 생장이 매우 빨라서 병이 일단 시작되면 급격히 진전된다. 병원균은 균핵을 형성하며 드물게는 유성세대인 담자기를 형성하는데 담자기에 달린 담자포자는 무색, 단포로 크기는 7-13×4-7μm이다. 포자를 잘 형성하지 않으므로 균사융합군에 의하여 종류를 구분하는데 잘록병을 일으키는 그룹은 AG2-1과 AG-4에 속한다. 병원균의 생육 범위는 13~40℃이며, 최적온도는 24℃이다.

나. 병의 증상 및 진단법

작물이 어릴 때 지상부에 나온 줄기가 목질화•되기 전에 땅에 닿는 부위가 회색~암갈색 내지는 수침상으로 연화 부패하면서 어린모가 쓰러지는 특징적인 증상을 갖는다. 처음에는 1~2개의 모가 쓰러지지만 점차 주변에 있는 모로 옮겨가서 그대로 두면 육묘상의 모든 모가 고사하며, 병이 심할 때는 모와 모 사이에 거미줄 모양의 병원균 팡이실(균사)을 볼 수 있다.

다. 발생생태

(1) 전염방법

병원균은 토양 내의 병든 잔재물이나 유기물에서 균사 혹은 균핵의 형태로 겨울나기(월동)하여 다음 해 전염원이 되며 발아한 종자의 어린 뿌리나 배축••에서 나오는 영양물질에 의하여 균핵의 발아가 촉진된다.

(2) 발생환경

병원균은 습기가 많은 토양보다는 약간 건조한 토양에서 잘 발육하므로 토양 내 공기가 잘 통하는 사질토양에서 발생이 많다. 병원균은 고온보다는 약간 서늘한 환경을 좋아하므로 육묘기간 중 비가 잦고 기온이 낮을 때 흔하게 발생한다. 또한 발아세가 약한 종자를 파종하거나 모가 웃자라거나 약하게 자랄 때 발생이 심해진다.

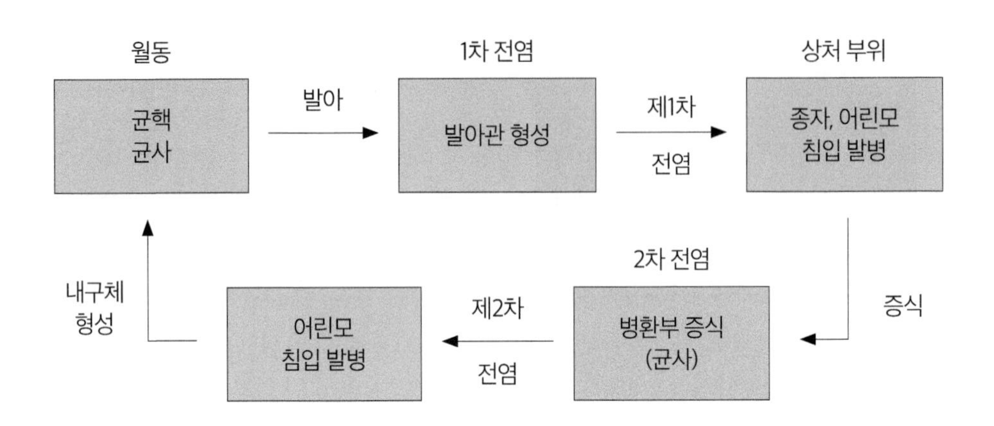

라. 방제대책

육묘용의 모판흙(상토)은 소독하여 사용하거나 오염되지 않은 토양을 선택한다. 모기르기(육묘) 시 토양의 많은 습기에 의해 뿌리의 활력이 저하되지 않도록 하고 빽빽하게 심어 웃자라거나 습도가 높지 않도록 유의한다. 균형 있게 비료를 주어 튼튼한 모를 육성한다. 배춧과 작물에 등록된 약제는 없다. 다른 채소 작물인 고추, 쑥갓 등의 잘록병 방제에 등록된 약제를 사용할 수 있으나 약해 유무를 확인한 후 사용한다.

02 가짓과 채소의 병해 (고추, 토마토, 가지, 감자, 피망, 파프리카)

역병

고추, 토마토, 감자 등 가짓과 및 박과 작물에서도 발생하는 병으로 매년 피해가 심하다. 병원균의 전염력이 대단히 빨라서 일단 발병되면 급속히 전 재배지로 확산되므로 초기 방제가 늦으면 큰 피해를 초래한다. 토양전염성으로 약제방제 효과가 낮다. 따라서 약제방제와 함께 경종적인 방제대책이 병행되어야 효과적인 방제가 가능하다.

가. 병원균

*Phytophthora*속에 속하는 3종의 곰팡이에 의하여 초래된다. 병원균은 물과 관련이 깊은 수생균의 일종으로 주로 토양 속에서 생활하며 기주식물체 없이도 토양 내에서 2~8년간 생존할 수 있다. 병원균은 난포자, 유주자낭, 유주자를 만들며 병원균별 각각의 특징은 아래와 같다.

<표 2-8> 가짓과 채소 역병균의 균학적 특징 및 생육특성

병원균	기주	유주자낭 크기(μm)	난포자 직경(μm)	전염방법		
				최저	최적	최고
P. capsici	고추, 토마토, 피망, 박과 채소	30~60×20~39	28~36	8	28	35
P. infestans	토마토, 감자	29~36×19~22	24~35	4	18~20	25
P. nicotianae	가지	11~60×20~45	<24	7	28	37

나. 병의 증상 및 진단법

육묘상이나 발아 초기부터 전 생육기에 걸쳐 발생한다. 땅과 맞닿는 부위의 줄기나 과실, 땅에서 가까운 잎에 먼저 발생하여 토양 표면과 가까운 부분이 침해되기 쉽다.

병에 걸린 부위는 수침상의 병반에서 암갈색의 병반으로 점차 확대되며 표면에 잔잔한 흰색곰팡이가 핀다. 잎에서 간혹 테무늬(윤문)가 형성되기도 한다. 병환부 표면의 곰팡이는 빗물에 의하여 옆으로 튀겨나가 확산되거나 물에 씻겨 내려가 주위로 번지면서 식물체 전체가 암갈색으로 말라 죽는다. 병에 걸린 감자의 덩이줄기(괴경)를 잘라보면 흐릿한 갈색의 원형테두리를 볼 수 있다.

다. 발생생태

(1) 전염방법

병원균은 토양 내 병든 식물의 잔재물에서 팡이실(균사), 피낭포자 혹은 난포자의 형태로 겨울나기(월동)하여 다음 작기의 전염원이 된다. 난포자는 발아하여 유주자낭을 형성하며 유주자낭에서 2개의 헤엄털을 가진 유주자가 분출한다. 유주자는 토양 내 수분을 따라 능동적으로 이동하며 기주체에 도달하여 1차 전염원이 된다.

병환부 표면에는 수많은 유주자낭이 형성되어 2차 전염원의 역할을 하며 빗물에 씻겨 내려와 토양 표면에 있던 유주자들이 빗물과 함께 튀어 올라 지상부 전 부위로 전반된다. 감자의 경우는 토양전염원 이외에 병든 씨감자를 통하여 1차 전염이 이루어지기도 한다.

(2) 발생환경

병원균이 물을 통하여 전염하므로 강우가 잦은 해에 병 발생이 많고 찰흙토양, 배수불량지, 저습지에서 심하게 발생한다. 토양전염성 병해이므로 작물을 이어짓기(연작)하면 병원균이 토양 내 축적되어 병 발생이 증가한다.

<표 2-9> 고추 역병 다발생지와 소발생지 비교

강원도농업기술원, 1986년

구분	다발생지	소발생지
육묘방법	• 발병지 토양을 상토로 사용	• 논흙, 무발병지 토양을 이용 상토소독 후 사용
재배방법	• 냉상육묘 • 2~20년 이어짓기(연작) • 질참흙(식양토), 배수불량 재배지	• 전열온상 모기르기(육묘) • 2년 이상 이어짓기(연작) • 모래참흙(사양토), 경사지 재배지

구분	다발생지	소발생지
심는 방법(재식)	• 이랑 높이 15cm 이하 • 깊이 심어 아랫줄기가 땅에 묻힘 • 무비닐멀칭 재배	• 이랑 높이 15cm 이하 • 얕게 심어 지주목 세움 • 비닐멀칭 재배
경종(생태)관리	• 석회, 퇴비 무사용 • 재배지 주위 배수로 없음	• 석회, 퇴비 시용 • 재배지 주위 배수로 설치
역병 방제상태	• 병든 포기 방치 • 초기 방제 실패 • 3회 이하 약제 살포	• 병든 포기 초기 제거 • 병 발생 초기 약제방제 • 5회 이상 약제 살포

이외에 산성토양, 질소 비료 편용, 유기물 부족 등도 병 발생을 많게 하는 요인이다. *P.infestans*에 의한 토마토, 감자 역병은 봄, 가을의 서늘한 조건에서 발병하며 한 여름에는 발생하지 않는다. 고추 역병은 당겨 가꾸기(촉성), 반당겨 가꾸기(반촉성)재배의 경우 3월부터 발생하기 시작하여 6월까지 발생이 증가한다. 노지재배에서는 장마기가 시작되는 6월 초순부터 발생하기 시작하여 장마기간 동안 급격히 진전하며 9월 이후는 더 이상의 큰 발생은 없다.

라. 방제대책

작물을 심기 전에는 저항성 품종 재배, 석회 및 유기물 시용, 저습지나 찰흙토양 회피, 돌려짓기(윤작), 깊이갈이(심경), 물담그기(담수) 등 여러 가지 경종관리가 있을 수 있다. 작물이 자라고 있는 경우에는 물관리와 약제방제를 중심으로 방제관리가 실시되어야 한다. 물을 통하여 병원균이 전염되므로 재배지의 물 뺄 도랑(배수로)을 정비하고, 물이 괴거나 재배지가 침수되지 않도록 각별히 주의한다. 가능한한 다른 밭에서 병원균에 오염된 물이 유입되지 않도록 하는 것이 좋다.

토양 표면에 짚을 깔아 두거나 표면의 흙이 식물체에 튀지 않도록 비닐멀칭을 하는 것도 방제의 한 방법이며, 병든(이병된) 식물체를 조기에 발견하여 재배지에서 제거하는 것도 전염원을 줄이는 좋은 방제방법이다. 역병 등의 토양전염성 병해들은 약제의 살포 효과가 낮으므로 약제 살포는 병해 발생 초기나 발병이 우려되는 장마 전에 예방적으로 살포하지 않으면 큰 효과를 볼 수 없다.

<표 2-10> 고추 주요 병해충의 기간방제 체계

농촌진흥청

방제횟수	방제시기	방제대상 병해충명			
		역병	탄저병	진딧물류	담배나방
1회	6월 상순	○	-	○	-
2회	하순	○	-	-	-
3회	7월 상순	○	○	○	-
4회	중순	○	○	-	○
5회	하순	○	○	-	○
6회	8월 상순	○	○	-	○
7회	중순	-	○	-	○
8회	하순	-	○	-	○
9회	9월 상순	-	○	-	-

약제 살포는 강우 직전에 해주는 것이 가장 좋으며, 강우 직후나 강우 사이 날씨가 갠 틈을 타서 살포하는 것도 급격한 병해전파를 막을 수 있는 방제방법이다. 역병의 방제약제로는 동(구리)제, 침투이행성인 메탈락실, 디메토모르프, 옥사딕실, 에타복삼 등이 있다. 장마기에는 침투이행성 약제를 예방적으로 살포하는 것이 효과적이다.

예방을 위주로 할 때는 10일 간격으로 해주는 것이 좋으며, 발병 후에는 3~4일 간격으로 집중적으로 살포하는 것이 좋다. 병원균의 침투가 매우 빨라 병의 전파가 급속히 이루어지므로 주의하지 않으면 살포적기를 놓치기 쉽다. 역병의 방제약제로는 2012년 기준 디메토모르프, 메탈락실-엠, 베날락실엠, 아미설브롬, 플루아지남 등이 고추에서 69종, 토마토에서 28종, 감자에서 54종 등록되어 있으며 자세한 내용은 한국작물보호협회에서 발행한 농약사용지침서를 참고한다.

시들음병(위조병)

시들음병은 뿌리나 땅가 줄기가 썩거나 줄기의 물관부가 침해되어 물의 통도가 막히므로 결과적으로 포기 전체가 시드는 증상으로 나타난다. 뿌리나 줄기가 썩는 경우는 시들음병이라기보다는 뿌리썩음병, 역병, 줄기썩음병 등으로 부르고 있고 물관부에 번식함으로써 나타나는 시들음 증상을 통틀어 시들음병으로 부르고 있다.

*Fusarium oxysporum*에 의한 시들음병은 작물에 따라 이름을 달리하여 시들음병, 덩굴쪼김병, 위황병, 반쪽마름병 등으로 불리고 있다. 우리나라에서 문제시되는 대표적인 토양병해 중의 하나로 주산지에서 이어짓기(연작) 장해를 초래하는 가장 큰 원인으로 대두되고 있다. 가장 피해가 큰 작물은 토마토 및 박과 작물로서 오이, 수박, 멜론 등은 접목재배를 하지 않으면 이 병 때문에 거의 재배자체가 불가능한 상태가 된다. 가짓과 작물에서는 토마토, 가지 이 밖에 딸기, 무, 배추, 시금치 등에서 발생한다.

가. 병원균

*Fusarium oxysporum*은 불완전균류의 총생균목에 속하는 곰팡이의 일종으로 소형 및 대형 분생포자, 후막포자 및 포자덩이인 분생자경욕을 형성한다. 홀씨(포자)가 짧은 분생자경 선단에 둥근 덩이 모양으로 형성되는 특징을 가지고 있고 크기는 5~12×2.2~3μm이다. 대형 분생포자는 초생달 모양으로 무색이고 격막이 3~5개이다. 분생포자의 크기는 격막 수에 따라 다르지만 27~66×3~5μm이다. 후막포자는 포자나 균사 중간에 생기는데 보통 1개 혹은 2개가 연속하여 형성된다. *Fusarium oxysporum*의 완전세대는 아직까지 발견되지 않고 있다. 병원균은 기주식물에 따라 분화되어 있는 대표적인 균이며 같은 과의 작물이라 하여도 서로 침해하는 병원균의 분화형이 다를 때가 많다. 우리나라에서 채소의 중요한 시들음병균의 분화형을 보면 <표 2-11>과 같다.

<표 2-11> 채소 시들음병균 *Fusarium oxysporum*의 주요 작물별 분화형

강원도농업기술원, 1986년

구분	분화형	침해 기주
오이 덩굴쪼김병	*Fusarium oxysporum* f.sp *cucumerinum*	오이, 참외 어린모
수박 덩굴쪼김병	*Fusarium oxysporum* f.sp *niveum*	수박
참외 덩굴쪼김병	*Fusarium oxysporum* f.sp *melonis*	참외, 멜론
수세미외 덩굴쪼김병	*Fusarium oxysporum* f.sp *luffae*	수세미외, 참외 어린모
토마토 시들음병	*Fusarium oxysporum* f.sp *lycopersici*	토마토
딸기 시들음병	*Fusarium oxysporum* f.sp *fragariae*	딸기
무 시들음병	*Fusarium oxysporum* f.sp *raphani*	무(순무,양배추)
양배추 시들음병	*Fusarium oxysporum* f.sp *conglutinans*	양배추, 꽃양배추
시금치 시들음병	*Fusarium oxysporum* f.sp *spinaciae*	시금치
양파 시들음병	*Fusarium oxysporum* f.sp *cepae*	양파, 파

나. 병의 증상 및 진단

Tip

분생자경욕 •
어떤 균류는 덩어리 모양의 균사 집단 위에 분생포자가 착생하는 받침대를 만든다. 이를 분생자경이라 하며 이 때의 포장병을 분생자경욕이라 한다.

처음에는 아랫잎부터 누렇게 변하고 포기가 시들며 점차 윗잎으로 번진다. 줄기 한쪽의 잎만 시드는 증상도 있는데 잎이 시들면 시든 잎이 줄기에 맞닿게 된다. 병이 진전하면 전체 잎이 황색으로 변하고 포기 전체가 말라 죽는다. 병든 줄기의 물관부는 박과류의 경우처럼 갈변되어 있고 현미경으로 보면 줄기의 물관부 안에 들어 있는 병원균의 균사나 포자를 볼 수 있다.

토마토의 경우 병원균의 레이스에 따라 병의 증상이 다른데 레이스 J3에 침해되면 지제부 부근 줄기의 도관부만 갈변되는 특징이 있다. 가는 뿌리가 먼저 썩어서 소실되며 병이 진전되면 뿌리 전체가 갈변한다.

다. 발생생태

(1) 전염방법

병원균은 후막포자의 형태로 토양 속에 생존하며 토양을 통하여 전염시킨다. 후막포자는 좋지 못한 환경에서도 최대 십수년간 기주체 없이도 생존할 수 있으며, 환경이 좋아지면 식물의 뿌리 분비물질 속에 있는 탄소원이나 질소원을 이용하여 발아해서 식물체의 뿌리를 통하여 침해한다. 주로 뿌리의 상처 부위나 곁뿌리 나온 틈, 혹은 근관을 통하여 침입하여 식물체의 피층을 통하여 물관부에 도달하며 그곳에서 증식하여 주로 소형분생포자를 많이 형성한다.

소형분생포자는 물관부의 물을 따라 상부로 이동하여 급격히 퍼지며 물관부는 팡이실(균사)이나 홀씨(포자) 혹은 병원균이 분비하는 독소 등에 의하여 점차 막히게 되므로 결국 식물이 시들게 된다. 식물체가 말라 죽으면 뿌리에 있던 병원균은 후막포자의 형태로 토양 속에 잔존하면서 다음 해 전염원이 된다. 지상부 병환부에는 분생자경욕•상에 대형 및 소형분생포자가 대량으로 형성된다.

시들음병균은 토양전염과 함께 씨앗(종자)을 통해서도 전염한다. 병든 식물체에는 병원균이 종자 내부까지 침입하여 균사형태로 잔존하게 되는데 종자발아 시 잘록병을 일으키거나 생육기에 시들음병을 일으킨다. 종자전염에 의하여 병원균의 장거리 이동이 가능하므로 무병지에는 건전종자를 사용하는 것이 필수적이다.

(2) 발생환경

시들음병균은 고온성 곰팡이로 특히 땅 온도가 높을 때 발육이 좋다. 대개 15℃ 이상의 저온에서 발생하기 시작하여 20℃ 이상이 되면 격렬하게 발병한다. 발병에 알맞은 온도는 작물의 종류에 따라 차이가 있지만 박과류는 20~23℃이고 다른 작물의 경우는 25~30℃이다.

토양수분의 정도에 따라 병원균의 생존증식이 많은 영향을 받는데, 시들음병균은 부생성이 약하므로 다른 미생물이 잘 살지 않아서 경쟁이 심하지 않은 모래땅의 건조한 환경에서 잘 생존한다. 토양이 건조해지면 뿌리가 손상을 받기 쉬우므로 이곳을 통하여 전염하기도 한다.

시들음병균은 산성토양에서 번식이 좋으므로 이런 토양에서 발병이 많고 중성이나 알칼리토양에서는 발병이 적다. 유기물이 적은 토양이나 질소질 비료를 편용하여도 시들음병 발생이 많아진다.

라. 방제대책

건전종자를 사용하든가 종자를 소독한 후 심어야 한다. 베노람, 지오람수화제를 사용하여 물에 담거나(침지) 가루로 묻혀(분의) 파종하는데 병원균이 종자 속의 씨눈(배)에 침입되어 있을 경우는 소독효과가 다소 떨어지는 것이 흠이다. 저항성 품종을 심거나 저항성 대목을 접목재배한다. 박과류의 경우는 접목재배가 성행하고 있는데 저항성인 호박이나 박을 대목으로 사용한다. 토마토, 딸기, 양배추의 경우는 시들음병에 대한 저항성 품종육성이 활발히 진척되고 있거나 시중에 판매되고 있으므로 이들 품종을 이용하는 것이 가장 안전한 방제방법이다. 특히 토마토의 경우는 영무자, 조인트 등의 저항성 대목을 이용하면 이 병의 발생을 효과적으로 막을 수 있다. 병원균이 토양전염하므로 이어짓기(연작)하면 토양 내 병원균의 밀도가 높아져 병 발생이 많아진다.

따라서 이런 곳은 타작물로 3~5년간 돌려짓는다(윤작). 돌려짓기하는 작물로는 벼, 보리, 밀, 옥수수, 율무, 수수 등의 볏(화본)과 작물이나 콩, 땅콩, 팥 등의 콩과 작물이 좋다. 유기물은 토양 내 유용미생물의 밀도를 높여주므로 부생성이 낮은 시들음병균은 상대적으로 이들 미생물과의 경쟁에서 지게 되어 병의 발생이 줄어든다. 유기물의 종류에 따라 병 발생 경감효과도 다르므로 유기물의 선택 시에는 주의를 요하나 일반적으로 C/N비(탄소 대 질소의 비율)가 높은 유기물을 선택하는 것이 토양 개량효과도 높다.

토양의 수분변화가 심한 모래땅이나 산성토양에서는 재배를 피하고 주기적인 물주기로 토양수분을 일정하게 유지하는 것이 병 발생을 줄이는 방법이다. 토양온도가 20℃ 이상의 고온으로 올라가지 않도록 짚 등을 지표면에 깔아 관리한다. 또한 질소질 비료를 편중해서 주지 않도록 3요소를 골고루 균형 있게 준다.

토양을 6개월 이상 물로 채워주면(담수) 토양이 혐기상태로 되어 호기성인 시들음병균의 밀도가 현저히 감소하여 병 발생이 줄어든다. 그러나 물담김(담수) 처리에 의하여 만들어진 인위적인 생물적 공백 상태는 병원균의 재오염 시 병 발생을 오히려 증가시키는 요인이 되므로 주의를 요한다. 작물에 따라서 파종기를 당기거나 늦춰 고온기를 피하면 병 발생을 줄일 수 있다.

양배추나 무는 가을 파종 시 파종기를 늦추면 발병이 줄어들고 토마토의 J3 레이스는 저온기에만 발병하므로 고온기에 재배하면 발생이 줄어든다. 시들음병균에 효과적인 살포용 약제는 없으나 베노밀이 비교적 효과가 높다. 그러나 연용에 의하여 내성균이 쉽게 생기므로 타약제와 번갈아(교호) 살포하는 것이 바람직하다. 이들 약제는 지상부 살포보다는 토양에 관주하여 뿌리와 접촉하도록 하는 것이 좋다.

다조메와 같은 훈증제를 사용하여 토양을 훈증소독한 후 멸균된 토양에 파종하면 안전하게 작물을 재배할 수 있으나 돈과 노력이 많이 들고 재오염의 염려가 상존하는 등 실용상 문제점이 있다. 그러나 심하게 발생하는 재배지는 토양훈증소독을 고려해볼 필요가 있다.

<표 2-12> 시들음병균 레이스별 토마토 대목의 반응

강원도농업기술원, 1986년

구분	Race J1	Race J2	Race J3
헬파-M	R	R	M
발칸	R	R	R
신메이트	R	M	S
탁터K	R	R	M
조인트	R	R	R
영무자	R	R	M
안카T	R	M	M
BFNT-R	R	M	S
BF흥진101호	R	M	S

R : 강, M : 중, S : 약

<표 2-13> 시들음병균 레이스별 특징

강원도농업기술원, 1986년

레이스명	병원균	발생시기	병 증세	국내분포비율(%)
J1	*F.oxysporum* f.sp *lycopersici*	고온기, 촉성/반촉성재배 시	하엽부터 황변, 상위줄기까지 물관부 갈변	41.9
J2	*F.oxysporum* f.sp *lycopersici*	고온기, 촉성/반촉성재배 시	하엽부터 황변, 상위줄기까지 물관부 갈변	30.2
J3	*F.oxysporum* f.sp *radici-lycopersici*	저온기 (12월 중~3월)	뿌리썩음증상수반, 물관부 갈변은 지상부 일부에 국한	27.9

<표 2-14> 토마토 시들음병균 각 레이스에 대한 주요 재배 품종의 저항성 반응 국립농업과학원

방제횟수	레이스별 발병 반응		
	Race J1	Race J2	Race J3
서광	R	S	S
풍영	S	S	S
광수	M	S	S
풍생	M	S	S
영광	M	S	S
신명	S	S	S
세계	R	S	S
알찬	M	S	S
강육	M	S	S
일광	M	S	S
광명	M	S	S
풍강	S	S	S
내병영수	S	S	S
내병장수	M	S	S
서광 102	R	S	S
후로라	M	S	S
루비	M	S	S
뽀뽀	M	S	S
미니캐롤	R	S	S
월광	M	S	S
도태랑	R	MS	S
도태랑 8	R	R	MS
대형복수	S	S	S

품종반응 : R(강), M(중), MS(중·약), S(약)

풋마름병(청고병)

매년 국부적으로 발생하나 생육기 동안 비가 자주 오고 온도가 높은 해에는 전국적으로 대발생하여 큰 피해를 준다. 토마토 풋마름병은 토경재배와 양액재배에서 심하게 발생하여 토마토 생산의 가장 큰 제한요인이 될 수 있다. 토마토 이외에 고추, 감자, 가지에도 병이 발생하여 피해를 준다. 특히 감자 종자 생산지에 발생하면 종자 생산에 큰 문제를 일으킬 수 있다.

가. 병원균

*Ralstonia solanacearum*이라는 세균에 의하여 병이 발생된다. 이 균은 기주 범위가 대단히 넓어서 50과, 250종 이상의 기주를 침해하여 병을 일으키며, 단자엽 식물보다 쌍자엽 식물에 더 많은 병을 일으킨다. 주요 기주작물은 토마토, 고추, 감자, 가지, 담배와 같은 가짓과 작물과 생강, 참깨, 들깨, 바나나, 해바라기, 땅콩, 올리브 등이 있다. 우리나라에서는 가짓과 작물인 토마토, 가지, 고추, 감자, 파프리카 등에서 경제적으로 중요한 병해다.

병원균은 생육적온이 35~37℃나 되는 극고온성인 세균이며 수분이 많은 조건에서 급속히 번식한다. 병원성 여하에 따라 5개의 레이스 혹은 5개의 생태형(Biovar)으로 구분한다.

레이스 1은 기주 범위가 대단히 넓으며 담배, 감자, 토마토, 땅콩, 생강, 올리브, 담배 등을 침해한다. 레이스 2는 바나나에만 병원성이 있는 균으로 중남미의 바나나 원시림에만 존재하는 것으로 알려져 있다. 레이스 3은 주로 감자, 토마토에 병을 일으키며 저온성 병원세균으로 열대 지방의 고산 지역에서 발견된다. 레이스 4는 뽕나무를 침해하는 종으로 중국에서 처음 발견되었으며, 레이스 5는 생강에 병원성이 있는 종으로 호주에서 처음으로 발견되었다.

병원균은 레이스 이외에 생태종(Biovar)으로 구분하기도 하는데 병원균의 2탄당이나 6탄당 이용능력에 따라 5개의 생태종으로 구분한다. 생태형 1은 주로 북남미와 필리핀에 분포하며 생태종 2는 전 세계적으로 분포하고 레이스 3과 그 특징이 동일하다. 생태형 3은 아시아에만 널리 분포하며 생태형 4는 전 세계적으로 분포하며 생태형 5는 중국에서만 존재한다고 알려져 있다. 최근 연구에 따르면 국내에는 레이스 1과 3이 주로 분포되어 있고 생태형은 주로 3, 4가 주종이었으며 생태형 2도 발견되었다. 우리나라의 풋마름병균은 토마토, 감자, 가지에 병원성이 강하며 고추에는 비교적 약한 것으로 생각된다.

나. 병의 증상 및 진단방법

식물 전체가 급격히 시드는 것이 특징이며 병환부의 줄기를 횡단하면 흐린 점액(세균)이 누출된다. 최근 토마토 품종에서는 줄기를 가로로 자르지 않아도 상처 부위나 줄기가 터진 곳에서 세균점액이 누출되어 줄기를 타고 흘러내리는 현상을 볼 수 있다. 이런 현상은 간혹 상처가 없는 건전한 곳에서도 발견되기도 한다. 병에 걸린 줄기에 막뿌리(부정근) 모양의 크고 작은 혹이 생기기도 한다. 이런 줄기를 가로로 잘라보면 유관속이 갈변되어 있다. 앞서 설명한 시들음병도 도관부가 갈변하여 서로 구분이 어려우나 풋마름병은 자른 단면 쪽으로 줄기를 눌러 나가면 누런 세균점액이 나오는 것을 볼 수 있다. 시험관과 같은 용기가 있는 경우 이병줄기의 횡단면을 시험관 안의 물에 담그면 자른 단면에서 담배연기와 같이 세균점액이 누출되는 것을 육안으로 확인할 수 있다.

곰팡이에 의한 시들음병은 아랫잎부터 누렇게 시든다고 하나, 초기 증상만으로 시들음병인지 풋마름병인지 구분할 수 없으며 두 병해 모두 토마토의 신초 부분이 제일 먼저 시들고 차츰 포기 전체가 시든다. 이런 증상은 증산량이 많은 낮 동안 발생하다가 저녁에는 일시 회복된다. 식물체 내 병원균의 증식이 활발해져 도관 내 껌(Gum)과 같은 물질이 생기거나 혹과 같은 물질이 형성되어 도관부가 막히면 포기 전체가 노랗게 변하며 죽게 된다. 앞서 설명하였듯이 병원균은 다습한 상태를 좋아하고 35~37℃ 고온에서 증식이 빠르므로 비가 자주 오고 온도가 높은 해에는 걷잡을 수 없이 순식간에 번져 큰 피해를 가져오게 된다.

다. 발생생태

병원균은 토양 내에서 장기간 생존하는 전형적인 토양세균으로 토양 깊이 뻗어 있는 잡초 뿌리 근처나 토양 내 매몰된 식물체의 잔재물에 생존하고 있다가 토양 내 수분이 많아지고 온도가 높아지면 기주식물의 뿌리상처를 침해한 후 기주체의 도관부로 이동 증식하여 풋마름 증상을 일으킨다. 토양전염 이외에 병원균은 기주식물의 영양생장체에서 잠복하여 병을 일으킬 수 있다. 감자 괴경이나 생강의 근경이 중요한 전염원이 되므로 영양번식하는 작물의 번식체가 오염되지 않도록 각별한 주의가 필요하다.

병원세균은 토양에서 전염되므로 토양이 바람, 농기구, 토양곤충에 의하여 이동될 때 전염원이 다른 지역으로 확산하여 토양 속에 뻗어 있는 토마토 뿌리와 접촉하여 병이 전염되기도 한다. 특히 병든 토마토가 존재하는 토양에서 모기르기(육묘)된 어린모를 사용할 경우 뿌리에 붙은 병원세균 때문에 모를 옮겨 심는 밭(본답)에서 풋마름병이 대발생할 수도 있다. 대부분의 세균병은 주로 상처나 기주식물의 자연개구를 통해 병원균이 침입하여 발병하므로 식물의 지하부에 상처가 생기지 않도록 아주심기(정식)할 때 주의하고 토양곤충이나 선충에 의한 상처가 주요한 침입처가 되므로 이들을 구제하는데 힘써야 한다. 또한 병원세균이 증식하기 위하여 토양수분이 필요하기 때문에 관수나 침수 등에 의하여 토양수분이 과다하지 않도록 집중적인 관배수 관리가 필요하다. 또한 토양온도가 높아지지 않도록 짚 등의 덮개자재로 바닥을 덮어 병원균 증식을 억제시킬 수 있다.

라. 방제방법

병이 발생하면 방제하기 어렵기 때문에 발병되지 않도록 예방하는 것이 가장 중요하다. 그러므로 무병지(처녀지 혹은 토양을 소독한 재배지) 재배와 병원세균에 오염되지 않은 건전한 어린모를 육묘하여 아주심기(정식)해야 한다. 또한 육묘할 때 오염되지 않은 모판흙(상토)을 사용하는 것도 중요하다. 다음으로 저항성 품종 재배가 중요하다. 그러나 현재까지 풋마름병 저항성 품종은 없다. BF 홍진 101호와 같은 저항성 대목으로 접목하여 풋마름병을 방제할 수 있다.

그러나 저항성 대목 사용 방법도 병원균의 새로운 레이스의 출현으로 무력화 될 수 있으므로 주의 깊은 관찰이 필요하다. 이 세균은 토양수분에 매우 민감하므로 침수와 과도한 물주기(관수)에 각별히 주의해야 한다. 그러므로 토마토 생육에 지장을 받지 않을 정도로 토양수분을 최소한으로 유지시키는 것이 바람직하다. 특히 논과 같이 지하수위가 낮은 곳, 저습지, 물 빠짐이 나쁜 찰흙토양에서 재배할 때 물빼기(배수)에 유의하지 않으면 병이 발생하기 쉽다. 병든 식물체는 가능한 빨리 제거하여 이병주의 뿌리 접촉이나 줄기에서 흘러내린 세균점액을 통한 2차 확산을 막는 것이 대단히 중요하다. 이병주에서 생긴 병원세균 점액은 중요한 2차 전염원이 된다. 이들이 빗물이나 살수관수 혹은 비닐하우스 천장에서 떨어진 물방울에 튀어 재배지 주위로 확산되므로 주의해야 한다.

<표 2-15> 각종 작물 풋마름병의 타작물에 대한 병원성 농업기술원

병원균	병원균		병원성				
	생태형	레이스	가지	고추	감자	담배	토마토
가지	4	1	+++	+	+++	+	+++
토마토	4	1	+++	++	+++	-	+++
토마토	3	1	+++	+	+++	++	+++
가지	3	1	+++	+	+++	++	+++
감자	4	1	+++	+	+++	+	+++
고추	3	1	++	+	+++	++	+++
담배	3	1	+++	+	+++	+++	+++
참깨	3	1	+++	+	+++	+	+++
감자	2	3	++	-	+++	-	-

병원성 강 : +++, 중간 : ++, 약 : +, 무 : -

지금까지 풋마름병을 효과적으로 방제할 수 있는 약제는 개발되지 않았다. 그러므로 주 전염원이 토양 속에 있으므로 토양을 훈증소독하여 전염원을 죽이는 방법이 가장 효과적이다.

토양소독은 많은 비용이 소요되고, 소독된 토양에 병원세균이 재오염될 수 있다. 그러나 풋마름병이 심하게 발생한 재배지에서는 다조멧과 같은 토양훈증소독제로 토양을 소독하여 전염원 밀도를 감소 또는 사멸시키는 것이 병 발생을 지연시키거나 억제시키는 효과적인 방법이 될 수 있다.

양액재배에서 양액에 IPA(Indole Propionic Acid)를 첨가하여 토마토풋마름병을 효과적으로 방제할 수 있으나, 일반 토경재배에서 추천할 만한 약제가 없는 상태다. 따라서 풋마름병의 방제는 경비가 많이 들더라도 토양소독, 접목재배와 같은 예방 위주의 방제대책으로 나가는 것이 최선이라고 할 수 있다. 병 발생 초기의 국부적인 방제대책은 세균병에 효과적인 네오보르도, 새빈나와 같은 동제(구리)나 아그리마이신과 같은 항생제의 토양 관주이다. 그러나 전 재배지로 병이 확산되어 있을 때는 방제효과를 기대할 수 없다.

잿빛곰팡이병

토마토, 고추, 가지, 감자 등의 가짓과 작물뿐만 아니라 오이 등의 박과 채소, 딸기, 들깨, 화훼류 등 수많은 작물에서 주의해야 할 병해 중 하나로 병원균의 기주 범위가 광범위하고 포자형성이 왕성하여 일단 발병한 후 저온 다습한 환경이 계속되면 급속히 번지는 병해다. 우리나라의 경우 토마토, 오이, 딸기 등에서 가장 문제가 되고 있으며 병원균의 특성상 시설재배 특히 겨울철에 재배하는 당겨 가꾸기(촉성), 반당겨 가꾸기(반촉성) 재배에서 큰 문제가 되고 있고 노지재배에서는 발생하기 어렵다.

가. 병원균

*Botrytis cinerea*는 침해하는 기주가 대단히 많아서 밭에 있는 채소, 전작, 화훼 등 다양한 작물에 병을 일으킨다. 병원균은 불완전균에 속하는 곰팡이의 일종으로 병환부 표면에 잿빛의 곰팡이 팡이실(균사)과 분생포자를 형성한다. 분생포자는 무색, 단세포로 원형~계란 모양이며 병환부 표면에 수없이 많이 형성된다.

생육 후기가 되면 병환부에는 잘 발달되지 않은 쥐똥 모양의 흑색 균핵이 만들어지고, 불량환경에서 잘 견디는 내구체의 역할을 한다. 병원균은 2~30℃의 범위에서 생육하며 균사가 생육적온은 20~25℃이나 병 발생에 직접 관여하는 분생포자 형성은 10~20℃의 저온에서 가장 왕성하다.

나. 병의 증상 및 진단방법

열매의 끝, 열매줄기의 꽃받침, 잎의 끝에서 시작하는 경우가 많다. 줄기에서는 잎이 달려 있는 기부에서 발병한다. 처음에는 어느 경우든 작은 수침상의 반점이 생겨 급격히 확대되면서 병환부 표면에 수많은 잿빛의 곰팡이 균사와 홀씨(포자)가 밀생한다. 쥐의 털과 같으므로 쉽게 진단할 수 있고, 날씨가 건조해지면 더욱 뚜렷해진다.

다. 발생생태

(1) 전염방법

병원균은 토양에서 장기간 생존할 수 있으며 병든 식물의 잔재물에서 균사나 포자 혹은 균핵의 형태로 겨울나기(월동)하여 다음 해 전염원이 된다. 병환부상의 균핵은 온도가 낮고 습기가 높을 때 발아하여 균사를 내며 균사 끝에 분생포자가 형성되고,

공기 중으로 확산하여 1차 전염을 일으킨다. 2차 전염은 병환부상에 생긴 분생포자가 바람에 날려 주위로 확산하여 이루어진다.

(2) 발생환경

병원균의 포자는 온도가 낮고 습도가 매우 높아 포화습도에 가까운 상태가 9시간 이상 연속으로 지속되면 비로소 발아하며 식물체의 죽은 조직을 영양원으로 이용하여 상처 부위나 겉껍질(각피)을 뚫고 기주체를 침입한다. 따라서 이러한 환경이 되기 쉬운 시설재배에서 발생하며 노지재배에서는 발생하기 어렵다. 시설재배에서는 주로 저온기에 작물이 재배되고 있고 통풍, 환기가 어려우면 자연히 저온 다습의 상태가 되기 쉬워 이 병의 발생에 적합한 환경이 된다. 특히 시설 내의 기온이 15℃ 내외이고 시설 내의 비닐천장에 이슬이 맺힐 정도의 포화습도 상태가 오래 지속되면 이 병의 발생은 급격히 심해진다. 배게 심기(밀식)에 의한 통풍 및 투광불량도 습도를 높이는 원인이 되므로 병의 발생을 촉진한다. 시설재배 시 봄, 가을의 생육기간 동안 비가 자주 내리고 습한 날씨가 계속되면 시설 내 습도가 높아져 잿빛곰팡이병이 만연한다. 또한 질소질 비료를 편용하면 식물체가 연약하게 자라서 병에 대한 견딤성이 약해지므로 결과적으로 병 발생이 많아진다.

라. 방제방법

시설 내 온습도 관리가 방제에 매우 중요하다. 특히 높은 습도는 병 발생에 중요하므로 습기를 제거하고 온도를 높이는 조치를 강구해야 한다. 질소 비료의 편용이나 투광불량에 의해 식물체가 약하게 자라지 않도록 튼튼한 생육을 유도한다. 병든 식물은 병환부상에 형성된 홀씨(포자)가 시설 내로 확산하지 않도록 가급적 빨리 플라스틱 봉지 등에 넣어서 하우스 밖으로 제거하여 재배지 위생에 유의한다. 발병하기 전 병원균이 영양원으로 삼을 수 있는 식물의 죽은 조직이 그대로 식물체상에 붙어 있지 않도록 미리 제거한다. 병원균의 전염원이 시설 내 전체로 확산하기 전 병 발생 초기에 약제를 살포한다. 약제 살포 효과를 높이기 위해서는 침투이행성 전문약제와 적용 범위가 넓은 광범위 약제와의 번갈아 살포하는 것이 바람직하며 내성균의 출현을 억제하기 위해 동일약제 또는 성분이 같은 계열의 약제를 연속하여 사용하지 않도록 주의해야 한다. 병원균은 습도에 특히 민감하므로 시설 내 약제 사용 시 수화제보다는 물을 타지 않는 제형인 훈연제, 가루약(분제), 미립제, 고농도 극미량 살포제 등을 선택하는 것이 좋다. 발병이 심한 곳은 3~4일 간격으로 3~4회 집중적으로 살포하고, 발병이 우려될 때는 7~10일 간격으로 살포한다. 가짓과 작물 잿빛곰팡이병 방제약제로는 2012년 기준 고추 24종, 토마토 22종, 가지 5종이 등록되어 있으며 자세한 내용은 한국작물보호협회에서 발행한 농약사용지침서를 참고한다.

탄저병

토마토에도 발생하지만 고추에서는 역병과 더불어 가장 피해가 큰 병해다. 모기르기(육묘) 시 어린모나 풋고추뿐만 아니라 생육 후기 붉은고추에서 심하게 발생한다. 여름철의 고온 및 잦은 강우 시에 큰 피해를 받는다. 토마토는 시기와 장소에 따라 국부적으로 발생하나 피해는 크지 않다. 때로는 *Colletotrichum coccodes*에 의한 뿌리썩음증상이나 지제부의 썩음증상이 토마토, 고추, 가지 등에서 발견되고 있어 주의가 필요하다.

가. 병원균

*Colletotrichum*속에 속하는 곰팡이에 의하여 발생한다. 병원균은 포자층 위에 분생포자를 형성한다. 토마토 탄저병균은 *C. coccodes*로 고추 탄저병균 중 하나다. 종별로 분포 및 병원성에 차이가 있으나 대부분은 *C. acutatum*이다. 생육온도는 4~35℃이며 생육적온은 28~32℃로서 고온에서 발병이 많다. 병원균의 홀씨(포자)는 끈끈한 점질물에 쌓여 있으므로 비바람, 폭풍우, 태풍 등 외부의 물리적인 힘에 의하여 공중으로 날아 주위로 퍼져 병을 일으킨다. 토마토 탄저병균의 생육온도 범위는 3~33℃이며 생육적온은 26~28℃이다.

나. 병의 증상 및 진단방법

잎, 줄기, 과실에 발생한다. 잎에는 청록색의 테무늬(윤문)가 생겨 확대되며, 줄기와 과실에는 갈색의 수침상 작은 반점이 생겨 확대되다가 점차 테무늬(윤문)가 생기고, 그 주위에 흑색의 잔알(소립)이 생기거나 홍색의 점질물이 나온다. 병든 부위는 다소 움푹해진다. 움푹 들어가는 증상과 병환부에 형성된 홍색~흑색의 분생포자층에 의하여 진단이 가능하다.

<표 2-16> 고추에서 분리한 탄저병균의 균학적 특성 및 병원성 농업기술원

병원균	포자 크기(μm)	포자 모양	강모	고추에 대한 병원성		
				어린모	최적	최고
C. gloeosporioides	15.4-18.7×3.8-4.2(17×4.1)	원통형	-	-	++	++
C. dematium	22.5-27.5×2.5-2.7(2.43×2.6)	낫 모양	+	+	±	+
C. coccodes	15.7-23.0×23.0-5.0(17.8×3.6)	좁은 원통형	+	++	±	
C. acutatum	15.0-22.0×3.0-5.0(17.8×3.6)	뾰족한 원통형	-	-	+	+

무발병 : -, 발병 : +, 발병약 : ±, 발병심 : ++

다. 발생생태

(1) 전염방법

병원균은 종자나 병든 잔재물에서 겨울나기(월동)하여 전염원이 된다. 토양에서의 생존기간은 길지 않다. 병원균은 병환부에서 끈끈한 점질물에 쌓여 있으므로 비바람 등의 외부의 물리적인 힘에 의하여 이탈하여 전염한다.

(2) 발생환경

28℃ 이상의 고온과 생육기에 비가 잦고 태풍이 많이 오는 해에 발생이 심하게 되며, 또한 질소질 비료를 편용하면 발생이 많다. 또 이어짓기(연작)를 하면 재배지 내 병든 잔재물이 누적되므로 병 발생이 점차 증가한다.

라. 방제방법

종자는 건전주에서 씨를 받아(채종) 사용하거나 종자소독을 한다. 병든 부위는 일찍 제거하고 수확 후 병든 식물체의 잔재물은 모두 없애 다음 해 전염원을 줄인다. 질소질 비료의 편용을 피하고 튼튼한 생육을 유도한다. 배게 심기(밀식)를 피하고 습기가 많아지지 않도록 통풍에 유의한다. 품종 간 병 저항성에 차이가 있으므로 저항성 품종을 재배한다. 병원균이 비바람, 태풍, 폭풍우 등에 의하여 흩날려(비산) 침입하므로 약제 살포는 강우 후 즉시 이루어져야 가장 효과적이다. 효과적인 방제를 위해서는 발병 초기나 예방적으로 살포하는 것이 좋다. 발병이 급격히 퍼지면 4~5일 간격으로 수회 살포하고, 예방의 경우는 7~10일 간격으로 1~2회 살포한다. 고추탄저병 방제약제로는 2012년 기준 디티아논, 아족시스트로빈, 클로로탈로닐, 테부코나졸, 피라클로스트로빈 등 102종 약제가 등록되어 있으며 자세한 내용은 한국작물보호협회에서 발행한 농약사용지침서를 참고한다.

잎곰팡이병

토마토에서만 발생하는데 시설재배 및 재배지의 온도가 낮고 다습할 때 주로 발생한다. 병원균의 증식이 대단위로 이루어지므로 병 발생 초기 병원균 밀도가 낮을 때 방제하지 않으면 큰 피해를 가져온다.

가. 병원균

Fulvia fulva(*Cladosporum fulvum*)는 불완전균에 속하는 곰팡이의 일종으로 병무늬(병반) 뒷면에 회갈색의 곰팡이는 병원균의 분생포자이다. 분생포자의 크기는 15~35×6~10μm이며 생육온도 범위는 5~30℃이다. 병원균의 생육적온은 20~25℃이며 다습한 상태를 좋아한다.

나. 병의 증상 및 진단방법

잎 뒷면에 타원형의 병무늬(병반)가 생기며 엷은 갈색의 곰팡이로 덮이고, 앞면에는 담황색의 윤곽이 희미한 무늬가 생기며 점차 안쪽으로 말린다.

다. 전염방법 및 발병유인

씨앗(종자)이나 병든 식물체의 잔재물에서 겨울나기(월동)하여 1차 전염원이 되며 2차적으로는 잎 뒷면에 형성된 분생포자가 바람에 날려 공기전염한다. 20℃ 내외이며 다습한 환경, 배게 심기(밀식) 탓에 통풍이 나쁜 환경, 비료가 충분하지 않은 환경에서 식물체가 쇠약하게 자라면 병 발생이 많아진다. 특히 식물의 영양상태가 좋지 않아서 잎자람새(초세)가 약할 때 발생이 많으므로 충분히 비료를 주어 생육이 왕성하도록 관리하는 것이 필요하다.

라. 방제방법

병원균은 종자전염하므로 종자는 베노람.티람수화제나 티람수화제로 종자 kg당 4~5g 분의하거나 200배액으로 1시간 담근다. 병든 부위는 가능한 일찍 제거하고 수확 후 병든 잔재물이 재배지에 남아 있지 않도록 토양 깊이 매몰한다. 시설재배의 경우 온도가 너무 내려가지 않도록 하고 다습하지 않도록 통풍 및 환기에 힘쓴다. 균형시비하여 왕성한 생육을 유도하고 배게 심지(밀식) 않도록 한다.

방제약제는 2012년 기준 가스가마이신.티오파네이트메틸, 이미녹타딘트리스알베실레이트, 테트라코나졸을 비롯하여 27종의 약제가 등록되어 있고 자세한 내용은 한국작물보호협회에서 발행한 농약사용지침서를 참고한다.

겹둥근무늬병(윤문병)

생육기간 동안 흔히 볼 수 있는 병해로 온도가 비교적 높고 건조할 때 잘 발생한다. 토마토, 감자에서 가장 피해가 크고 흔하게 볼 수 잇으며 가지, 고추에도 발생하나 큰 피해는 없다.

가. 병원균

감자는 *Alternaria solani*, 토마토는 *A. tomatophila*라는 불완전균에 속하는 곰팡이로서 갈색 곤봉형의 분생포자를 만든다. 9~11개의 횡격막과 종격막이 있다. 분생포자의 크기는 140-290×14-32μm이다. 26~28℃에서 생육이 좋다.

나. 병의 증상 및 진단방법

잎에는 암갈색 파상의 겹둥근무늬가 생기는 것이 특징이며 이를 이용하여 쉽게 진단이 가능하다. 병무늬(병반)는 점차 확대되어 세모꼴 모양의 큰 병무늬가 되며 잘 부스러진다. 잎과 열매에 생긴 병반은 다습 시 수침상으로 썩으며 마르면 표면에 흑색의 곰팡이가 생긴다.

다. 전염방법 및 발생유인

씨앗(종자)이나 병든 식물체 부위에서 겨울나기(월동)하여 1차 전염원이 되며 2차 전염은 병반 위에 생긴 흑색곰팡이(분생포자)가 바람에 날려 공기전염한다. 27℃ 내외의 기온이 다소 높고 건조할 때 발생이 많으며 생육 후기에 영양상태가 나빠져 생육이 쇠퇴하면 발생하기 쉽다.

라. 방제방법

건전종자를 사용하거나 베노람.티람수화제나 티람수화제로 종자 kg당 4g을 분의처리하거나 200배액으로 1시간 담근다. 비료를 충분히 주어 생육 후기까지 왕성한 생육을 유도한다. 병든 부위는 일찍 제거하고 수확 후의 병든 식물체는 모두 모아 매몰한다. 방제약제로 등록된 코퍼하이드록사이드수화제나 입상수화제를 발병 직전 7~10일 간격으로 살포해 준다.

균핵병

시설재배에서 온도가 낮고 습도가 높을 때 발생한다. 잿빛곰팡이병과 발생생태가 비슷하다. 가짓과 작물 전반에 걸쳐 발생하며 동일한 병원균에 의하여 박과, 배춧과 채소, 화훼류 등에도 병을 일으키는 매우 기주 범위가 넓은 병원균이다. 가짓과 작물은 박과, 배춧과 작물에 비해 그 피해가 크지 않다.

가. 병원균

*Sclerotinia sclerotiorum*은 자낭균에 속하는 곰팡이의 일종으로 균핵과 자낭, 자낭포자를 형성한다. 균핵은 잘 발달되었으며 크기는 0.5-7.2×0.5-3.5μm이다. 균핵은 토양 표면에서 겨울철을 보내는 내구체의 역할을 하며, 2~5년간 생존이 가능하다. 병원균의 발육적온은 20℃ 내외이며, 다습한 조건을 좋아한다.

나. 병의 증상 및 진단방법

줄기나 곁가지에 주로 발생하며, 잎과 열매에 발생하는 경우도 있으나 그 빈도는 적다. 병든 부위는 수침상으로 되고, 급격히 시들며 후에는 황갈색으로 된다. 병환부에는 눈처럼 흰곰팡이 덩어리가 생기며, 이것이 후에는 쥐똥 모양의 균핵으로 변해서 병환부에 붙어 있다. 흰곰팡이와 쥐똥 모양의 균핵은 이 병의 특징으로 쉽게 진단이 가능하다.

다. 발생생태

(1) 전염방법

1차 전염은 토양 표면의 균핵이 발아하여 생긴 자낭에서 자낭포자가 흩날려(비산) 공기전염한다. 균핵이 직접 발아관을 내어 땅가 줄기를 침해하기도 한다. 따라서 병 발생은 땅가 가까운 부근의 잎, 줄기, 시든 꽃잎, 상처 부위에서 시작되는 경우가 흔하다. 2차 전염원은 병환부에 생긴 균사가 주위로 확산하면서 시작된다.

(2) 발생환경

무가온 시설재배 시 기온이 낮고 다습하면 발생이 많고 이어짓기(연작)에 의하여 전염원 밀도가 증가하면 병 발생도 증가한다. 또한 질소 비료 편용에 의하여 연약하게 자라면 피해가 커지며 쇠약한 식물체 부위부터 침입하는 경우가 많다.

라. 방제방법

상습발생지는 볏(화본)과 작물로 돌려짓기하고 토양을 깊이 갈아서 균핵을 묻어버린다. 온도를 높여 시설 내의 온도를 20℃ 이상으로 높이고, 통풍에 유의하여 습기가 많은 조건을 피한다.

병든 식물체는 일찍 제거하고 수확 후 병든 잔재물을 모아 토양 깊이 묻는다. 2~3개월 물에 담가 토양 내 균핵의 사멸을 유도한다.

<표 2-17> 균핵병균의 균핵사멸에 미치는 물담김(담수)기간 및 수온의 영향

물담김(담수) 시간	수온별 균핵 사멸율(%)			
	15℃	20℃	25℃	30℃
1주	0	0	0	0
2주	0	0	40	63
3주	0	33	60	83
4주	0	53	90	87
5주	0	60	100	100

균핵의 사멸속도는 물로 담근(담수) 기간이나 물의 온도에 의하여 달라진다. 상습발생지의 토양은 토양훈증제로 소독하는 방법이 가장 좋다. 약액의 살포는 시설 내의 습도를 높이므로 가루약(분제)이나 훈연제, 미립제의 시용이 더 바람직하다. 가짓과 작물에서 균핵병 방제약제는 등록되어 있지 않다. 다른 작물에서 발생하는 균핵병 방제약제를 처리할 수 있으나 약해 유무를 조사한 후 사용해야 한다.

흰가루병

고추의 경우는 일반재배지에서도 잘 발생하지만 토마토, 가지의 경우는 시설재배에서 발생이 많다. 특히 온도가 비교적 낮고 건조한 조건에서도 잘 발병하며 고추 흰가루병은 생육기 중 쉽게 볼 수 있으나 토마토의 경우는 시설 내 발생이 심해지고 있다.

가. 병원균

고추는 *Leveillula taurica*, 토마토와 가지는 *Glovi-nomyces cichoracearum*와 *Leveillula taurica*에 의하여 발생한다. 2종 모두 자낭균에 속하는 곰팡이의 일종으로 분생포자, 자낭, 자낭포자를 만든다. 병원균의 종류별로 병원성에 차이가 있으며, 생육적온도 약간씩 다르다. *L.taurica*의 분생포자의 크기는 51-85×13-25μm이다. 균의 생육적온은 15~28℃이다. 토마토, 가지에서 발생하는 *G. cichoracearum*의 분생포자 크기는 20-50×12-24μm이고, 자낭각은 구형으로 직경이 50-140μm이다. 생육적온은 25~28℃이다.

나. 병의 증상 및 진단방법

식물의 표면에서 흡기를 박고 영양원을 취하는 외부기생균에 속하며, 식물체의 내부로 침입하는 일은 거의 없다. 잎줄기의 표면에 밀가루를 뿌려놓은 것처럼 곰팡이 포자(분생포자)가 퍼져 있으며, 오래 되면 그 주위에 흑색소립(자낭각)이 생기는 경우도 있다. 병무늬(병반)에 있는 흰가루로 쉽게 진단이 가능하다.

다. 발생생태

(1) 전염방법

병원균은 병든 식물체의 잔재물에서 팡이실(균사)이나 자낭각의 형태로 겨울나기(월동)하여 1차 전염원이 되며 2차 전염은 병반에 형성된 분생포자에 의해 진행된다.

(2) 발생환경

비교적 서늘하고 공기 중의 습도가 낮은 때 발생이 많으며 비료를 너무 많이 주어 무성하게 자라면 발병이 증가하는 경향이 있다.

라. 방제방법

병든 식물체에 물을 살포하여 잎을 적시면 흰가루병의 발생이 억제되나 시설 내의 경우 습도가 높아져 잿빛곰팡이병 등 다른 병해가 발생할 우려가 있다. 질소 비료의 과용을 피한다. 병든 잎은 일찍 제거하여 전염원을 없앤다. 병원균은 증식이 빠르므로 발병 초기에 예방적으로 약제를 살포한다. 약제의 효과가 뚜렷하나 침투이행성 약제들은 내성이 생길 염려가 있으므로 연용을 피하여야 한다. 2012년 기준 디페노코나졸.티오파네이트메틸액상수화제, 마이클로뷰타닐수화제, 메트라페논액상수화제, 비터타놀수화제, 사이플루페나미드.헥사코나졸액상수화제 등 여러 약제가 고추에 31종, 토마토에 4종, 가지에 6종 등록되어 있다. 자세한 내용은 한국작물보호협회에서 발행한 농약사용지침서를 참고한다.

잘록병(입고병)

모기르기(육묘) 시 모판에서 발생하는 병해로 특히 습기가 많은 토양에서 많이 발생하여 종종 모 부족을 일으킨다. 동일한 균에 의하여 다른 채소에도 발생한다. 가짓과 작물은 발아기간이 다른 작물에 비하여 길기 때문에 그만큼 토양 혹은 씨앗(종자) 내에 존재하는 병원균에 의하여 침해받기 쉽다.

가. 병원균

Rhizoctonia solani, *Pythium* spp, *Fusarium oxysporum* 3종에 의하여 발생하는 경우가 많다. 모두 토양에 서식하는 곰팡이의 일종이며 종자 내부에 존재하여 잘록병을 일으키기도 한다. 이들 3종의 균은 각기 다른 환경에서 발생하게 되는데 *R. solani*는 저온의 약간 건조한 상태에서 그리고 *Pythium* spp는 종류에 따라 저온 혹은 고온 시 토양 내 수분 함량이 과다할 때 발생하게 된다. 그리고 *F. oxysporum*은 토양온도가 20℃ 이상의 고온이고 비교적 건조한 토양에서 잘 발생하는데, 이들 균들은 서로 길항작용이 있어 동일 장소에서 복합적으로 함께 병을 일으키는 경우는 거의 없다. 앞의 3종 중 *R. solani*에 의한 잘록증상이 가장 흔하며, 다음으로 *Pythium* spp의 순이다.

나. 병의 증상 및 진단

씨앗(종자)이 발아 전에 토양 속에서 썩는 발아 전 잘록병과 종자의 발아 후 땅가 줄기가 잘록하게 썩는 발아 후 잘록병이 있다. 잘록병은 어린모의 줄기가 목질화되기 전에 발생하며 작물이 성장하면 저항성이 된다. 기타 자세한 사항은 박과 작물의 잘록병 항에 기술되어 있다.

다. 발생생태

(1) 전염방법

모두 토양전염하지만 종자전염도 가능하다. *F. oxysporum*은 균사나 분생포자, *R. solani*는 팡이실(균사), *Pythium* spp는 운동성이 있는 유주자가 토양수분을 따라 이동하여 전염한다.

(2) 발생환경

땅 온도가 15~20℃일 때 발생이 많으며 투광량 부족 혹은 배게 심기(밀식)에 의하여 모가 웃자라서 쇠약할 때 발생하기 쉽다.

라. 방제방법

모판흙은 오염된 밭 토양을 피하고 병원균이 없는 산흙, 논흙을 사용하거나 소독하여 사용한다. 건전종자를 사용하거나 종자소독 후 파종한다. 질소 비료의 과용을 피하고 햇볕이 잘 쪼이게 하여 모를 튼튼히 키운다. 모판흙의 물주기에 유의하여 과습하지 않도록 주의한다.

베노람.티람수화제나 티람수화제로 종자 kg당 4g 분의하거나 200배액으로 1시간 침지소독 처리한 후 씨를 뿌리면 발아 전 잘록병을 방제할 수 있다. 2012년 기준 고추잘록병 방제약제로는 에트리디아졸.티오파네이트메틸수화제, 클로로탈로닐.프로파모카브하이드로클로라이드액상수화제 등 7종이 등록되어 있으며 자세한 내용은 한국작물호보협회에서 발행한 농약사용지침서를 참고한다.

세균점무늬병(반점세균병)

최근 고추에서 많이 발생하여 때때로 큰 피해를 가져오는 병해다. 특히 생육기에 비가 많이 내려 다습한 날이 계속되면 발생이 심하며, 잎이 모두 떨어지고 가지만 앙상하게 남게 된다. 토마토에도 발생하나 큰 피해는 없다. 고온 다습한 시기에 발생하여 조기낙엽을 초래한다.

가. 병원균

Xanthomonas campestris pv. *vesicatoria*라는 세균의 일종으로 고체배지에 배양할 때 황색의 균총을 형성한다. 기주에 따라 레이스를 구분하며 외국에서는 7종, 우리나라에서는 2종이 알려져 있다. 국내에 존재하는 병원균의 레이스 3은 구리제에 대해 100% 저항성이며 레이스 1은 20%가 저항성이라고 알려졌다. 병원균은 토마토계통(A2)과 고추계통(A1)으로 구분되어지기도 한다. 병원균의 최적 생육온도는 28℃이다.

나. 병의 증상 및 진단법

잎, 잎줄기, 과실줄기를 침해하여 수침상의 병무늬(병반)가 생기며 부정형의 크고 작은 병무늬가 된다. 병무늬의 가장자리는 갈색으로 되며, 안쪽은 흰색으로 변한다. 병든 잎은 일찍 낙엽한다. 병반은 궤양병과는 달리 융기되지 않는다. 비가 자주 오는 습한 환경에서는 병반이 수침상으로 진전하며 병반끼리 합쳐지고 물러 썩어서 떨어진다. 잎의 초기 병반에서는 병반 주위에 달무리(Holo) 현상이 생긴다.

다. 발생생태

(1) 전염방법

전염은 씨껍질의 오염 및 감염에 의한 종자전염이 가장 흔하다. 토양 내 병든 식물조직의 잔재물에서 겨울나기(월동)하여 다음 해 1차 전염원이 된다. 2차 전염은 1차 감염된 병환부의 병원세균이 빗물에 의해 주위로 확산하여 발생한다.

(2) 발생환경

25℃ 내외의 서늘하고 다습한 환경에서 발병하기 쉽다. 또한 유기물 및 비료량이 불충분하거나 질소질 비료를 과용하여 약하게 자랄 때 발생이 많다.

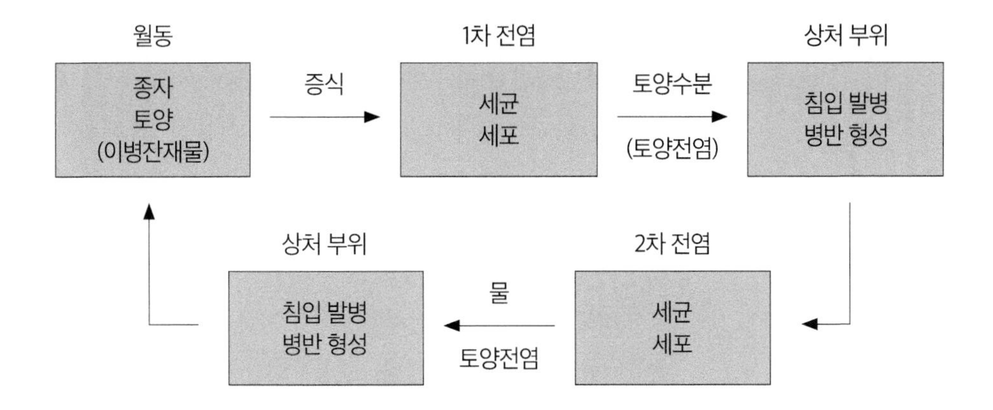

라. 방제방법

건전종자를 사용하거나 씨앗(종자)을 소독한다. 종자를 55℃의 더운물에 30분간 담는 온탕처리법이 효과적이다. 유기물 등을 충분히 주어 건강한 생육을 유도하며, 질소 비료의 과용을 피한다. 무병지에 재배하고 가능하면 이어짓기(연작) 땅, 습기가 많거나 배수가 나쁜 저위답, 찰흙 토양은 피한다. 농작업은 맑은 날에 하고 전년에 사용한 농자재는 포르말린 500배액으로 소독한 후 사용한다. 방제약제로는 발리다마이신에이입상수화제 등 20여 종이 등록되어 있고 주로 예방 위주로 살포한다.

바이러스병 - 고추, 토마토, 가지

고추에는 6종, 토마토에는 7종, 가지에는 3종의 바이러스가 발생하고 있는 것으로 생각된다. 이들 중 가장 많이 발생하여 피해를 주고 있는 종류가 담배모자이크바이러스(TMV)와 오이모자이크바이러스(CMV)인데 전자가 발병률이 더 높다.

가지에는 바이러스병이 심하게 발생하지 않으며 생육 후기에 간혹 오이모자이크바이러스(CMV)에 의해 감염되기도 하나 큰 피해는 없다. 그러나 고추, 토마토의 경우는 그 피해가 크다. 생육 초기의 육묘기나 아주심기(정식) 직후에는 주로 담배모자이크바이러스(TMV)가 발생하고 생육 중기부터 오이모자이크바이러스(CMV)가 발생하여 빠르면 7월, 늦으면 9월 초에 100% 병에 걸리는 재배지를 흔히 볼 수 있다.

가. 병원체

(1) 담배모자이크바이러스(Tobacco Mosaic Virus, TMV)
기주 범위가 넓어서 29과 199종의 식물을 침해한다. *Tobamovirus*군에 속하는 막대기 모양의 바이러스로서 입자의 크기는 300×15nm이다. 불활성화 온도는 90℃, 내희석성은 10^{-6}이다. 내보전성으로 병든 식물의 즙액 중에 실온에서도 1개월 이상 그 활성을 보존하고 있으며 건조시킨 병든 식물의 조직에서는 수십년을 지나도 그 감염력을 가지고 있는 매우 안전성이 높은 바이러스다.

(2) 오이모자이크바이러스(CMV)
39과 124종의 식물을 침해하는 매우 기주 범위가 넓은 바이러스로서 *Cucumovirus* 군에 속하는 직경 30nm의 공 모양의 바이러스다. 불활성화 온도는 60~70℃, 내희석성은 10^{-3}~10^{-4}, 내보존성은 2~4일이다.

Tip
충매전염(蟲媒傳染) • 곤충에 의하여 병원체에 이미 감염된 식물로부터 다른 동식물이 감염되는 일

(3) 감자바이러스Y(Potato Virus Y, PVY)
앞의 두 바이러스처럼 고추, 토마토를 침해한다. *Potyvirus* 군에 속하는 길이 730×11nm의 채찍 모양의 바이러스로서 52~54℃에서 10분이면 불활성화되고 내희석성은 10^{-2}~10^{-3}, 내보존성은 실온상태에서 77~118일이다.

나. 병의 증상 및 진단방법

병든식물은 초기에 새로 나온 잎의 잎맥(엽맥)이 약간 투명하게 되고 엽맥을 중심으로 담황녹색의 모자이크 증상이 나타난다. 병 증세가 나타난 잎은 작아지거나 기형이 되고 생육이 불량해진다. 병 증세가 심한 경우 신엽이 위축되고 착과 수도 적어진다. 품종에 따라서 잎맥의 괴저현상이 일어나고 포기 전체가 말라 죽는 경우도 있으며 잎이 실 모양으로 가늘어지기도 한다. 일반적으로 바이러

스의 종류에 따라 병 증세를 감별하기는 대단히 어려우며 여러 종의 바이러스가 함께 감염되어 복합적으로 병 증세를 나타내는 경우가 많다. TMV에 걸린 토마토의 감수율은 대개 20~30%이며 CMV의 경우는 후기에 감염되었더라도 감수율이 30% 이상에 달한다. 고추에서는 TMV와 CMV의 피해가 대체로 토마토와 비슷하다고 생각되나 품종에 따라 괴저병 증세가 나타나면 50~90%의 감수를 가져온다.

다. 발생생태

(1) 담배모자이크바이러스(TMV)

우리나라 각지에 분포되어 있으며 오염된 씨앗(종자)이나 토양 내에 있는 병든 식물체 잔재물에서 겨울나기(월동)하여 다음 작기의 전염원이 된다. 생육기에는 병든 식물로부터 접촉에 의하여 2차 전염이 이루어진다. 진딧물 등에 의한 충매전염•은 없다. 종자전염은 종자 표면에 붙어 있던 바이러스 입자가 발아 후의 어린식물에 감염되는 것이며 토마토 종자의 경우 2~3% 내외다. 그러나 종자를 보관하고 있는 동안에 활성이 점차 떨어지며 3년 후에는 활성을 완전히 잃어버린다. 토양전염은 병든 식물의 뿌리, 줄기, 과실 등의 잔재물이 토양에 섞여 있다가 전염하기도 하는데 토양 중에서는 비교적 빠른 속도로 바이러스의 활성이 떨어져 여름철 토마토 뿌리의 경우는 1개월 내에 썩어 활성을 잃어버린다. 접촉감염은 어린 식물을 옮겨 심을 때나 수확 시 또는 곁가지치기, 순지르기(적심), 눈솎기(적아) 등 작업 시 병든 식물을 만진 손이나 농기구, 의복 등에 의하여 건전식물로 옮겨져 전염되기도 한다.

(2) 오이모자이크바이러스(CMV)

진딧물에 의하여 전염되며 기주 범위가 매우 넓기 때문에 1차 전염원은 우리나라 곳곳에 분포하여 대단히 종류가 많다. 토마토나 고추밭 주변의 잡초는 물론 주변에서 재배되고 있는 작물이 전염원이 되는 경우가 많다. 매개 진딧물은 복숭아혹진딧물, 목화진딧물 등 5종이 주종이다. 진딧물은 아주심기(정식) 직후부터 날아오기 시작하여 가장 밀도가 높은 시기는 6월 중순이고 7월에 장마가 시작되면 수가 줄어든다. 장마시기가 지나는 8월 하순이나 9월에 다시 진딧물에 의해 바이러스의 전염이 가능하나 담배모자이크바이러스(TMV)에 비해서는 그 전염율이 낮다.

(3) 감자바이러스Y(PVY)

병든 식물체에 의해 즙액전염하거나 복숭아혹진딧물, 목화진딧물 등에 의하여 충매전염한다. 복숭아혹진딧물의 경우 5초 정도의 극히 짧은 시간에 병든 잎을 흡즙하여 바이러스의 획득이 가능하며 건전식물에 1~30분간 흡즙하므로서 전염을 일으킨다.

라. 방제대책

저항성 품종을 선택하여 재배한다. 담배모자이크바이러스의 경우는 다조멧 등 훈증제로 토양소독을 하거나 무병지에서 재배한다. 밭 주변에 있는 진딧물의 기주가 되는 잡초를 제거한다. 모기르기(육묘) 시 발생하면 피해가 커지므로 망사 안에서 재배하거나 살충제를 육묘기부터 아주심기(정식) 후 약 1개월간 5~7일 간격으로 살포하여 재배지 내 2차 전염을 예방한다. 씨앗을 70~73℃에 4일간 건열소독하거나 제3인산소다 10%액에 20분간 물에 담근(침지) 후 씨를 뿌린다. 은색테이프를 치거나 필름을 지면에 덮어 진딧물의 비래를 막는다. 육묘 시 병든 식물은 일찍 제거한다. 순지르기(적심), 눈솎기(적아), 접목, 아주심기(정식) 등의 작업 시 제3인산소다 10% 용액에 손이나 작업기구 등을 자주 세척하여 사용한다.

<표 2-18> 은색줄무늬 비닐씌움(멀칭)에 의한 고추바이러스병 방제효과

처리	바이러스 발병율(%)		수량(kg)(8월 17일)
	7월 18일	8월 23일	
살충제 살포	27	44	-
흰비닐 끈매기	22	73	-
은색줄무늬비닐멀칭	27	51	12.7
무처리	39	92	7.5

바이러스병 - 감자

감자의 바이러스는 전 세계적으로 약 40종이 알려져 있으나 우리나라에서는 6가지 바이러스가 알려졌고 그중 감자바이러스(PVX), 감자바이러스Y(PVY), 감자잎말림바이러스(PLRV)가 주종이다.

우리나라의 감자바이러스병은 1980년대 후반부터 현재에 이르기까지 주품종이 남작에서 수미로 바뀜에 따라서 감자잎말림바이러스(PLRV)가 증가하고 있으며 현재 감자재배의 최대의 제한요인으로 작용하고 있다.

<표 2-19> 감자 바이러스병의 발생추이

구분	1980년대 초	1990년대 초
품종 구성비 (남작:수미)	70 : 20	20 : 70
바이러스 (모자이크:잎말림)	모자이크 〉 잎말림	모자이크 〉 잎말림
발병율(%) (모자이크:잎말림)	21.6 : 0.5	0.04 : 21.8
재배면적(ha) (비채종포)	1,200	2,000

가. 병원체

(1) 감자잎말림바이러스(Potato Leafroll Virus, PLRV)

*Luterovirus*군에 속하는 입자의 직경이 23nm인 공 모양의 바이러스다. 전 세계에 감자를 재배하는 곳이면 어디서든지 볼 수 있으며 감자바이러스 중에서 피해가 가장 큰 바이러스다.

기주 범위는 비교적 좁은 편으로 담배, 페츄니아, 꽈리, 독말풀 등의 가짓과 작물과 맨드라미 그리고 자연기주로 감자, 토마토, 냉이 등이 알려져 있다. 우리나라에서 이 바이러스에 의한 수량감소가 품종에 따라 대개 50~80%로 대단히 피해가 큰 바이러스다.

(2) 감자바이러스X(Potato Virus X, PVX)

고추, 토마토 항 참조. 전 세계적으로 분포하며 감자에서 보통 20~30%의 수량감소를 일으킨다. 감자 이외에 고추, 토마토, 담배에도 발생한다.

나. 병의 증상 및 진단방법

(1) 감자잎말림바이러스(PLRV)

출하 후 20일경에 아랫잎이 약간 말리면서 줄기 신장이 억제되고 생육이 불량해진다. 잎말림 현상은 감자줄기의 양분이동 통로가 괴사되어 잎에서 만들어진 양분이 지하부로 이동하지 못하고 잎에 축적되기 때문이다. 이 때문에 감자 잎이 두터워지고 만지면 바스락 소리가 나기도 한다. 감자의 잎말림증상은 다른 병이나 가뭄(한발), 비료 부족 등 생리적인 원인에서 나타나기도 하므로 진단에 어려움이 따른다.

(2) 감자바이러스X(PVX)

가벼운 모자이크증상이 나타나지만 품종에 따라서는 괴저반점을 보이기도 한다. 아랫잎에서는 병 증세가 뚜렷하지 않다. 17℃ 정도의 구름이 많은 날씨에는 병 증세가 잘 관찰되지만 20℃ 이상의 쾌청한 날씨가 계속되면 병 증세가 은폐된다. 잠재성인 것, 가벼운 모자이크 증상, 잎맥 사이에 괴저반점을 보이는 증상은 바이러스 계통이나 재배 품종에 따라 차이가 있다.

(3) 감자바이러스Y(PVY)

병 증세는 감자 품종에 따라 괴저형과 연엽형(Crinkle)으로 나눈다. 괴저형은 잎 또는 줄기에 반점이나 줄무늬를 보이는 것과 부정형의 괴저반점을 보이는 것이 있는데 아랫잎은 말라서 일찍 낙엽되는 경우가 많다. 연엽형 병 증세는 잎에 엽맥투명화 또는 모자이크 증상을 보이며 대체로 괴저형에 비하여 병 증세가 가벼우나 PVX와 중복감염되었을 경우에는 피해가 크게 나타난다.

다. 발생생태

(1) 감자잎말림바이러스(PLRV)

복숭아혹진딧물 등에 의하여 벌레(충매)전염하며 즙액전염, 접촉전염을 하지 않는다. 진딧물은 병든 식물을 5분 이상 흡즙하여 보독충이 되고 1일 정도의 잠복기간을 거쳐 건전한 감자에 병을 전염시킨다. 보독된 진딧물은 일생동안 전염능력을 갖는다. 이렇게 전염된 바이러스는 1~2주일 내에 바이러스가 지하부의 괴경으로 이동하여 다음 해 1차 전염원이 된다.

(2) 감자바이러스X(PVX)

병든 씨감자를 통하여 전염되고 즙액이나 접촉에 의하여 쉽게 인접 건전주로 전염한다. 따라서 감자 재배기간 중 관리작업 시 생긴 잎의 상처를 통하여 접촉전염이 주로 이루어진다. 진딧물 등에 의한 충매전염은 하지 않는다.

(3) 감자바이러스Y(PVY)

병든 씨감자에 의해 즙액전염되며 복숭아혹진딧물, 목화진딧물 등에 의해 비영속 충매전염한다. 접촉전염이나 토양전염은 하지 않는다.

라. 방제대책

무병씨감자를 선택하여 재배한다. 우리나라에서는 고랭지에서 건전 씨감자를 생산하여 보급하고 있으나 보급률이 20% 내외에 불과하기 때문에 씨감자 확보에 많은 어려움이 있다. 이 때문에 중간상인에 의하여 일반 감자가 씨감자로 둔갑하여 유통되는 사례가 빈번하다.

병든 식물체는 조기에 제거한다. 병든 식물체가 재배지에 방치되면 진딧물의 번식과 함께 1차 전염원이 되므로 잎말림바이러스에 걸린 식물체에 인접된 건전감자는 다음 해에 60~70%의 높은 전염률을 보이는 사례가 있다.

병든 식물체 제거는 개화 전 3회, 개화 후 2회 정도가 바람직하다. 전염원을 차단하기 위하여 주위에 전염원이 되는 불량감자의 재배를 없애고 진딧물의 기주가 되는 식물들을 제거한다. 진딧물은 처녀생식을 하여 고온 건조한 조건에서 밀도가 기하급수적으로 불어나므로 초기에 살충제를 살포하여 철저히 방제한다.

배꼽썩음병

토마토 재배 시 흔히 볼 수 있는 병해로 생리적인 원인에서 발생하는데 품종 간 발병의 차이가 뚜렷하다. 감수성 품종에서는 그 피해가 어느 병해보다 클 때도 있다.

가. 병원

전염력이 있는 미생물에 의한 것이 아니고 주로 칼슘(석회) 부족과 수분대사의 이상에서 오는 생리적인 병해다. 이 외에 토양 내 영양부족, 염화물, 유화물의 농도 등도 관여하는 것으로 생각되며, 특히 과실 내 칼슘 농도가 0.2% 이하일 때 발생이 많다.

나. 병의 증상 및 진단방법

과실의 배꼽 부위에 암록색의 수침상의 병무늬(병반)이 생기며, 과실이 커지면서 병든 부위는 움푹 들어가고 그 표면에 흑색의 곰팡이(부생균)가 생긴다.

다. 발생생태

질소 비료의 과잉이나 토양 내 수분이 부족할 때 발병하기 쉬우며 병원균에 의한 것이 아니므로 주위로 전염되지 않는다.

라. 방제방법

석회를 충분히 사용하고 발병 시 염화칼슘이나 황산칼슘 1,000배액을 7일 간격으로 뿌려준다. 보수력이 좋은 양토에 재배하고 모래땅에서의 재배를 피한다. 질소 비료의 편용을 피하고 3요소 중 인산 비료를 충분히 시용한다. 과실이 달린 후 토양수분이 부족하지 않도록 충분히 물을 준다.

무름병(연부병)

재배지에서 주로 과실을 침해하여 물러 썩히지만 저장, 운송 시에 발생하여 피해를 주기도 한다. 가짓과 작물 전반에 걸쳐 발생하나 고추, 감자에 피해가 크다. 고추는 담배나방의 피해를 받은 열매에서 주로 발생하며, 감자는 물 빠짐이 나쁜 논뒷그루(답리작, 논에서 벼를 수확한 후 다른 작물을 재배하는 것) 재배에서 흔히 발생한다. 토마토, 가지에서는 큰 피해는 없다.

가. 병원균

Pectobacterium carotovorum subsp. *carotovo rum*은 토양에 사는 세균의 일종으로 2~8본의 주생모를 가진 그람음성의 세균이다. 배지에서 회백색의 원형~아메바상의 균총을 형성한다. 펙틴분해 효소를 생성하여 식물조직을 연화시키는데 생육온도 범위는 4~40℃이고, 생육적온은 30~35℃의 고온이며, 50~51℃에서 10분이면 사멸한다. 중성~약산성 토양에서 잘 생육한다.

나. 병의 증상 및 진단방법

처음에는 수침상의 병반이 생기고 점차 확대되어 과실 전체가 썩는다. 물러 썩는 것이 특징이며, 심한 악취를 발산한다. 고추의 열매는 내용물이 고름처럼 썩어 아래에 고이고, 탈락하여 마르면 미라 상태가 된다. 감자의 덩이줄기(괴경)는 외피에 수침상의 반점이 나타나고 내부조직이 물러 썩는다.

다. 발생생태

(1) 전염방법

토양 내 잡초 뿌리의 표면이나 병든 식물조직에서 겨울나기(월동)한 병원균이 흙먼지와 함께 바람을 타고 물에 섞여 전반되며 농작업이나 해충, 바람 등에 의해 생긴 상처를 통해 침입한다. 기타 상세한 사항은 십자화과 무름병 항에 기술되어 있다.

(2) 발생환경

온도가 30℃ 이상이고 토양수분이 과다할 때 많이 발생한다. 토양균이므로 이어짓기(연작)에 의하여 재배지 내 세균의 밀도가 증가하며 질소질 비료를 편용하면 병의 발생이 많아진다.

라. 방제방법

볏과나 콩과 작물로 돌려짓기(윤작)한다. 병든 식물은 조기에 제거한다. 물빼기(배수)와 통풍이 잘 되는 밭을 선택한다. 고추의 경우는 담배나방을 구제하고, 감자는 토양 내 해충을 구제한다. 발병이 우려될 때 스트렙토마이신.발리다마이신에이수화제, 코퍼옥시클로라이드.가스가마이신수화제 등의 약제를 예방적으로 살포한다.

궤양병

영주, 김천, 경주 등에서 토마토 과실에 발생하였으나 큰 피해를 받는 곳은 없었다. 그러나 고추는 1998년 일부 채종종자를 사용한 농가에서 생육기에 대발생하였다. 이때 생긴 전염원이 주위로 확산하여 점차 발생이 증가하는 경향이다.

가. 병원균

Clabibacter michiganensis pv. *michiganensis*는 토양 속에 존재하는 병든 잔재물 혹은 씨앗(종자)에 서식하는 그람양성 세균으로 편모가 없으며 세포의 크기는 0.6-0.7×0.7-2.0μm으로 단간형 혹은 약간 굽은 모양이다. 생육온도는 4~35℃이고 적온은 25~27℃이며 54℃에서 10분이면 죽는다. pH 6.9~7.9의 중성이나 약알칼리 토양에서 생육이 좋다. 발병 최적온도는 26℃이고, 20℃ 이하나 30℃ 이상에서는 잘 발병하지 않는다.

나. 병의 증상 및 진단방법

잎, 줄기, 열매 등에 발생하며 열매에는 백색~갈색의 약간 부풀은 코르크형 점무늬가 생긴다. 내부조직을 침해하면 병든 부위가 갈색으로 변하여 말라 죽는다. 줄기가 침해되면 포기 전체가 급격히 마르고, 유관속이 갈색으로 변하여 풋마름병과 유사한 증상을 보인다. 고추는 잎에 도돌도돌한 코르크형 병무늬(병반)가 생겨 세균점무늬병과 구분이 가능하고 토마토는 엽병, 열매 표면, 꽃받침 위에 새눈무늬형의 다소 불거진 또렷한 증상이 생긴다.

다. 발생생태

(1) 전염방법

토양 내 병든 식물체의 잔재물에서 겨울나기(월동)하나 생존기간은 짧다고 알려져 있다. 1차 전염은 주로 종자전염에 의해 이루어진다.

(2) 발생환경

26℃ 전후의 비교적 서늘하고 토양수분이 많을 때 발생하기 쉽다. 이어짓기(연작)를 하면 병원세균의 밀도가 높아져 발생이 많아진다.

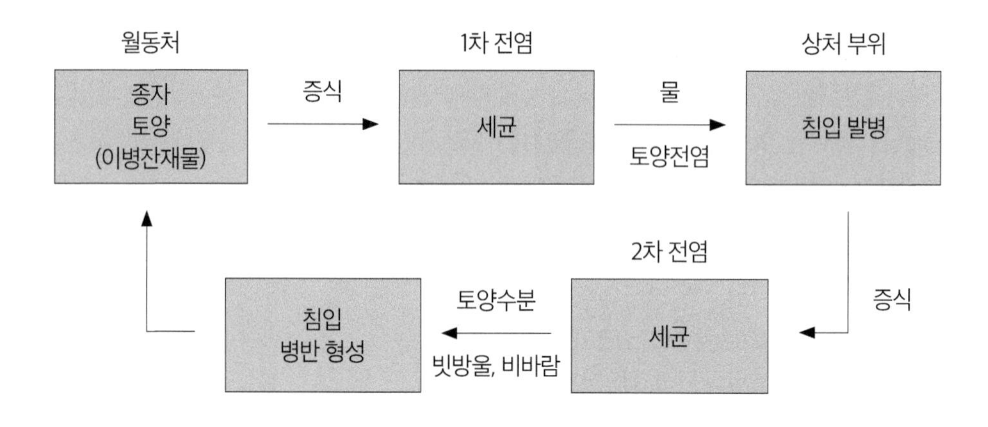

라. 방제방법

건전주에서 씨를 받아 사용하거나 씨앗(종자)을 53~55℃의 온탕에 20분간 담궈 소독한다. 작업 시에 식물체에 상처가 생기지 않도록 유의한다. 가짓과 이외의 작물로 1년 이상 돌려짓기(윤작)한다. 병든 식물체는 일찍 제거하고, 수확 시 병든 식물의 잔재물은 모두 모아 땅속 깊이 묻는다. 세균병이므로 약제 살포의 효과는 낮다. 옥시테트라사이클린.스트렙토마이신황산염수화제, 코퍼옥시클로라이드.가스가마이신 수화제 등을 예방적으로 살포한다.

점무늬병(반점병)

토마토 재배에서 언제나 볼 수 있는 병해로 생육 후기에 가면 병무늬가 누적되어 잎이 떨어지기도 한다. 역병이나 잿빛곰팡이병처럼 대형 병반을 형성하지 않는다.

가. 병원균

*Stemphylium lycopersici*라는 불완전균에 속하는 곰팡이의 일종으로 분생포자를 만든다. 분생포자는 갈색이며 여러 가지 종격막과 횡격막을 가지고 있고 긴 곤봉 모양이다. 분생포자의 크기는 28-64×14-24μm이다. 이 균의 생육적온은 26~29℃이며 병 발생 적온은 20~25℃로 습도가 높을 때 발생이 많다.

나. 병의 증상 및 진단방법

주로 잎에 발생하는데 수침상의 작은 병무늬가 생기고, 점차 갈색의 테두리를 가진 원형병반으로 된다. 병무늬(병반)의 안쪽은 흰색으로 되며 오래되면 구멍이 뚫린다.

다. 발생생태

(1) 전염방법

병원균의 씨앗(종자) 혹은 병든 잔재물에서 파이실(균사)이나 포자의 형태로 월동하여 다음 해 전염원이 된다. 2차 전염은 병반에 형성된 분생포자에 의한다.

(2) 발생환경

생육 후기에 비료 성분이 떨어져 생육이 쇠퇴하거나 노화된 식물 혹은 질소질 비료의 편용에 의해 쇠약하게 자랄 때 발생하기 쉽다. 다습한 시설재배에서 많이 발생한다.

라. 방제방법

건전종자를 사용하거나 베노람.티람수화제로 종자소독을 한다. 배게 심기(밀식)를 삼가고 시설 내 환기와 통풍에 유의하여 습기가 많아지지 않도록 한다.

병든 잎은 일찍 제거하고 수확 후 재배지 위생에 유의한다. 토마토는 방제약제로 등록된 에트리디아졸.티오파네이트메틸수화제를 발병 초 10일 간격으로 약액이 충분히 묻도록 골고루 뿌려준다.

갈색무늬병

가지의 병해 중 가장 흔히 볼 수 있는 병으로 초가을에 많이 발생한다. 역병과 함께 과실에 최대의 피해를 준다. 역병이 과실의 전체를 썩히는 것과 달리 이 병은 둥근무늬의 대형 병반을 만든다.

가. 병원균

*Phomopsis vexans*는 불완전균에 속하는 곰팡이의 일종으로 병자각•과 분생포자••를 형성한다. 흑색소립(병자각) 안에 들어 있는 분생포자는 타원형과 낚시바늘 모양으로 구분된다. 타원형포자는 크기가 4.0-6.0×2.5μm이며 낚시바늘 모양은 12-22×2.0μm이다. 병원균의 생육적온은 30℃ 전후다.

Tip

병자각(柄子殼) •
균사에서 암색 내지 흑갈색의 구형 혹은 편구형의 각방이 생기고 그 내부의 각벽에 분생자경이 발달하여 분생포자를 형성하는 일종의 번식기관. 가루홀씨기라고도 함.

분생포자(分生胞子) ••
분생자병의 끝이 갈라져서 생기는 무성아포. 분생자는 형태에 특징이 있고 진균의 분류에 중요한 역할을 함.

나. 병의 증상 및 진단방법

주로 잎과 열매에 발생하는데 처음에 뚜렷하지 않은 작은 반점이 생겨 암갈색의 부정형의 큰 병무늬(병반)로 확대되며 윤문의 병반으로 될 때도 있다. 과실에는 갈색 원형의 겹무늬가 형성되고 병반의 가운데에는 병자각이 형성되어 쉽게 진단이 가능하다.

다. 발생생태

(1) 전염방법

병든 식물체 부위에서 균사 혹은 병자각의 형태로 겨울나기(월동)하여 1차 전염원이 된다. 종자전염도 가능하다. 2차 전염은 병자각에 형성된 분생포자에 의한다.

(2) 발생환경

초가을에 비가 자주 와서 습도가 높으면 발생하기 쉽고 후기에 생육이 쇠퇴하면 발생이 많아진다.

라. 방제방법

병든 잎은 일찍 제거하여 전염원을 없앤다. 생육이 쇠퇴하지 않도록 비료를 충분히 사용한다. 발병이 심한 곳은 가지 이외의 작물로 돌려짓기한다. 등록된 방제약제는 없다.

더뎅이병(창가병)

씨감자 생산에 매우 큰 피해를 주며, 감자의 상품성을 떨어뜨린다. 방선균에 의한 병해로 경제적으로 가장 중요하다.

우리나라에서 이 병의 평균 발병률은 매년 30~40%이며 심한 해에는 60~70%에 이른다.

가. 병원균

방선균의 일종으로 *Streptomyces scabies*에 의하여 발생한다. 나선형의 꼬인 균사와 회색포자를 형성하는데, 팡이실(균사)의 굵기는 1μm이며 홀씨(포자)는 타원형으로 0.6×1.5μm이다. pH 5 이하 산성에서는 자라지 못하며 중성, 알칼리 토양에서 생육이 좋다. 35~40℃의 범위에서 포자발아가 양호하다.

나. 병의 증상 및 진단방법

덩이줄기(괴경) 표면에 갈색의 약간 부풀은 코르크형의 병무늬(병반)가 생겨 확대되는데 병무늬의 가장자리는 융기하며, 가운데는 약간 들어가고 병반 표면이 갈라진다.

잎과 줄기에는 병 증세가 없다. 괴경의 가장자리가 융기한 부정형 병반과 병반 중심부가 움푹 들어간 더뎅이 증상으로 쉽게 진단할 수 있다. 지역에 따라 융기형, 평상형, 함몰형 등 여러 가지 병 증세가 복합적으로 나타나기도 한다.

다. 발생생태

(1) 전염방법

병든 씨감자와 토양을 통해 전염된다. 병원균은 토양 내 반영구적으로 생존하여 1차 전염원이 된다. 2차 전염은 병환부에 생긴 포자나 균사가 토양수분 혹은 공기 중에 분산되는 미세한 흙에 섞여 전반되어 이루어진다. 어린조직에 직접 침입하므로 파종 후 6~8주 사이에 병 발생이 많다.

(2) 발생환경

주로 건조한 지역에서 발생한다. pH 5.2~8.0의 중성이나 약알칼리 토양에서 발병이 많고, 지온이 15~25℃일 때 발병하며 최적지온은 20℃ 내외다. 통기가 양호한 사질토, 화산회토에서 발생이 많고 점질토에서 발생이 적다. 따뜻한 지역에서 두번짓기(2기작)할 때 유기물, 석회, 인산을 많이 시용하면 병 발생이 촉진된다는 보고도 있다.

라. 방제방법

괴경 발달 초기에 6주 정도 물주기(관수)하여 토양수분을 충분히 공급한다. 건전한 씨감자를 사용한다. 저항성 품종을 재배한다. 상습발생지는 토성을 pH 5.2 이하로 낮추고 타작물로 돌려짓기(윤작)한다. 상습 발병지는 다조멧 등의 약제로 훈증소독한 후 재배한다.

둘레썩음병(윤부병)

씨감자를 통하여 전염하며, 방제가 어렵고 피해가 크기 때문에 가장 중요한 감자병해 중의 하나다. 우리나라 식물 검역대상의 중요한 병해 중의 하나이며, 고랭지의 씨감자 생산체계에서 반드시 발병여부가 검사되어야 하는 중요한 병해다. 감자 이외에 토마토, 가지, 고추에서도 발생한다고 하나 피해는 거의 없다.

가. 병원균

Clavibacter michiganensis subsp. *sepedonicus*는 그람양성의 호기성인 단간상의 세균으로 크기는 0.3-0.6×0.5-1.2μm이며, 편모가 없어 운동성이 없다. 생육 최고온도는 31~32℃이고 최적온도는 21~24℃이며, 50℃에서 10분이면 죽는다. 기주가 없는 토양에서도 1~2개월 생존한다.

나. 병의 증상 및 진단방법

병든 포기는 포기 전체가 위축하며 시든다. 줄기의 유관속은 갈색으로 변해 있으며, 절단 부위에서 세균점액이 나온다. 덩이줄기(괴경)의 유관속도 황색~갈색으로 변색된다. 전형적인 증상은 보통 꽃필때(개화기) 이후에 나오며, 작은 잎이 황화되기 시작하면서 점차 잎 가장자리가 말라 죽어 포기 전체가 시든다. 병이 심하면 유관속은 검게 변하며, 속이 비게 된다. 수확 후 병든 괴경을 잘라 자외선 아래에서 관찰하면 병환부가 형광녹색을 띠므로 쉽게 진단이 가능하다.

다. 발생생태

(1) 전염방법

병원세균은 괴경의 유관 속에서 월동하여 1차 전염원이 된다. 병든 씨감자나 절단용 칼을 통하여 혹은 수확 시 농기구에 접촉하여 전염하기도 한다.

(2) 발생환경

18~24℃의 서늘한 환경에서 잘 발생하며, 26℃ 이상에서는 발병이 억제된다. 이 병에 걸린 괴경은 다른 부패성 세균에 의하여 썩기 쉽다.

라. 방제방법

건전한 씨감자를 사용하거나 종자소독을 한다. 씨감자는 중성 차아염소산칼슘 1,000배액에 침지하여 소독하고, 절단용 칼을 상기 약제의 10배액에 5초 이상 침지하여 소독한다. 병든 씨감자가 수확한 재배지에 남아 있지 않도록 유의한다.

농기구나 사용 용기가 오염되지 않도록 유의하여 중성 차아염소산칼슘액이나 비눗물 등으로 세척한 후 사용한다. 발병지는 수년간 가짓과 이외의 작물로 돌려짓기(윤작)한다.

검은무늬썩음병(흑지병)

감자, 가짓과, 박과류, 십자화과 채소 등 250종 이상의 식물체에 발생한다.

가. 병원균

*Rhizoctonia solani*는 홀씨(포자)를 형성하지 않는 불완전균에 속하는 토양서식곰팡이의 일종이나 감자에서는 완전세대인 담자포자를 잘 형성한다. 줄기에는 병원균의 균사융합군 AG-4, 덩이줄기(괴경)에는 주로 AG-3가 병을 일으킨다. 병원균의 발육적온은 25~30℃로 고온성균이며 산성에서 생육이 좋다.

나. 병의 증상 및 진단방법

씨감자가 발아할 때 발병하기 쉽다. 발아 전에는 싹이 썩어 버린다. 병에 걸린 씨감자는 생장이 지연되고, 싹이 침해된 부위는 갈색으로 썩는다. 습도가 높을 때는 땅가부근에 흰색의 분말(담자포자)을 형성한다. 줄기가 병에 걸리면 궤양증상으로 나타나며 괴경의 형성이 불량해지거나 기형이 된다. 병든 감자의 주위에는 흑갈색 부정형의 균핵이 생긴다.

다. 발생생태

(1) 전염방법

균핵의 형태로 토양에서 월동하여 전염원이 되거나 병든 감자 표면에 붙어 있는 균핵 혹은 균사에 의하여 씨감자로 전염하기도 한다.

(2) 발생환경

감자를 심은 후 비교적 온도가 높고 토양수분이 많아 습기가 많을 때 발생이 많으며 산성토양에서 발병하기 쉽다.

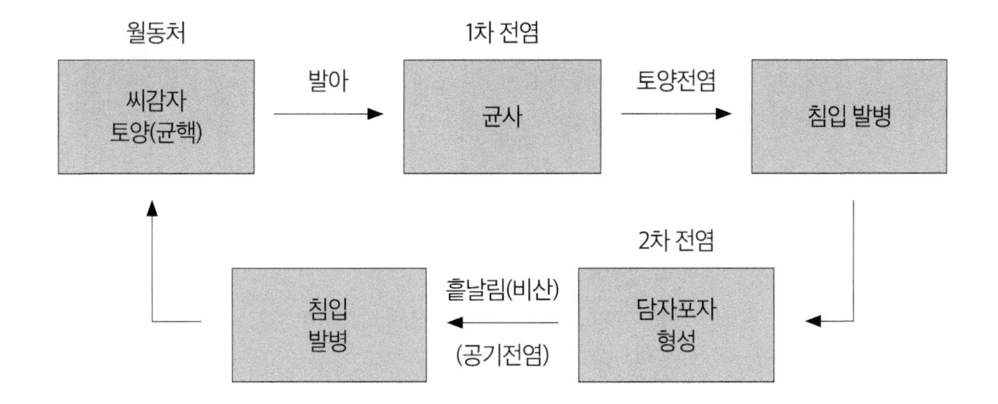

라. 방제방법

싹이 잘 침해되므로 너무 깊이 심지 않도록 한다. 석회를 시용하여 토성을 중성이나 알칼리성으로 개량한다. 상습 발생지는 벼(화본)과 작물로 1~2년간 돌려짓기한다. 감자 검은무늬썩음병으로 등록된 약제는 5종으로 종서 kg당 메프로닐분제, 발리다마이신에이분제, 톨클로포스메틸분제 3~4g을 파종 전 종서에 분의처리하거나 종서 20kg당 메프로닐수화제나 톨클로포스메틸수화제 50~100배 희석액 20L를 사용하여 파종 전 20~30초간 물에 담근다(침지). 자세한 내용은 한국작물보호협회에서 발행한 농약사용지침서를 참고한다.

줄기검은병(흑각병)

가. 병원균

*Pectobacterium atrosepticum*에 의하여 발생하는데 병원세균은 2~7개의 주생모를 가진 그람음성의 짧은 간균이다. 세균의 크기는 0.6-0.8×1.5-2.5μm이다. 한천배지에서 회백색~유백색의 콜로니를 형성하며, 28~30℃에서 잘 자란다.

나. 병의 증상 및 진단방법

씨감자의 일부 조직이 썩고 심하면 발아하기 전에 완전히 부패된다. 발아한 감자는 새싹의 줄기가 검게 변하여 흑각증상이 되며, 병 증세는 싹이 나오는 초기 1~2주 안에 나타난다.

처음에는 아랫잎이 점차 퇴색하면서 시들고 잘 자라지 않으며, 나중에는 포기 전체가 노랗게 변하고 땅가 부분이 검게 썩어 포기가 쓰러지기도 한다. 병이 진전되면 괴경의 유관속과 유조직까지 썩어서 속이 비게 된다.

다. 발생생태

병든 씨감자가 1차 전염원이 되며, 2차 전염 시 병환부에 생긴 병원 세균이 포복지•를 통해 새로운 괴경으로 침입한다. 병원세균은 씨감자와 줄기의 병환부에서 토양 내로 방출되어 빗물이나 토양곤충 등에 의하여 건전식물로 확산한다.

Tip

포복지 •
땅 위를 기듯이 뻗어나가는 식물의 줄기를 말하며, 포복지 또는 눈줄기라고 한다.

라. 방제방법

무병 씨감자를 이용한다. 씨감자는 옥시테트라사이클린. 스트렙토마이신황산염수화제(아그리마이신) 100배액에 담갔다가 바람에 말린 후 자른다. 씨감자 절단에 사용한 칼은 차아염소산칼슘 10배액에 5초간 침지소독한 후 사용한다. 발생지는 3년 이상 볏(화본)과 작물로 돌려짓기(윤작)한다. 병에 걸린 포기는 조기에 제거하여 땅속 깊이 매몰한다.

03 박과 채소의 병해 (오이, 호박, 참외, 수박, 멜론)

덩굴쪼김병(만할병)

시들음병은 뿌리나 땅가 줄기가 썩거나 줄기의 물관부가 침해되고 물의 통로가 막혀 포기 전체가 시드는 증상으로 나타난다. 뿌리나 줄기가 썩는 경우는 시들음병이라기보다는 뿌리썩음병, 역병, 줄기썩음병 등으로 부르고 있고 병원균이 물관부에 번식함으로써 나타나는 시들음 증상을 총칭하여 시들음병으로 부르고 있다.

*Fusarium oxysporum*에 의한 시들음병은 작물에 따라 이름을 달리하여 시들음병, 덩굴쪼김병, 위황병, 반쪽마름병 등으로 불리고 있으나 박과 작물의 경우는 덩굴쪼김병(만할병)으로 칭한다. 우리나라에서 문제시되는 대표적인 토양병해의 하나로 주산지에서 이어짓기(연작) 장해를 초래하는 가장 큰 원인으로 대두되고 있다. 가장 피해가 큰 작물은 박과류로서 참외, 오이, 수박, 멜론 등은 접목재배하지 않으면 이 병 때문에 거의 재배 자체가 불가능한 상태에 있다.

가. 병원균

*Fusarium oxysporum*은 불완전균류의 총생균목에 속하는 곰팡이 일종으로 소형·대형 분생포자, 후막포자 및 포자덩어리인 분생자경욕을 형성한다. 홀씨(포자)가 짧은 분생자경 선단에 둥근 덩어리 모양으로 형성되는 특징을 가지고 있고, 크기는 5-12×2.2-3μm이다. 대형분생포자는 초생달 모양으로 무색이고, 격막이 3~5개이다. 분생포자의 크기는 격막 수에 따라 다르지만 대개 27-6×3-5μm이다. 후막포자는 포자나 팡이실(균사) 중간에 생기는데 보통 1개 혹은 2개가 연속하여 형성된다. 병원균은 기주식물에 따라 분화되어 있는 대표적인 균이며 같은 과의 작물이라 하여도 서로 침해하는 병원균의 분화형이 다르다.

<표 2-20> 박과 채소에서 *Fusarium oxysporum*의 분화형

병해병	구분	1990년대 초
오이 덩굴쪼김병	*Fusarium oxysporum* f. sp *cucumerinum*	오이, 참외 어린모
수박 덩굴쪼김병	*Fusarium oxysporum* f. sp *niveum*	수박
참외 덩굴쪼김병	*Fusarium oxysporum* f. sp *melonis*	참외, 멜론
수세미외 덩굴쪼김병	*Fusarium oxysporum* f. sp *luffae*	수세미외, 참외 어린모

나. 병의 증상 및 진단법

낮에는 포기 전체가 시들고 밤에는 일시적으로 회복되었다가 다음 날 낮에 다시 시드는 증상을 반복한다. 병든 포기를 절단해 보면 줄기나 뿌리의 물관부가 갈색으로 변색되어 있는 것을 볼 수 있다. 병이 진전하면 포기 전체가 말라 죽는다. 오이, 참외, 멜론 등은 땅가 줄기가 움푹 들어가 썩으며 그 주위에 엷은 홍색의 곰팡이가 핀다. 수박의 경우 줄기가 세로로 쪼개져 전형적인 덩굴쪼김병 증상을 보인다. 오래된 병환부에는 백색~분홍색의 곰팡이가 나타난다. 물을 많이 필요로 하는 열매 달리는 시기(착과기)에는 시드는 증상이 더 심해진다.

다. 발생생태

(1) 전염방법

병원균은 후막포자의 형태로 토양 속에 생존하며 토양을 통하여 전염한다. 후막포자는 좋지 못한 환경에서도 수십년 동안 기주식물체 없이도 생존할 수 있으며, 환경이 좋아지면 식물의 뿌리 분비물질 속에 있는 탄소원이나 질소원을 이용하여 발아해서 식물체의 뿌리를 통하여 침해한다. 주로 뿌리의 상처 부위나 곁뿌리 나온 틈 혹은 근관을 통하여 침입하며 식물체의 피층을 통해 물관부에 도달하여 그곳에서 증식한다. 주로 소형분생포자를 많이 형성한다. 소형분생포자는 물관부의 물을 따라 상부로 이동하여 급격히 퍼지며, 물관부는 균사나 포자 혹은 병원균이 분비하는 독소 등에 의하여 점차 막히게 되므로 결국 식물이 시들게 된다. 식물체가 말라 죽으면 뿌리에 있던 병원균은 후막포자의 형태로 토양 속에 잔존하면서 다음 해 전염원이 된다. 지상부 병환부에는 분생포자병에 대형 및 소형 분생포자가 대량으로 형성된다.

(2) 발생환경

덩굴쪼김병균은 토양전염과 함께 또한 씨앗(종자)을 통하여 전염한다. 병든 식물체에는 병원균이 종자 내부에까지 침입하여 균사형태로 잔존하게 되는데 종자 발아시 잘록병을 일으키거나 생육기에 시들음병을 일으킨다. 종자전염에 의하여 병원균의 장거리 이동이 가능하므로 병이 없는 재배지에는 건전종자를 사용하는 것이 필수적이다.

덩굴쪼김병균은 고온성 곰팡이로 특히 지온이 높을 때 발육이 좋다. 대개 15℃ 이상의 지온에서 발생하기 시작하여 20℃ 이상이 되면 격심하게 발병한다. 발병에 알맞은 온도는 작물의 종류에 따라 차이가 있지만 박과류는 20~30℃이고 다른 작물의 경우는 25~30℃이다. 토양수분의 정도에 따라 병원균의 생존증식에 많은 영향을 받는다. 다른 미생물이 잘 살지 않으며 경쟁이 심하지 않은 모래땅의 건조한 환경에서 생존한다. 토양이 건조해지면 뿌리가 손상을 받기 쉬우므로 이곳을 통하여 전염하기도 한다. 덩굴쪼김병균은 산성토양에서 발병하기 쉽고 중성이나 알칼리토양에서는 발병이 적다. 유기물이 적은 토양이나 질소질 비료를 편용하여도 덩굴쪼김병 발생이 많아진다.

라. 방제방법

건전종자를 사용하고, 종자를 소독한 후 씨뿌림(파종)하여야 한다. 베노밀.티람수화제를 사용하여 침지 또는 분의하여 파종하는데, 병원균이 종자 속의 씨눈(배)에 침입되어 있을 경우는 소독효과가 다소 떨어진다.

저항성 품종을 심거나 저항성 대목을 접목재배한다. 박과류의 경우는 저항성인 호박이나 박이 대목으로 사용되는데 오이는 흑종호박, 신토좌, 백국자 등이 쓰이며 참외, 수박은 참박을 이용한다. 그러나 최근에는 이들 대목에도 덩굴쪼김병이 발생하여 급성시들음 증상이 나타나고 있으므로 사용 대목을 가끔 바꿔주는 것이 좋다. 호박을 대목으로 하면 덩굴쪼김병의 발생은 방지되지만 대목의 강세 때문에 생기는 육질 및 당도 저하, 과형의 불균형 등 부작용이 있으므로 주위를 요한다. 병원균이 토양전염하기 때문에 이어짓기(연작)하면 토양 내 병원균의 밀도가 높아져 병 발생이 많아진다. 따라서 다른 작물로 3~5년간 돌려짓기한다. 돌려짓기 작물로는 벼,

보리, 밀, 옥수수, 율무, 수수 등 볏(화본)과 작물이나 콩, 땅콩, 팥 등 콩과 작물이 바람직하다.

유기물은 토양 내 유용미생물의 밀도를 높여주므로 시들음병균은 상대적으로 이들 미생물과의 경쟁에서 지게 되어 병의 발생이 줄어든다. 유기물을 선택할 경우에는 일반적으로 C/N비(탄소 대 질소의 비율)가 높은 유기물을 선택하는 것이 토양개량효과가 높다. 토양의 수분변화가 심한 모래땅이나 산성토양에서 재배를 피하고 주기적인 물주기(관수)로 토양수분을 일정하게 유지하는 것이 병 발생을 줄이는 방법이다.

토양온도가 20℃ 이상의 고온으로 올라가지 않도록 짚 등을 지표면에 깔아 관리한다. 또한 질소질 비료를 편중해 사용하지 않도록 하고 질소, 인산, 칼리 비료를 골고루 균형시비한다. 토양을 6개월 이상 물에 담가두면(담수) 토양이 혐기상태로 되어, 호기성인 시들음병균의 밀도가 현저히 감소하고 병 발생이 줄어든다. 그러나 물담김(담수)처리에 의하여 만들어진 인위적인 생물적 공백 상태는 병원균의 재오염 시 병 발생을 오히려 증가시키는 요인이 될 수 있다. 작물에 따라서 파종기를 당기거나 늦추어 고온기를 피하면 병 발생을 줄일 수 있다.

Tip

월동태 ●
생물의 겨울을 나는 발육단계

덩굴쪼김병균에 효과적인 살포용 약제는 없으나 베노밀이 비교적 효과가 높다. 그러나 연용에 의하여 내성균이 쉽게 생기므로 다른 약제와 번갈아 사용하는 것이 바람직하다. 이들 약제는 지상부 살포보다는 토양에 관주하여 뿌리와 접촉하도록 하는 것이 좋다. 다조멧입제와 같은 훈증제를 사용하여 토양을 훈증소독한 후 멸균된 토양에 씨를 뿌리면 안전하게 작물을 재배할 수 있으나 비용이 많이 들고 병원균이 다시 오염될 염려가 상존하는 등 실용상 문제점이 있다. 그러나 선진농업국가에서는 이 방법으로 이어짓기(연작) 장해를 해소하고 있다.

덩굴마름병(만고병)

덩굴마름병은 대개 탄저병과 함께 발생한다. 참외, 수박, 멜론에 심하며 오이에서도 점차 발생이 증가하고 있다. 육묘기부터 전 생육기간에 걸쳐 발생하고 있지만 가장 피해가 큰 시기는 영양생장에서 생식생장으로 넘어갈 무렵과 과실의 비대와 더불어 잎자람새(초세)가 약해질 무렵이다. 발생이 증가하고 있는 가장 큰 원인 중의 하나는 오이 주산지에서 거듭되는 이어짓기로 병원균의 밀도증가 때문이다. 또한 방제약제로 주로 사용하던 베노밀 등의 약제들에 대한 병원균의 내성출현도 병 발생을 증기시키는 한 요인이 되고 있다. 박과류 전반에 걸쳐 동일한 균이 병을 일으킨다. 시설 및 노지재배에 상관없이 오이, 참외, 멜론, 수박뿐만 아니라 참외의 대목용 박에도 발생한다. 멜론이나 참외의 경우는 일찍부터 줄기에 발병하여 줄기마름 증상을 보이므로 피해가 커진다. 수박의 경우는 생육 후기에 잎이 갈색으로 고사하는 증상을 보이며 습기가 많은 환경에서 땅가 줄기에 발병하는 경우가 많다. 오이는 다른 박과 작물에 비하면 병 발생이 적다. 박과류의 기주별 병원성에 대한 특이성은 아직 알려져 있지 않다. 따라서 기주의 종류보다는 품종에 따라 발병에 차이를 보이고 있는 것으로 생각된다. 특히 발생에 적합한 환경이 지속될 때에는 동일한 균이 오이, 참외, 수박, 멜론 등에 동시에 병을 일으킬 수 있으므로 방제관리에 주의를 요한다.

가. 병원균

병원균 *Didymella bryoniae*(*Phoma cucurbitacearum*)는 자낭균에 속하는 곰팡이의 일종으로 분생포자와 자낭포자를 만든다. 자낭포자는 방추형으로 무색이고 격막이 없다. 병든 식물체에 월동태•로 존재하며 다음 해 환경이 알맞으면 발아하여 1차 전염원이 된다. 자낭포자에 의하여 생긴 병반 위에는 흑색소립(병자각)이 생기는데 병자각 안에는 2차 전염원이 되는 분생포자가 수없이 많이 들어 있으며 병자각이 성숙하면 자연히 터져 분생포자가 공기 중으로 누출되어 확산된다. 분생포자는 무색으로 격막이 없거나 1개의 격막이 있고 장타원형이다. 병원균은 비교적 저온균에 속하여 최적 생육온도는 20~24℃이다. 발육 최저온도는 5℃, 최고온도는 26℃이며 pH 5.7~6.4의 범위에서 잘 자란다. 초보자는 탄저병과 격막이 없는 덩굴마름병균의 분생포자를 구분하기 어렵지만, 탄저병은 병반상에 흑색소립이 생기는 대신 다습할 경우 홍색의 점질 모양의 포자퇴가 움푹 패인 병환부 표면에 생긴다는 점에서 덩굴마름병균과는 차이가 있다.

나. 병의 증상 및 진단

어린모, 줄기, 잎, 잎줄기(엽병), 열매줄기(과경)에 주로 발생한다. 오이의 경우 과실에서도 나타나며, 뿌리에서는 발병하지 않는다. 모판(묘상)에서는 떡잎(자엽)에 수침상의 원형~부정형의 병무늬(병반)가 생겨 급격히 확산되며, 후에 땅가 줄기로 번져 잘록병처럼 말라 죽는 경우도 있다. 특히 저온기에 모를 기르는(육묘) 조숙재배나 터널재배 시 발병하기 쉽다. 배엽과 떡잎(자엽) 아랫부분이 침해되기 쉬운데 병이 진전되면 자엽에서 줄기로 감염이 이어진다. 대목으로 사용하는 박의 육묘 시에도 발생하며 접목 후에는 떡잎(자엽)에서 줄기의 병이 진전된다. 잎에서는 잎 가장자리에서 시작되는 경우가 많은데, 모양이 일정하지 않은 수침상의 병반이 생긴다. 환경이 적합할 경우 급속히 잎 안쪽으로 번지면서 쐐기 모양의 대형 병반으로 된다.

병든 잎은 점차 흑갈색으로 마르면서 찢어지고 결국엔 잎이 일찍 떨어진다. 수침상 병반은 빨리 진전하는 급성형 병반으로 시설 내의 습도가 높거나 잦은 강우 시에 볼 수 있다. 환경이 나빠지면 갈색의 건조한 병반으로 되고 오래 되면 병반 위에 흑색의 소립(병원균 월동체)이 생긴다. 잎의 병무늬는 탄저병과는 달리 겹둥근무늬가 생기지 않으며 병반 위에 점질물도 생성되지 않는다. 줄기, 잎줄기(엽병), 열매줄기(과경)에 발생하면 처음에는 수침상의 퇴색한 병반이 생겨 주변으로 불규칙하게 확산되며 병환부 주위에는 점질물이 생기는데 초기에는 황색~갈색에서 잠차 담황색~적갈색으로 변한다. 지상부 전 부분에 걸쳐 발생하지만 특히 땅가 줄기 마디 부위, 접목 부위, 가지가 벌어진(분지) 곳에 많이 발생한다. 땅과 닿는 줄기 부위는 토양에서 올라오는 습기 때문에 발생이 많다. 접목 부위에도 표면에 굴곡이 생겨 습기가 존재하기 쉽게 때문에 그만큼 병원균의 침입번식이 쉬워져 발생이 많아진다.

줄기가 병들면 병든 부위 윗부분은 수분의 통로가 차단되어 말라 죽게 되는데 탄저병은 이와는 달리 줄기에 병반이 생기더라도 국부적으로 병반이 생기므로 줄기 전체가 말라 죽는 경우는 드물다. 덩굴마름병에 걸린 줄기는 오래되면 그 표면에 흑색소립(초기에는 병원균의 병자각 형태를 이루는데 후기에는 월동태로 자낭각이 생긴다)이 생기는데 이 흑색소립으로부터 2차 전염원이 되는 분생포자가 분출하므로, 이를 일찍 제거해야만 병원균의 밀도를 줄일 수 있다. 잎줄기나 과실 줄기에도 줄기와 유사한 병반이 생기는데 잎줄기가 병에 걸리면 그 부위가 꺾어지기 쉽다. 병원균은 토양균이 아니므로 토양 속에서 오래 살 수 없으며 따라서 토양 속의 뿌리에는 발병하지 않는다. 줄기에 발생하는 탄저병은 덩굴마름병과 발생하는 환경이 비슷하여 동시에 발생하나 병환부가 국부적이고 또한 병반상에 흑색소립이 생기지 않는다는 면에서 덩굴마름병과는 확연히 구분된다.

참외의 덩굴마름병은 과실에는 잘 발병하지 않으나 비가 자주 오고 시설 내 습도가 과포화 상태로 오래 지속될 경우 과일 표면에 수침상의 작은 반점이 생길 때도 있다. 그러나 줄기에서 보이는 병반 표면의 흑색소립은 과일 표면에 형성되지 않는다. 일반적으로 병세가 진전되어 식물체의 많은 부분이 병에 걸려 말라 죽고 있는 재배지에서는 탄저병과 덩굴마름병의 구분이 확실하지 않은 경우가 많다. 이때에는 병환부로부터 병원균을 직접 분리하여 보거나 아니면 병환부 주위에 흑색소립이 생기는지의 여부 혹은 줄기 전체가 완전히 고사하고 있는지의 여부, 과실의 증상 등을 종합하여 진단할 수밖에 없다.

다. 발생생태

(1) 전염방법

병원균은 병든 식물체의 병환부상에서 자낭각의 형태 혹은 종자 표면에 균사의 형태로 월동하여 다음 해 전염원이 된다. 병환부에서 월동한 병원균의 자낭포자는 바람에 날려 공기전염하여 1차 전염하고, 병반에 형성된 병자각에서 분출한 분생포자에 의하여 2차 전염이 이루어진다. 육묘기에 발병하면 떡잎(자엽)에 생긴 병반이 줄기로 퍼지고 이러한 병든 묘를 아주심기(정식)하면 재배지에서 1차 전염원으로 작용하여 발생이 급격히 확대된다. 덩굴마름병의 발병적온은 20~24℃이고, 이러한 온도에서 비가 자주 오거나 90% 이상의 높은 습도가 계속되면 발병이 급격히 늘어난다. 모판(묘상)에서는 습기가 많아지면 배엽과 자엽기부가 침해되기 쉽다.

병원균의 포자 흩날림(비산)은 주로 습도가 높아지는 밤에 이루어지며 포자 흩날림의 적온은 20~24℃이다. 이러한 온도에서 비가 올 경우에는 포자흩날림(비산)이 급격히 늘어난다. 흩날린 홀씨(포자)는 주로 상처 부위나 습기가 남아 있는 식물체 부위에서 발아하여 침입하므로, 식물체가 너무 무성하게 자라 작물 포기 내 습도가 높다든가 땅가 줄기가 토양과 닿아 있는 경우에는 발병에 좋은 조건이 된다.

이와 같이 덩굴마름병의 발생은 온도 20~24℃에서 습도 90% 이상의 시간이 얼마나 오래 지속되는가에 달려 있으며 이때의 식물체의 잎자람새(초세)가 어느 정도인가는 매우 중요한 요인으로 작용한다.

(2) 발생환경

덩굴마름병의 경우 발병의 3요소 기주, 병원균, 환경을 통해 발병 촉진요인을 찾을 수 있다. 병원균의 경우 오이, 참외, 수박 등 박과류를 이어짓기하면 병든 식물체의 잔재물이 재배지 주위에 누적되어 병원균의 밀도가 늘어나게 되고 결국 병원균에 좋은 환경조건일 경우 발병이 많아지게 되는 직접적인 요인이 된다. 박과 작물은 초세와 밀접한 관련이 있다. 식물체가 지나치게 무성한 경우, 착과 수가 너무 많은 경우, 지력이 약화되어 생육이 쇠퇴할 경우, 생육 후기에 비료기가 떨어진 경우 등 식물체의 초세를 저하시키는 모든 요인은 덩굴마름병에 대한 식물체의 저항성을 약화시키는 결과를 초래하여 병 발생이 증가한다. 기상환경의 측면에서 보면 덩굴마름병균의 생육에 알맞은 온도인 20~24℃의 범위 내에서 비가 자주 오고, 일조가 부족하고, 지나치게 무성하게 자라 습도가 높고, 시설 내의 통풍이 불량하고, 재배지의 배수가 불량하고, 90% 이상의 과습이 계속될 경우 발병율도 높아진다.

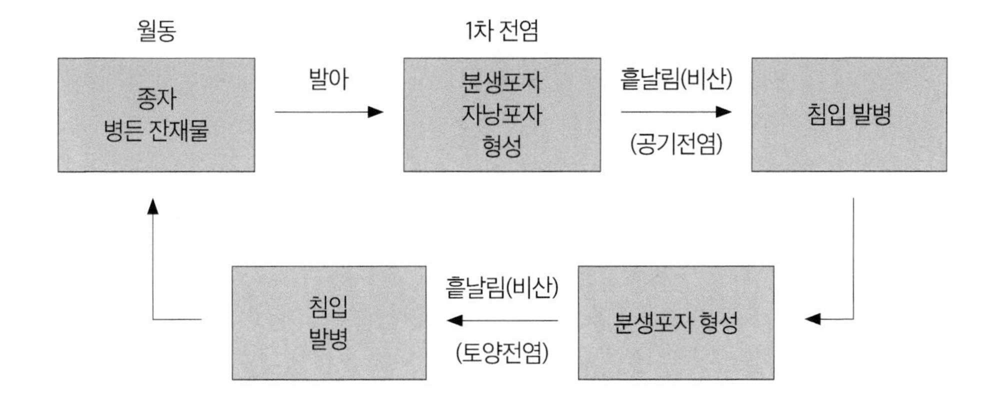

라. 방제방법

덩굴마름병은 약제 살포만으로는 효과적인 방제가 불가능하므로 환경관리나 경종(상태)관리를 통한 종합적인 방제대책이 필요하다. 이를 위해 식물체의 초세를 강하게 유지하고, 시설이나 재배지 내의 습도가 높지 않도록 관리해야 한다. 또 병원균의 재배지 내 밀도를 줄이도록 위생에 유의하고, 마지막으로 약제방제를 검토해보아야 한다. 식물체의 초세를 강하게 유지하는 방법으로는 아주심기(정식) 후 충분한 비료주기(시비), 지력 강화, 열매달린(착과) 후 열매솎기(적과), 잎솎기(적엽), 아주심기(정식) 후 오래된 떡잎(자엽)의 제거 등이 있다. 과습 방지를 위해 온풍난방과 재배지 내 배수를 양호하게 하고, 재배 후기에는 가급적 관수를 억제하며, 투광이 좋도록 유지한다. 묘상에서는 과잉 관수하지 않도록 조심하고 아주심기(정식) 시 땅가 줄기에 통풍이 잘 되도록 한다.

병원균의 밀도를 줄이는 방법으로는 이어짓기(연작) 회피, 박과류 이외의 작물로 돌려짓기, 모기르기(육묘) 시 병에 걸린 묘 제거, 건전종자 사용, 아주심기(정식) 후 병에 걸린 부위 조기 제거 등이 있다. 약제는 강우 직전 등 병원균 침입시기와 일치되게 살포하거나 발병 초기에 7~10일 간격으로 집중 살포하는 것이 바람직하다. 덩굴마름병 방제약제로는 2012년 기준 디페노코나졸, 아족시스트로빈, 이미녹타딘트리스알베실레이트, 티람, 헥사코나졸 등 수박에서 63종, 오이에서 3종, 멜론에서 9종이 등록되어 있다. 자세한 내용은 한국작물보호협회에서 발행한 농약사용지침서를 참고한다.

노균병

노균병은 박과 작물 특히 오이, 참외, 멜론 재배 시 가장 흔히 발생하는 병해로 재배방법과 상관없이 초기부터 방제하지 않으면 큰 피해를 가져온다. 오이 노지재배에서는 대개 6~7월에 발생이 많지만 하우스의 경우는 육묘기부터 수확기까지 전 기간에 걸쳐 발병하고, 참외 시설재배의 경우 3~7월까지 발병하지만 5월이 발병 최성기이다. 노균병 때문에 약제를 주기적으로 살포하게 되는데 흐린 날이 계속되고 비가 자주 오는 해에는 약제방제만으로 충분한 방제효과를 올리지 못하는 경우도 많다. 또한 노균병균은 박과 작물 전반에 걸쳐 병을 일으킬 수 있으므로 전염원의 관리에 주의해야 한다.

가. 병원균

병원균 *Pseudoperonospora cubensis*는 색조류계 난균 일종으로 물과 관련이 깊은 수생균에 속하며, 역병균과는 근연종이다. 병원균은 분생포자(유주자낭)와 유주자 및 월동태로 난포자를 형성한다. 병에 걸린 잎 뒷면에 형성된 분생포자는 터져서 유주자를 방출하는데 유주자는 바람에 날려 잎에 도달하고 잎 표면에 물기가 있을 때 발아하여 잎뒷면의 숨구멍(기공)으로 침입한다.

분생포자는 레몬 모양으로 기공당 1~3개의 분생자경 끝에 하나씩 달려 강우 또는 하우스 천장에 형성된 이슬방울이 떨어질 때 튀겨서 퍼진다. 분생포자는 습기가 많을 때 15~22℃의 비교적 저온과 저녁 무렵부터 밤사이의 야간에 주로 형성된다. 포자형성에 걸리는 시간은 8~11시간으로 병무늬(병반)의 나이나 온도에 따라 따르지만 포자형성은 비교적 병반이 형성된 지 오래되지 않은 황녹색의 병반에서 가장 많고, 오래된 갈색병반에서는 거의 없다.

태양광선은 광합성에 의하여 생긴 당이나 질소화합물이 포자형성에 필요한 영양원으로 작용하기 때문에 포자형성을 촉진한다. 분생포자에서 생긴 유주자는 발아하여 식물체에 침입하는데 유주자의 발아적온은 20~24℃로서 병 발생적온이기도 하다. 시설재배의 경우 천장에 생긴 이슬방울이 낙하할 때 토양 표면에서 튀어올라 노균병균의 분산을 촉진할 수 있으므로 이슬방울이 생기지 않도록 관리하는 것도 방제에 도움이 된다. 노균병균의 월동태는 난포자로 추운 지방에서는 그 형성이 확인되고 있으나 남부 지방의 시설재배지처럼 연중 박과류가 재배되고 있는 지역에서는 난포자보다는 분생포자가 계속 반복적으로 형성되어 1차 전염원으로 작용하고 있는 것으로 생각된다.

나. 병의 증상 및 진단법

떡잎(자엽)에는 수침상의 작은 반점이 생겨 확대된다. 습기가 많을 때는 하룻밤 사이에 자엽이 고사한다. 본엽에는 담황색의 작은 반점이 생겨 확대되며, 나중에는 잎맥에 둘러싸인 다각형의 전형적인 병반이 된다. 박과류는 작목에 따라, 병반 모양에 따라 차이가 있지만 수박, 호박의 경우에는 오이, 참외와는 달리 다소 불규칙한 원형의 작은 반점이 생겨 다른 병으로 오해하기 쉽다. 병이 진전되면 병반끼리 합쳐지고 건조할 때는 잎 전체가 안쪽으로 말리면서 말라 죽는다. 병반의 뒷면에는 서릿발 모양의 곰팡이(분생포자)가 생기는데 원래는 흰색~회색이지만 점차 흙, 먼지 등에 착색되어 일반적으로 흑연가루 모양으로 보인다. 여름철 온도가 높아지면 병반의 크기는 다소 작아진다.

다. 발생생태

(1) 전염방법

노균병은 종자전염도 가능하나 주로 병든 식물체에 붙어 있는 분생포자가 바람이나 물방울을 통하여 공기전염하거나 수매전염한다. 특히 노균병균의 침입에는 잎 표면에 있는 수분의 존재가 필수적이다. 잎이 젖어 있으면 온도가 알맞을 경우 식물체 침입에 필요한 시간은 5~6시간으로 매우 짧다.

(2) 발생환경

노균병균은 잎이 젖어 있거나 95% 이상의 높은 습도에서만 발병이 가능하며, 습도가 85% 이하일 경우는 전혀 발병하지 않는다. 겨울철 동안 시설재배의 경우는 2~3중의 비닐피복에 의하여 실내습도가 높아질 뿐만 아니라 투광량이 부족하여 식물체가 연약하게 자라므로 노균병에 대한 저항력이 떨어져 병 발생이 상대적으로 많아진다. 특히 무가온 재배에서 생기기 쉬운 고습도 상태에서는 발병이 심해진다. 노균병은 15~28℃의 온도 범위에서 항상 발생하지만 가장 적합한 온도는 20~24℃이다. 따라서 가능한 한 이 온도 범위에서 습도가 95% 이상이 되지 않도록 관리하는 것이 방제의 지름길이라 할 수 있다. 노균병은 식물체의 잎 전체에 걸쳐 골고루 발생하는 것이 아니다. 새로 나온 잎이나 상위 잎은 가운데 잎에 비하여 발병이 없거나 적으며, 늙어 굳어진 하위 잎에서의 발병도 적다. 이것은 잎의 질소 함량이나 탄수화물(당) 함량의 차이에서 비롯된 것으로 상위 잎에서는 광합성이 활발하여 질소나 당 함량이 그만큼 높기 때문에 노균병의 발생이 억제된다.

이와 같이 노균병은 잎의 체내성분과 밀접한 관련이 있으며, 특히 질소 성분이 부족하거나 당 함량이 낮을 때에는 심하게 발병하므로 노균병의 예방을 위해서는 충분한 비료주기(시비)가 필수적이고 식물체의 왕성한 생육을 유도하는 것이 바람직하다. 석회 성분도 노균병 발생에 매우 중요하다. 경화된 아랫잎에서 노균병 발생이 적은 것은 석회성분의 누적에 기인된 것으로 생각된다. 실제로 재배지에서 실시한 비료시험의 성적을 보면 질소 비료량이 많을수록 노균병의 발생은 경감되며 석회를 시용하지 않을 경우는 발병이 증가하고 있다. 인산이나 칼리는 대체로 성분이 많아질수록 발병을 증가시킨다.

라. 방제방법

식물체, 병원균, 발생환경 등 3가지 측면에서 종합적인 방제대책이 강구되지 않으면 충분한 방제효과를 올릴 수 없는 경우가 많다. 특히 약제방제만으로는 소기의 성과를 올릴 수 없으므로 약제방제에 지나치게 의존하는 것은 바람직하지 못하다.

식물체의 측면에서는 노균병에 대한 저항성이 되도록 강한 품종을 골라 심는 것과 식물체에 충분히 시비하여 생육 후기까지 왕성한 생육을 유도하는 것이 대단히 중요하다. 생육 중기에 비료기가 떨어질 경우는 웃거름(추비)을 주든가 질소와 글루코스(당)를 혼합하여 잎에 비료주기(엽면시비)하는 것이 바람직하다. 열매가 너무 많이 달릴 경우도 잎조직 내 질소나 당량이 낮아져 노균병 발생요인이 높아진다. 병에 감수성인 품종을 심으면 노균병의 진전이 급격해져 병원균의 증식이 빠르며 그만큼 병 발생도 많고 수량에도 큰 영향을 준다. 또한 병 저항성이 약한 품종일수록 농약살포의 효과가 낮아지므로 충분한 방제효과를 올릴 수 없는 경우가 많다.

발생환경 관리의 측면에서는 무엇보다도 온습도 관리가 중요하다. 노균병은 저온 다습한 환경에서 많이 발생하므로 노균병균 생육의 최적 환경을 피하는 방향으로 관리해야 한다. 즉 통풍을 좋게 하고 배게 심지(밀식) 않도록 하며 재배지의 물 빠짐(배수)을 좋게 해야 한다.

특히 시설 내에 이슬방울이 많이 맺히게 되는 환경에서는 노균병균의 시설 내 전파에 직접적인 원인을 제공하므로 시설 내 온도를 가능한 한 일정하게 관리하는 것이 좋다. 시설을 2~3중으로 덮어 투광량이 적어지면 잎의 동화작용이 감소하면서 질소 함량이 낮아져서 노균병 발생을 촉진한다. 따라서 투광을 좋게 하는 것도 식물체의 저항성을 높여 병 발생을 줄이는 좋은 방법이다. 노균병은 20~24℃의 범위에서 가장 잘 발병하므로 이러한 온도 범위에서 잎이 젖어 있는 시간을 최대한으로 짧게 관리하는 방법이 노균병균의 식물체 침입을 막을 수 있는 지름길이다.

병원균 관리의 측면에서는 수확 후 병든 잎을 모두 모아 태워 다음 해 전염원의 밀도를 줄인다. 특히 같은 작물의 이어짓기는 토양의 생물적·이화학적 성상을 악화시켜 재배지 주위에 병원균을 누적시키며 해마나 노균병의 발생을 심화시키는 직접적인 원인이 되고 있다. 발병 초기에 병든 잎을 일찍 제거하는 것이 특히 시설재배의 경우 1차 전염원의 양을 줄인다는 측면에서 중요하다. 전염원이 감소되는 만큼 발병 진전의 속도가 낮아져 병 발생이 줄어든다. 약제방제는 병원균의 증식이 빠르므로 초기 방제에 중점을 두어야 하며 발병의 정도에 따라 약제 살포 간격을 조절하여 신축적으로 대처하여야 한다. 발병 초기에는 7~10일의 살포 간격이 적당하나 강우 또는 흐린 날이 계속되어 병무늬(병반)가 급격하게 진전될 때에는 침투이행성 전문약제를 3~4일 간격으로 살포하는 것이 바람직하다. 식물체가 왕성하게 자랄 때에는 살포 간격이 너무 뜸해지면 새로 자란 부분이 약액에 의하여 보호되지 못하므로 주의해야 한다.

약액의 살포는 병원균의 분생포자가 누출되어 있는 잎의 뒷면을 철저히 방제하여야 하며 약액의 부착력이 좋도록 전착제를 첨가하여 사용한다. 약제를 선택할 때에는 병원균에 대한 내성이 생기지 않도록 특성이 다른 약제를 번갈아 살포하는 것이 좋고 시설재배의 경우는 물을 많이 타서 쓰는 수화제보다는 시설 내 습도를 높이지 않는 훈연제, 입제, 연무제, 미분제 등의 제형을 택하는 것이 바람직하다. 국내 노균병 방제약제로는 디메토모르프, 아미설브롬, 에타복삼, 크레속심메틸, 클로로탈로닐 등 오이에서 66종, 참외에서 30종, 멜론에서 6종이 등록되어 있다. 자세한 내용은 한국작물보호협회에서 발행한 농약사용지침서를 참고한다.

흰가루병

노균병과 함께 박과 작물에 가장 흔하게 발생하는 병해 중 하나이다. 오이, 호박, 참외, 멜론, 수박에서 문제가 되어 왔다. 박과 작물 이외의 채소에 발생하는 흰가루병균과는 병원균이 다르다. 흰가루병의 방제약제로는 효과가 우수한 농약들이 많아서 방제시기를 놓치지 않는다면 어렵지 않게 방제할 수 있다.

가. 병원균

*Sphaerotheca fusca*라는 자낭균에 속하는 곰팡이의 일종이다. 순활물기생균으로 인공배지에서는 자라지 않으며 기주식물의 조직에 흡기를 내어 영양을 섭취하므로 식물체의 생육기가 다할 때까지 식물체 조직을 죽이지 않고 표면에 남아 있다. 식물체 표면에 보이는 흰가루는 병원균의 분생포자로 분생자병에 사슬처럼 연쇄적으로 형성된다. 분생포자는 무색 단세포로 크기는 25-3×12-20μm이다.

식물체의 생육 후기에 이르면 병원균은 흑색소립 모양의 자낭과를 만들며 그 속의 자낭 안에 무색 단세포의 자낭포자를 만들어 다음 해 전염원이 된다. 자낭포자의 크기는 12-20×15-25μm이다. 병원균은 다른 균에 비하여 온도와 습도에 둔감하여 발생온도는 10~30℃이며 발아적온은 25℃ 내외이고 10℃ 이하, 30℃ 이상의 온도에서는 발아하기 어렵다.

나. 병의 증상 및 진단

식물체 표면에 흰가루가 생기므로 쉽게 진단이 가능하다. 병이 진행되면서 처음에는 밝은 백색이 점차 회색으로 변하고, 나중에는 암회색으로 되고 생육기가 끝날 무렵에는 그 표면에 흑색소립이 생긴다. 흰가루가 잎의 엽록소를 덮으므로 광합성을 방해하며 점차 나무자람새(수세)가 떨어지고 과실의 품질이나 수량을 저하시킨다.

다. 발생 생태

(1) 전염방법

병원균은 박과 작물 없이 살 수 없다. 작물을 수확한 후에는 병환부에서 자낭각의 형태로 겨울을 지내며 다음 해 봄 그곳에서 발아한 자낭포자가 바람에 날려 1차 전염원이 된다. 2차 전염은 병환부에 생긴 분생포자가 바람을 통하여 전염하는 전형적인 공기전염성 병이다.

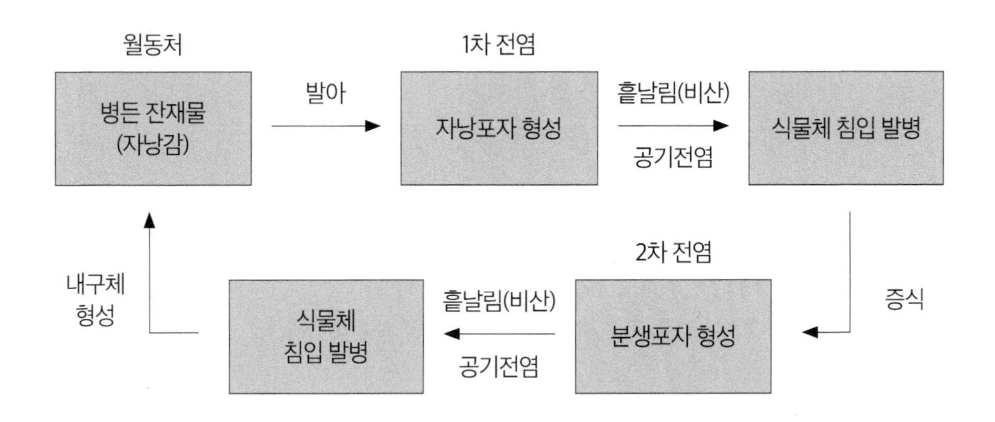

(2) 발생환경

다른 병원균에 비해 온습도에 둔감해서 광범위한 조건에서 발병하나 특히 일교차가 심한 봄가을에 잘 발생한다. 다른 균과는 달리 비교적 건조한 조건에서도 잘 발생하는 병이다. 배게 심기(밀식)하여 통풍이 나쁘거나 질소 비료를 편용하면 발생이 많고, 마그네슘 성분이 부족해도 심하게 발생하는 경향이다.

라. 방제방법

병원균이 여러 환경에서 잘 적응할 수 있으므로 온습도 등 환경을 조절하여 병을 방제하기보다는 재배지 위생에 신경 쓰고 약제방제 및 식물의 병 저항성을 이용하는 것이 좋다. 특히 품종 간에 병에 걸리는 정도에 차이가 있으므로 어느 정도 병 저항성이 있는 품종을 선택하면 약제방제 효과가 훨씬 증진되는 장점이 있다. 수확 후 병든 식물체 잔재물은 모두 모아 태우거나 토양 깊이 매몰하여 다음 해 전염원을 줄이는 것도 좋은 방법이다. 또한 식물체에 마그네슘 성분이 부족하지 않도록 관리한다.

방제효과가 우수한 침투이행성 전문약제들이 많은 개발되어 있으므로 발병 초기에 주기적으로 약제를 살포하면 효과적인 방제가 가능하다. 박과 채소의 흰가루병 방제약제는 2012년 기준 디페노코나졸, 보스칼리드, 아족시스트로빈 등의 약제가 오이 78종, 수박 20종, 참외 41종, 멜론 10종 등록되어 있다. 자세한 내용은 한국작물보호협회에서 발행한 농약사용지침서를 참고한다.

역병

박과 작물에서 덩굴쪼김병과 함께 대표적인 토양전염성 병해다. 덩굴쪼김병의 경우는 저항성 대목로 접목하여 효과적인 방제가 가능하지만 역병은 일단 발병하면 급속히 퍼지는 병으로 효과적인 방제가 어려운 것이 문제이다. 박과 작물 중에서 수박, 참외, 호박에 특히 심하게 발생하는데 병원균의 특성상 비가림재배보다는 노지재배에서 병 발생이 심하다. 박과 작물의 역병균은 두 종류가 있는데 한 종류는 고추, 토마토 등 가짓과 작물을 침해하는 균과 동일하다. 재배기간 중 언제나 발생하지만 두 종류의 병원균 모두 비가 많이 오고 기온이 높은 해에 특히 피해가 크다.

가. 병원균

색조류 난균에 속하며 *Phytophthora drechsleri*와 *P. capsici*라는 두 종류의 병원균으로 물과 함께 살아가는 수생균이다. 두 종류 모두 난포자와 유주자낭을 만들며 유주자낭 속에는 유주자가 들어 있다.

난포자는 원형으로 겹겹의 막으로 둘러싸여 있으며 불량 환경에서 잘 견딜 수 있어 토양 내에서 5년 이상 생존이 가능하다. 난포자가 발아하여 전염원인 유주자낭을 만드는데, 유주자낭은 난형 내지 타원형으로 *P. capsici*는 그 머리 부분에 유두돌기가 있으나 *P. drechsleri*는 돌기가 없는 것이 특징이다. *P. drechsleri*는 난포자의 크기가 11.2~28.0μm이고 유주자낭의 크기는 36-70×26-45μm이다. 병원균의 생육온도는 9~36℃로 최적온도는 28~30℃이다. *P. capsici*의 난포자와 유자자낭의 크기는 각각 30-50×22-35μm과 30-60×20-39μm이다. 8~35℃ 범위에서 생육하며 최적온도는 28~30℃이다.

나. 병의 증상 및 진단법

병원균이 토양 속에 있으므로 땅가의 식물체 부위인 땅가 줄기, 과실, 잎 등 전 부분에 걸쳐 발생한다. 어릴 때 발생하면 잘록 증상을 일으킨다. 오이의 경우는 위로 올려 재배하므로 주로 땅가 줄기가 침해되어 잘록하게 되며 수침상으로 썩는다.

병에 걸린 줄기는 시들며 점차 황화된다. 수박, 참외, 호박은 지상 부위 어디에서나 발생하는데 잎에는 둥근무늬 혹은 겹둥근무늬의 작은 갈색병반이 생기며 점차 병무늬(병반)끼리 합쳐지며 마른다. 줄기에는 방추형의 갈색무늬가 생기며 썩는다. 과실에는 땅과 접하는 부분부터 썩기 시작하여 점차 위쪽으로 퍼지며 얼룩덜룩한 파상무늬가 생기기도 한다. 표면에는 얇은 흰색의 곰팡이가 핀다. 병에 걸린 포기는 시들고 말라 죽는데 병원균의 잠복기가 대단히 짧기 때문에 급격하게 퍼져 흡사 제초제를 살포한 것처럼 보이기도 한다.

다. 발생생태

토양 속에 생존하고 있는 난포자는 환경이 좋아지면 발아하여 분생포자를 만드는데 이 속에 들어 있는 유주자가 1차 전염원이 된다. 유주자는 강우나 물주기(관수)할 때 물을 따라 이동하여 식물체에 도달 후 병을 일으킨다. 또한 물과 함께 토양 표면에 흩어져 있던 유주자는 빗방울에 튀어 올라 식물체의 지상부에 병을 일으키기도 한다.

2차 전염은 1차 전염에 의하여 식물체 병반 표면에 형성된 분생포자로부터 유주자가 분출하여 강우나 관수 시 물을 따라 이동하여 발생한다. 따라서 1차 및 2차 전염 모두 물에 의하여 전염된다. 병원균의 유주자는 다른 균과 달리 2~3시간 내에 식물체 침입이 가능하며 환경이 알맞으면 침입 후 1~2일이면 식물체에 병 증세가 나타난다. 따라서 강우가 잦을 때는 짧은 시간 내에 급격히 만연하게 된다.

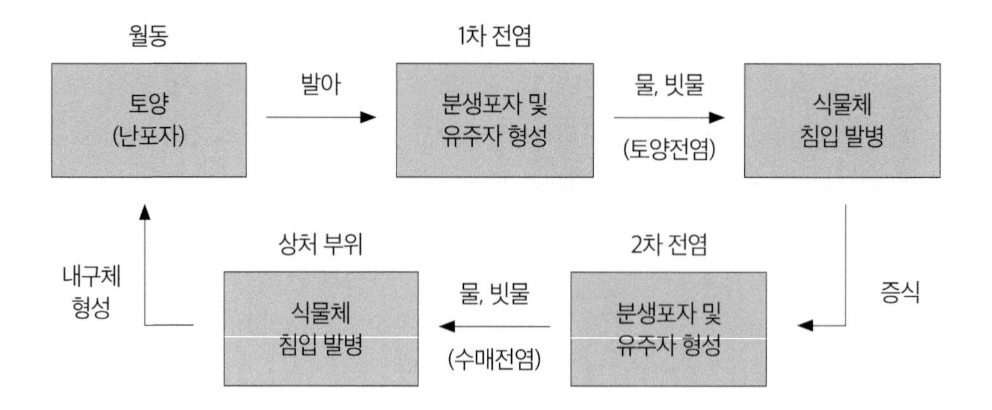

라. 방제방법

(1) 저항성 품종의 이용

역병을 포함하는 토양전염성 병은 약제방제 효과가 떨어지므로 저항성 품종을 이용하는 것이 가장 효과적이며 경제적이다. 특히 이어짓기 재배지에서 역병이 매년 발생하므로 토양 내 역병균의 밀도가 높은 곳에서는 반드시 저항성 품종을 골라 재배하여야 한다.

(2) 재배지선택 및 재배방법 개선

역병균은 물을 통하여 전염되므로 물 빠짐이 좋은 토양에 재배하고 저위답이나 식양토양에 재배하는 것을 되도록 피해야 한다. 물 빠짐을 좋게 하기 위해서는 이랑을 깊게 파고 두둑재배하거나 물 뺄 도랑을 설치하는 것이 좋다. 토양 표면에 비닐을 덮어 재배하면 겉흙의 역병균이 지상부로 흩날리는(비산) 것을 막아 역병방제에 효과적이다. 무엇보다도 병의 발생이 없던 곳을 택하여 재배하는 것이 안전하다.

(3) 돌려짓기, 깊이갈이, 물담김(담수)

역병균의 난포자나 후막포자는 불량환경에 견디는 힘이 강하여 토양 속에서 5~6년간 생존이 가능하다. 따라서 토양 내 역병균의 밀도를 줄이기 위해서는 같은 기간 동안 다른 작물로 돌려짓기하는 것이 필요한데, 이와 같은 장기간의 돌려짓기는 경제적인 면에서 우선 타당성이 검토되어야 한다. 대체 작물로는 역병균의 기주가 되지 않는 작물을 골라 재배하는 것이 좋다.

역병균은 토양 표면에서 15cm 내외에 주로 살고 있으므로 토양을 깊이갈이하면 겉흙의 역병균이 토양 깊이 매몰되어 생존력이 떨어지고 또한 기주식물체와 접촉가능성이 줄어들게 되어 병 발생이 감소한다. 토양을 오랫동안 물에 담가두면 토양이 혐기상태가 되어 호기성인 역병균의 생존력이 떨어지고 다른 미생물의 침입을 유발하여 역병균이 점차 사멸하게 된다. 따라서 논토양에서는 역병의 발생이 적다.

(4) 유기물(퇴비)과 석회시용

석회도 역병을 억제하는 효과가 있는데 이것은 석회의 시용에 의하여 토성을 알칼리성으로 바꾸어 역병균의 생육을 불량하게 만드는 효과도 있지만 토성이 알칼리성으로 되면 토양미생물 중 역병균을 억제하는 세균의 증식이 활발해져 역병균이 활성이 상대적으로 낮아지므로 역병의 발생이 줄어든다. 토양 내에 있는 세균들은 대부분 알칼리 토양에서 잘 자라며 그중 몇 종은 역병균의 생육을 현저히 억제하는 것으로 알려져 있다.

(5) 약제에 의한 방제

가장 효과가 확실한 방법은 토양훈증에 의하여 토양을 소독하는 방법이다. 주로 다조멧입제의 약효는 확실하지만 취급과 약제처리 방법에 어려움이 있으며 무엇보다도 약제의 가격이 너무 비싸기 때문에 경제성이 떨어진다. 훈증제 이외에 토양관주나 지상부 살포용 약제는 가짓과 작물의 역병이나 박과류 노균병 약제에 준한다. 이들 약제들은 훈증제와 같은 확실한 효과는 없지만 주기적으로 사용하면 비교적 높은 방제효과를 올릴 수 있다. 무엇보다도 중요한 것은 예방적으로 약제를 사용하는 것이다. 강우 직전의 약제 살포가 강우 후보다 효과적인데, 이는 역병균의 침입이 물을 통하여 단시간 내에 이루어지므로 비가 온 후 약제처리 시기가 늦어지면 역병균의 침입을 효과적으로 막을 수 없기 때문이다. 2012년 기준 수박 역병 방제약제로는 디메토모르프.프로피네브, 메탈락실-엠, 아족시스트로빈 등 18종이 등록되어 있다. 자세한 내용은 한국작물보호협회에서 발행한 농약사용지침서를 참고한다.

탄저병

박과 작물 중 수박, 오이, 참외에서 많이 발생한다. 특히 병원균의 생육온도가 덩굴마름병균과 비슷하고 발생생태도 유사한 점이 있어서 대개 함께 발병한다. 고추 탄저병과는 병원균이 달라서 서로 전염되지 않는다. 시설재배에서는 발생하기 어렵고 노지재배 시 생육기간 동안 비가 자주 오면 대발생하여 큰 피해를 가져온다. 수박 및 참외의 경우는 오래 전부터 발생이 심한 것으로 기록되었으나 최근 오이에서도 발생이 많아지는 경향이다.

가. 병원균

병원균은 *Colletotirchum orbiculare*라는 불완전균에 속하는 곰팡이의 일종으로 병환부에 분생자층을 만들며 그 안에 분생포자가 끈끈한 점질물에 쌓여 있다. 분생자층에는 흑색의 강모가 나와 있다. 분생자층은 엷은 분홍색을 띠며 분생포자는 무색 타원형으로 양끝이 무디고 크기는 10-16×4-6um이다.

분생포자의 생육온도는 최저 6℃, 최고 32℃이고 생육적온은 22~24℃이다. 덩굴마름병균과는 달리 흑색소립(병자각)이 형성되지 않고 분생포자에 격막이 없다. 그러나 흑색의 강모와 연분홍색의 분생자층이 생긴다는 면에서 차이가 있다.

나. 병의 증상 및 진단법

과실, 줄기, 잎 등 지상부 전 부분에 걸쳐 발병하는데 잎에는 원형의 겹둥근무늬가 생기며 수침상으로 부패하고 마르면 구멍이 난다. 노균병처럼 병무늬(병반)의 경계가 뚜렷하지 않은 것이 특징이다. 병이 진전됨에 따라 병반들이 합쳐져 잎 전체가 완전히 갈색으로 말라 죽는 경우도 있다.

줄기에는 방추형의 병반이 국부적으로 생기고 병환부 주위가 함몰되면서 병환부에서 연황색의 포자퇴가 생긴다. 장마철처럼 습기가 많을 때는 줄기 병환부가 전체적으로 수침상으로 썩으며, 그 주위에 흰색의 팡이실(균사)이 피기도 한다. 병환부가 움푹 들어가 과실에 함몰된 병반이 생기는 것이 특징이며, 오이에는 세로로 긴 병반이 생기고 그 병반 때문에 과실이 안쪽으로 구부러지는 경우가 많다. 참외나 수박에는 원형반점이 생기며 점차 겹둥근 모양으로 바뀌면서 함몰된다. 덩굴마름병의 경우 주로 땅가 줄기, 접목 부위, 가지가 분지된 곳, 마디 부분에 생겨 그 부분이 돌아가면서 말라 썩는 데 반하여 탄저병은 병반이 국부적으로 생기며 습기가 많을 때는 수침상으로 불규칙하게 썩는다는 것에 차이가 있다. 또한 잎의 병반을 보면 덩굴마름병의 경우는 잎 가장자리에서 안쪽으로 들어가는 쐐기형의 병반이 생기는 데 반해 탄저병균은 원형의 둘레가 뚜렷하지 않은 칙칙한 병반이 생기며 초기에는 동심윤문이 생긴다는 면에서 구별이 가능하다. 덩굴마름병은 오이를 제외하고 과실에서의 발병은 극히 적다.

다. 발병생태

(1) 전염방법

균사 또는 분생포자층 형태로 병든 식물체의 병환부나 씨앗(종자)에서 겨울나기(월동)하여 1차 전염원이 된다. 박과 작물의 병환부 표면에는 분생포자층이 생기는데 분생포자는 끈끈한 점질물에 쌓여 있어 바람에 의하여 흩날리기(비산)는 어렵다. 분생포자의 2차 전염에는 병환부에서 분생포자를 떼어낼 수 있는 외부의 물리적인 힘이 필요한데 비바람, 강우, 폭풍우, 태풍 등이 그것이다. 비가림재배에서는 탄저병의 발생이 매우 미미한 이유가 여기에 있다.

(2) 발생환경

생육기에 비가 자주 오는 음습한 날씨가 계속되면 많이 발생한다. 특히 수박이나 참외의 경우는 지상부의 잎이 하나도 없을 정도로 말라 죽는 경우도 있다. 고추 탄저병의 경우는 30℃ 이상의 높은 기온일 때에 발생이 많으나 박과류 탄저병은 저온성으로 온도가 낮을 때 주로 발생한다. 배게 심어 너무 무성하게 자라거나 질소 비료의 편용에 의해서도 발병이 조장된다. 노지재배의 경우는 생육기에 비가 얼마나 자주 왔느냐에 따라서 발생의 정도가 결정되며 강우 중에도 특히 폭풍우, 태풍 등은 식물체에 상처를 동시에 주기 때문에 탄저병의 발생에는 매우 치명적이다.

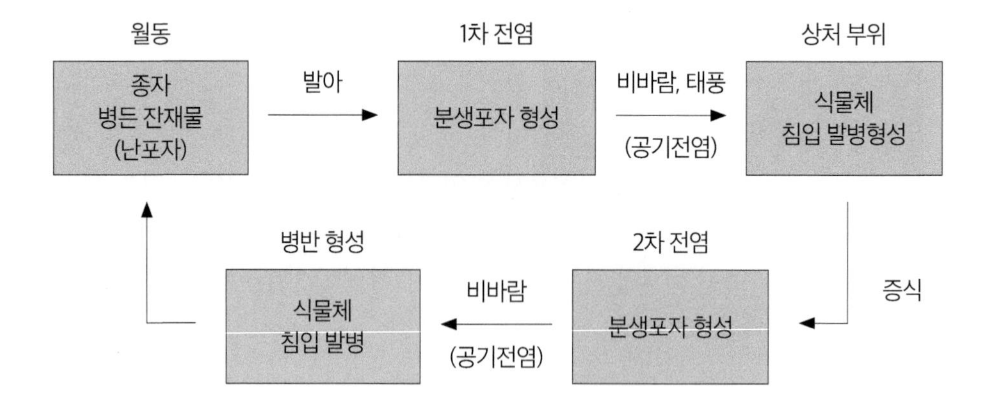

라. 방제방법

공기전염성 병이므로 재배지 위생에 유의하고 생육기에 약제방제 위주로 방제대책을 강구하여야 한다. 병원균은 씨앗(종자)을 통해서도 전염하므로 종자소독이 필수적이다. 품종 간에 탄저병 저항성 정도에 있어서 상당한 차이를 보이므로 조금이라도 병 저항성이 있는 품종을 선택하여 재배하는 것이 약제방제의 효과를 높이는 좋은 방법이다. 재배지는 물 빠짐을 좋게 하고 작물이 너무 무성하게 자라지 않도록 관리해야 하며 균형 비료주기(시비)를 하여 튼튼한 생육을 유도하여야 한다. 수박 탄저병 방제약제로는 2012년 기준 디티아논, 만코제브, 아족시트로빈, 크레속심메틸, 트리플록시스트로빈 등 49종이 등록되어 있다. 자세한 내용은 한국작물보호협회에서 발행한 농약사용지침서를 참고한다.

검은점뿌리썩음병

1993년 7월에 조치원읍의 수박 재배지에서 처음 발견된 이래 국내 수박, 참외, 멜론의 주산지에서 발생되어 피해가 확산되고 있다. 뿌리에 발병하여 뿌리 전체를 썩히므로 포기 전체가 말라 죽는 전신 감염성 병해로 덩굴쪼김병, 역병과 함께 주요 토양전염성 병이다.

가. 병원균

병원균은 *Monosporascus cannonballus*라는 자낭균류에 속하는 곰팡이의 일종이다. 학명을 살펴보면 1개의 자낭에 1개의 홀씨(포자)가 대포알처럼 들어 있다는 뜻이다. 자낭각의 크기는 0.22~0.57mm이며 기주식물의 뿌리 표면에 형성된다.

성숙한 자낭각에는 병원균 포자(자낭포자)가 들어 있는 자낭이 100개 이상 있으며, 1개의 자낭 내에는 1개의 자낭포자만이 들어 있다. 이와 같은 특징은 다른 자낭균류에서는 좀처럼 볼 수 없으므로 이 균의 분류에 중요한 단서가 된다. 성숙된 자낭 홀씨(포자)는 둥근 모양으로 검은색을 띄는데 미성숙된 어린 포자는 종종 색이 없거나 갈색을 나타낸다. 병원균은 병 증세가 나타나기 시작하는 신선한 뿌리를 물한천배지에 치상하여 28~30℃에서 2~3일간 배양하면 쉽게 분리할 수 있는데, 감자배지에서 20일 이상 배양하면 자낭각이 형성되기 시작하여 40일이 지나면 성숙된다. 이 균의 생육온도 범위는 6~37℃이고 균의 발육에 가장 좋은 온도는 30℃로 고온균에 속한다. 생장 가능한 pH 범위는 4.6~7.5이며 최적 pH는 6.0~7.0이었고 이 부근에서 전염원이 되는 자낭각 형성이 가장 많았다.

나. 병의 증상 및 진단법

박과류의 대목용 박에 심하게 발생한다. 대목용 호박에는 참박만큼 심하게 발생하지 않으므로 참박에 비하여 약간의 저항성이 있는 것으로 생각된다. 뿌리에 발생하므로 초기의 지상부 전체가 시드는 증상이 다른 전신 감염성 병해와 비슷하며 발생 2~3주 후 주 전체가 갈변화되면서 말라 죽게 된다. 노지재배지의 경우 맑은 날이 계속되면 피해 증상인 시들음이 더욱 심해지는데 뿌리를 뽑아보면 가는 뿌리가 거의 없으며 굵은 뿌리는 부분적으로 갈변되어 있다. 지상부는 물에 데친 것처럼 시들게되는데 초기에는 햇볕이 나면 시들고 저녁에는 다시 회복하는 증상을 덩굴쪼김병의 경우처럼 반복한다. 그러다가 2~3주 후 완전히 갈변하여 말라 죽게 된다. 발병된 뿌리를 뽑아서 물에 씻어 자세히 보면 뿌리의 표면에 검은 점이 부분적으로 무수히 찍혀 있는데 이것이 검은점뿌리썩음병의 특징이다. 검은 점은 병원균의 자낭각으로 이 속에 자낭이 들어 있으며 자낭 안의 자낭포자가 1차 전염원이 된다. 자낭각은 병원균의 토양 내 월동형으로 온도가 낮아지면 병환부에 형성된다. 뿌리에 형성된 검은점(자낭각)은 육안으로 확인할 수 있으므로 시들어 말라 죽는 박과류 포기를 뽑아서 물에 씻어보면 단번에 이 병인지 아닌지를 판가름할 수가 있다. 오이 외에 참외, 수박, 멜론에도 발생하는데 뿌리에 나타나는 병 증세는 유사하다. 균의 감염은 대체로 아주심기(정식) 후 3주가 되면 완료하는데 이때 병원균이 가는 뿌리에 침입하면서 뿌리를 갈변시켜 썩히며 뿌리의 60% 이상이 갈변되면서 지상부의 시들음 증상이 나타난다. 뿌리에 기생한 병원균은 뿌리의 조직 내 또는 뿌리 표면에 검은색

자낭각을 형성하게 되는데 보통 뿌리 표면에 많이 형성된다. 뿌리에 형성된 자낭각은 지상부가 완전히 시들 무렵 성숙하며 성숙한 자낭각으로부터 검은색의 자낭포자가 누출한다. 그러나 자낭각은 아주 가는 뿌리에는 형성되지 않으며 포기 전체가 고사할 경우 굵은 뿌리에 대량으로 형성되므로 병해의 진단이 용이해진다.

다. 발생생태

검은점뿌리썩음병균의 감염은 박과류 뿌리에 형성된 자낭각에서 자낭포자를 방출하면서 시작된다. 자낭포자로 토양 중에 장기간 생존이 가능하며 이듬해 오이, 참외, 수박, 멜론 등 박과 작물을 이어짓기하면 흙 속에 있던 자낭포자가 기주로 침입한다. 병원균은 토양 속에서 5년 이상 생존하는데 기주작물을 이어짓기하면 병원균의 밀도가 점차 높아져 발생이 심해지게 된다. 또한 병원균은 종자전염하는 것으로 알려져 있으며 지상부의 잎이나 과실, 꽃 등에 의해서는 전염하지 않는 것으로 생각된다.

참외, 수박 등은 덩굴성 식물이므로 뿌리에서 지상부로 쉽게 병원균이 오염될 수 있으므로 씨받이(채종) 시에 뿌리의 병원균이 씨앗(종자)에 묻지 않도록 각별한 주의가 요망된다. 병원균의 최적온도가 30℃ 내외의 고온성이므로 재배지에서 토양온도가 올라가면 병 발생이 대폭 늘어나는데, 지온이 30℃일 경우에는 발병률이 88%에 이르나 20℃일 경우에는 16.7%로 감소하여 온도가 크게 영향을 미치는 것을 알 수 있다. 박과 작물의 이어짓기는 토양 내 병원균의 밀도를 높이어 발병을 증가시켜 이어짓기 장해를 유발할 수 있으므로 박과 작물이 아닌 다른 작물로 돌려짓기하는 것이 바람직하다.

라. 방제방법

검은점뿌리썩음병균의 토양 내 생존기간이 길고 박과 작물에 피해가 우려되므로 병이 발생한 재배지에서의 이어짓기를 피한다. 특히 시설하우스에서 오이, 참외, 수박, 멜론의 이어짓기 재배는 이병이 발생할 경우 막대한 피해가 예상된다. 병이 발생했을 때는 우선 병원균이 고온을 좋아하므로 생육기에 토양온도를 작물 생육에 영향을 주지 않는 한도 내에서 낮게 관리하여 병의 진전을 억제시킨다.

대목을 이용한 방제방법으로 호박대목은 병해에 다소 내병성인 것으로 알려져 있으나 오이, 참외, 수박 멜론 재배에서 모두 과실의 품질 저하가 우려되므로 실용화에 어려움이 있다. 호박대목에도 병이 발생한다는 보고가 있기 때문에 품질에 영향을 주지 않는 내병성 대목이 시급하지만 지금까지 오이, 참외, 수박, 멜론의 검은점뿌리썩음병에 대한 저항성 품종은 알려지지 않았다.

다조멧입제에 의한 토양소독은 시설하우스 내의 이어짓기(연작) 재배지에 사용하면 효과적일 것으로 생각된다. 방제약제로는 멜론 검은점뿌리썩음병 방제약제로 등록된 톨클로포스메틸수화제를 500배로 희석하여 평방미터당 3L를 아주심기(정식) 후 10일 간격 주원처리한다. 이 병의 특징은 병원균이 토양 중에 오래 생존하며 병의 잠복기도 매우 길다는 점이다. 실제로 온실조건에서 접종해 보면 50~60일 후에나 시들음 증상이 나타난다. 병원균이 30℃ 이상의 고온에서 생육이 왕성하고 자낭포자의 발아에도 고온이 요구된다는 생태적 특성을 잘 이용하면 경종적(생태적) 방법에 의한 방제도 가능할 것으로 생각된다.

<표 2-21> 박과 작물별 검은점뿌리썩음병의 발병 정도 국립농업과학원

작물명	조사 재배지 수	발병 재배지 수	발병율(%)
참외	47	10	2~90
수박	33	8	5~50
오이	23	4	60~90
메론	16	10	5~70

검은별무늬병(흑성병)

오이 이외에 참외, 호박에도 발생하여 큰 피해를 가져오는 병해로 주로 수확기의 과실에 크고 작은 병무늬(병반)를 만들어 상품 가치를 낮추므로 직접적으로 경제적인 피해를 주는 병해다. 참외도 최근에는 발생이 늘어나는 경향으로 대책이 필요하다.

가. 병원균

병원균 *Cladosporium cucumerinum*은 불완전균에 속하는 곰팡이의 일종이다. 병원균은 병무늬(병반) 위에 방추형, 타원형의 연갈색 분생포자를 만들며 바람에 날려 전염된다. 분생포자는 격막이 없거나 1개의 격막을 가지며 크기는 4-25×2-6μm으로

분생자경 위에 연쇄상으로 형성된다. 병원균의 생육온도는 2~35℃이며 최적온도는 20℃ 내외다. 생육 범위는 pH 4~8로 pH의 생육에 대한 영향은 적은 것으로 알려졌다. 분생포자의 형성은 10~30℃ 범위에서 가능하며 포자형성 최적온도는 20℃ 내외다.

나. 병의 증상 및 진단법

지상부 모든 부분에 발생하나 뿌리에는 발병하지 않는다. 잎에서는 황백색의 크고 작은 반점이 생겨 확대하며 나중에는 황갈색으로 되고 병반이 불규칙하게 찢어져 별 모양의 구멍이 생긴다. 줄기나 엽병, 과실에는 처음에 타원형 혹은 방추형의 크고 작은 병반이 형성되며 점차 움푹하게 함몰된 병반으로 된다. 탄저병의 함몰된 병반과 비슷하나 크기가 작다. 병반 표면에는 회녹색의 곰팡이(분생포자)가 형성된다. 병환부에는 송진 같은 진물이 나온다.

다. 전염방법 및 발병환경

병원균은 씨앗(종자) 혹은 병든 식물체의 병환부에서 팡이실(균사)이나 홀씨(포자)의 형태로 월동하여 다음 해 전염원이 된다. 또한 하우스 자재 등에서 겨울나기(월동)하여 전염원이 되기도 한다. 2차 전염은 병환부에 생긴 분생포자가 바람에 날려 전염된다. 병원균이 저온성이므로 병의 발생은 기온이 15~20℃인 봄철이나 가을철에 비가 자주와 습기가 많고 서늘한 기온이 지속될 때 심해지며 특히 5월에 비가 자주 오면 발생이 많아진다. 가을철에는 다습해지기 쉬운 시설하우스에서 집중적으로 발생하며 노지의 경우 6월 이후 온도가 올라가면 발생이 줄어든다.

라. 방제방법

종자전염하므로 건전 재배지에서 씨받이(채종)한 건전종자를 사용하여야 한다. 건전종자라 하더라도 씨뿌리기(파종) 전 베노밀.티람수화제를 사용하여 종자소독하는 것이 바람직하다. 하우스 자재 등에서도 병원균의 월동이 가능하므로 포르말린 등으로 소독하거나 비눗물 등으로 잘 씻어 사용하는 것이 좋다. 병에 걸린 포기는 모두 제거하여 불에 태워 없애거나 토양 깊이 매몰하여 전염원의 밀도를 최대한 낮추어야 한다. 박과 작물을 이어짓기하면 병원균이 재배지 주위에 누적되어 병 발생을 증가시키므로 병이 심해질 경우 박과 작물 이외의 작물로 1~2년 돌려짓기를 한다.

병의 발생에는 저온 다습 조건이 필수적이므로 시설하우스의 경우 온도가 17℃ 이하로 떨어지지 않도록 관리하고 통풍, 환기하여 고습도 기간이 오랫동안 지속되지 않도록 주의하여야 한다. 배게 심거나 웃자람(과번무)하면 습도가 높아져 병 발생이 촉진된다. 오이 검은별무늬병 방제약제로는 디페노코나졸, 사이플루페나미드.트리플루미졸, 크레속심메틸, 플루실라졸 등 19종이 등록되어 있고 자세한 내용은 한국작물보호협회에서 발행한 농약사용지침서를 참고한다.

잿빛곰팡이병

박과 작물뿐만 아니라 채소류의 지상부에 발생하는 병 중에서 잿빛곰팡이병처럼 여러 작물에 큰 피해를 가져오는 병은 없을 것이다. 지상부 병해에서 흰가루병과 노균병의 피해도 크지만 잿빛곰팡이병은 이들 병균에 비하여 기주 범위가 대단히 넓고 또한 과실에 발생하므로 그 피해는 가히 비교할 수가 없을 정도다. 이 병해의 또 다른 특징은 주로 저온기 시설재배에서 발생한다는 점이다. 흰가루병이나 노균병이 시설재배든 노지재배든 상관없이 발생하는 것에 비하여, 이 병은 장마철에 비가 계속 내려 습도가 매우 높은 날이 지속되는 경우를 제외하고는 노지에서 발생하지 않는다. 현재 박과 작물의 재배형태를 보면 주산지가 정해져 있어 저온기 동안에 연중재배의 형태로 집중적인 생산이 이루어지고 있는데, 이러한 생산방식은 시설재배에서 잿빛곰팡이병의 발생을 증가시키는 가장 큰 이유로 작용하고 있다. 실제로 오이, 호박의 이어짓기(연작)에서는 이 병의 퇴치가 생산의 가장 큰 걸림돌이 되고 있다.

가. 병원균

병원균은 *Botrytis cinerea*로 불완전균에 속하는 곰팡이의 일종이다. 박과 작물 이외에 고추, 토마토, 딸기, 상추 등 주요 채소에 강한 병원성을 가지고 있어 기주 범위가 매우 넓은 균이다. 채소 이외에도 카네이션, 국화, 튤립 등 화훼류에도 발생하여 큰 피해를 가져온다. 병환부상에 생긴 분생자경의 끝에 분생포자를 무수하게 만들며, 이 홀씨(포자)가 바람에 날려 전염한다. 분생포자는 무색이고 계란 모양을 하고 있다. 격막이 없는 단세포로 분지된 분생자경의 끝에 덩어리로 형성되고, 크기는 6-18×4-11μm이다. 생육 후기가 되면 흑색의 불규칙한 균핵이 형성되는데 이것은 식물체 변환부상에서는 잘 관찰할 수 없고 주로 곰팡이를 배지상에서 배양할 때 또는 보관

중 어느 정도 시일이 경과한 후에나 생성된다. 균핵은 적합하지 않은 환경에서 잘 견디므로 월동기관의 역할을 하고 있다.

병원균은 2℃부터 30℃의 범위에서 생육하며 곰팡이실(균사)의 생육적온은 20~25℃이나, 병 발생에 직접적으로 관여하는 분생포자 형성은 10~20℃ 범위의 저온에서 가장 왕성하다. 잿빛곰팡이병균의 분생포자는 병환부에서 볼 수 있듯이 병반 표면에 무수히 형성된다. 그러나 이들 중 병에 직접적으로 관여하는 분생포자는 발아에 적합한 장소에 부착된 매우 극소수의 포자에 불과하며 식물체의 상처 부위나 죽은 조직, 물기가 남아 있는 식물체 조직을 제외한 식물체 겉껍질(표피)에서는 포자가 발아하여 병을 일으키기 어렵다.

병원균의 포자는 온도가 낮고 습도가 매우 높아 포화습도에 가까울 때만 발아하여 식물체의 죽은 조직(꽃잎, 덩굴손, 죽은 신초 부위 등)을 영양원으로 이용하여 상처 부위나 각피를 뚫고 기주체로 침입하여 병을 일으킨다. 분생포자의 발아와 침입 시 장기간 동안의 포화습도 상태는 발병에 거의 필수적이므로 이러한 상태가 지속되기 쉬운 시설재배에서 발생이 많고 노지재배에서는 발생하기 어렵다. 이와 같이 잿빛곰팡이병균은 저온 다습한 상태에서만 발아하여 작물을 침해하므로 이 병을 효과적으로 방제하기 위해서는 병원균의 이러한 습성을 알고 올바로 대처하는 것이 필요하다.

나. 병의 증상 및 진단법

열매의 끝이나 열매줄기에서 시작하는 경우가 많다. 처음에는 작은 수침상의 반점이 생겨 급격히 확대되면서 그 표면에 수많은 곰팡이가 형성된다. 열매 외에도 잎이나 잎줄기에도 발생하여 불규칙한 병무늬(병반)를 만든다. 잎에는 가장자리 상처 부위에서 시작하여 안쪽으로 들어가는 대형 병반이 생기며 가장자리에 곰팡이가 생긴다. 잎의 안쪽에 생기는 병반은 이슬 등 습기가 있는 자리에 수침상의 큰 둥근 무늬를 형성하고 확대한다. 과실에는 주로 꽃이 안 떨어진 부위부터 썩기 시작하여 과실 안쪽으로 진전하며 과실끼리 서로 맞닿아 있는 부위나 덩굴손 등이 떨어져 줄기에 걸쳐 있는 부위 등 유기물이 있는 곳에서부터 병이 시작한다. 병환부에는 잿빛의 곰팡이가 밀생하고 그 부위에 물방울이 맺혀 있는 경우도 있다.

다. 발생생태

병원균은 토양에서 장기간 생존할 수 없으며, 이병식물의 잔재물에서 균사, 포자 혹은 균핵의 형태로 겨울나기(월동)하여 다음 해 전염원이 된다. 병환부의 균핵은 온도가 낮고 습기가 높을 때 발아하여 균사를 내며 균사 끝에 분생포자가 형성되고, 이것이 바람에 날려 기주식물체에 도달하게 된다. 식물체 표피상의 포자는 환경이 좋아지면 식물체의 상처 부위나 각피를 뚫고 식물체로 침입하게 되며, 여기서 증식하여 병반 표면에 많은 분생포자를 생성한다. 병환부상의 분생포자는 다시 바람에 날려 주위의 식물로 2차 전염하면서 점차 병 발생이 확산된다.

박과 작물의 수확 후에는 병든 식물체의 잔재물에서 균사, 포자 혹은 균핵의 형태로 남아 월동하게 된다. 그러나 잿빛곰팡이병균은 기주 범위가 대단히 넓으므로 현재처럼 작기가 분화되어 있어 연중 기주작물이 재배되는 형태에서는 병원균의 월동 없이도 분생포자의 흩날림(비산)에 의하여 한 작물에서 다른 작물로 연속적인 전염이 가능하다.

잿빛곰팡이병균의 잠복기는 온도나 습도에 따라 다르지만 알맞은 환경에서는 포자의 식물체 침입에서 병환부상에 수많은 포자를 형성할 때까지의 시간이 수일에 불과하다. 그러므로 한 식물을 재배하는 동안에 무수히 세대를 반복할 수 있고, 또한 한꺼번에 많은 포자를 형성하므로 병 발생이 급격히 확산되어 큰 피해를 가져온다.

억제재배 방법은 후기 이후, 당겨 가꾸기(촉성)재배 및 반당겨 가꾸기(반촉성)재배 방법에서는 주로 저온기에 작물이 재배되고 있고 통풍, 환기가 어려우므로 자연히 저온 다습의 상태가 되기 쉬워 이 병의 발생에 적합한 환경이 된다. 특히 시설 내의 기온이 15℃ 내외의 저온이고 비닐천장에 이슬이 맺힐 정도의 포화습도 상태가 오래 지속되면 이 병의 발생은 급속히 증가한다. 시설 내 습도가 높아지는 원인으로는 과도한 관수나 잘못된 물주기(관수)방법에서 비롯된 것도 있지만 배게 심기(밀식)에 의한 통풍과 투광불량이 습도를 높이는 중요 원인이 될 수 있다. 특히 반촉성재배 시 봄철의 생육기간 동안 비가 자주 내리고 음습한 날씨가 계속되면 시설 내에 습도가 높아져 잿빛곰팡이병이 만연하게 된다. 또한 질소 비료를 편용하면 식물체가 연약하게 자라서 작물의 병에 대한 견딤성을 약하게 한다.

라. 방제방법

토양을 전면 덮기하여 지상부로의 습기의 흩날림(비산)을 막고, 방울물주기(점적관수)를 하여 배수를 좋게 한다. 저습지나 물 빠짐이 나쁜 토양에서의 재배를 피하는 것도 좋은 방제방법이다. 또한 배게 심기(밀식)를 피하여 통풍 및 투광을 좋게 하고 균형시비하여 웃자라지 않도록 하는 것도 방제에 도움이 된다.

발병하기 전 잿빛곰팡이병균이 영양원으로 삼을 수 있는 식물의 죽은 조직이 그대로 식물체상에 붙어 있지 않도록 관리하는 것도 병 발생을 예방하는 중요한 수단이다. 발병 후에는 병환부에 형성된 잿빛곰팡이 포자(분생포자)가 주위로 확산되지 않도록 미리 제거하는 것이 이 병의 방제에 있어 대단히 중요하다. 병에 걸린 과실을 따내어 시설 내 토양에 방치하면, 방치한 과실의 병환부상에 홀씨(포자)를 더 많이 형성하게 만드는 원인이 되므로 반드시 비닐봉지 안에 넣어서 시설 밖으로 가지고 나오든가 아니면 토양 깊이 매몰해야 한다. 시설 내 제습과 함께 온도를 너무 낮지 않게 관리하는 것도 필요하다. 낮 동안 시설 내의 지나친 온도상승은 야간온도가 내려가면 시설 내 습도가 높아지게 되어 병 발생에 좋은 환경을 가져올 수 있으므로 주·야간 일정온도의 유지가 바람직하다.

병이 발생하면 환경관리와 함께 약제방제를 병행하여야 한다. 잿빛곰팡이병에 대한 약제방제의 효과를 높이기 위해서는 전염원이 주위로 확산하기 이전의 병 발생 초기에 약제를 살포하는 것이 가장 좋으며 또한 약제의 선택도 매우 중요하다. 약제효과를 높이기 위해서는 침투이행성인 전문약제와 적용 범위가 넓은 광범위한 약제를 번갈아 살포하는 것이 바람직하다. 또한 병원균의 내성발현을 억제하기 위하여 동일약제나 같은 계열의 약제를 연속하여 사용하지 않도록 주의를 요한다. 잿빛곰팡이병균을 대상으로 일부 농약에 대한 내성균의 분포를 조사한 결과 지역적으로 차이가 있지만 전국적으로 내성균의 비율이 매우 높아 약제 사용방법에 대한 보다 큰 주의가 필요하다.

잿빛곰팡이병균은 특히 습도에 민감하므로 시설 내의 경우는 약제 사용 시 수화제보다 훈연제 등 물을 타지 않은 제형이 바람직하고, 수화제의 경우는 기준량보다 너무 많이 뿌리지 않도록 주의해야 한다. 약제 살포 시 식용으로 삼는 과실이나 잎에 농약이 잔류되지 않도록 사용시기나 횟수 등을 명시한 안전사용기준을 준수하여야 한다. 오이 잿빛곰팡이병 방제약제로는 디에토펜카브.티오파네이트메틸, 보스칼리드, 이프로디온, 프로사이미돈 등 22종이 등록되어 있다. 자세한 내용은 한국작물보호협회에서 발행한 농약사용지침서를 참고한다.

균핵병

병을 일으키는 기주작물이 매우 다양하고 광범위해서 동일한 균이 박과 작물뿐만 아니라 가짓과, 배춧과 작물 등 수백종의 식물을 침해하여 병을 일으킨다. 잿빛곰팡이병과 발생생태가 대단히 유사하여 저온 다습한 시설 내에서 주로 발생하며 동시에 발생하는 경우도 많다. 박과 작물에서는 오이와 호박의 피해가 가장 크고 참외, 수박, 멜론에서는 그 발생이 점차 늘어나는 추세이며 이런 경향은 특히 수박에서 뚜렷하게 나타난다.

토양전염과 공기전염을 동시에 하는 매우 특이한 병해로서 잿빛곰팡이병과는 달리 병환부에 눈처럼 흰 곰팡이가 피며 이들이 뭉쳐서 나중에는 쥐똥과 같은 검은 균핵이 병환부 주위에 형성되므로 쉽게 진단이 가능한 병해다. 병원균이 저온성이므로 당겨 가꾸기(촉성), 반당겨 가꾸기(반촉성) 시설재배에서 가온기간이 끝날 무렵 시설 내 온도가 저하하면 발생이 급격히 증가한다. 잿빛곰팡이병의 경우는 병환부에 무수히 생긴 분생포자가 2차 전염원의 역할을 하고 있으나 균핵병의 경우는 병원균이 분생포자를 형성치 않고 주로 균핵에서 발생한 균사에 의하여 2차 전염이 이루어지고 있어 잿빛곰팡이병처럼 2차적인 발병속도가 빠르지 않다.

가. 병원균

*Sclerotinia sclerotiorum*은 자낭균에 속하는 곰팡이의 일종으로 균핵, 자낭반, 자낭 및 자낭포자를 만든다. 균핵은 병원균의 팡이실(균사)이 뭉친 것으로 흡사 작은 눈덩어리를 뭉쳐 놓은 것처럼 희다. 시간이 지나면서 흑색의 부정형 균핵이 되며, 크기는 1.2-13.5×1.0-6.3mm로 꼭 쥐똥처럼 생겼다. 균핵이 발아하면 아주 작은 버섯 모양의 하나 내지 수개의 자낭반을 형성하는데 버섯 모양 갓의 지름은 2~10mm이다. 자낭반에는 자루 모양의 수많은 자낭이 들어 있으며 자낭 안에는 색이 없는 타원형 자낭포자가 한 자낭당 8개씩 들어 있다.

자낭포자의 크기는 10-18×5-8μm이다. 균사는 2~29℃의 범위에서 생육하며 생육 최적온도는 20℃ 전후로 알려져 있다. 균핵의 형성은 0~30℃에서 가능하며 특히 광선에 의해 많은 영향을 받는다. 특히 자낭반의 형성에는 광선이 절대적으로 필요하며 360nm 이하 광선이 주요한 역할을 하는 것으로 밝혀졌다.

나. 병의 증상 및 진단법

병환부에 눈과 같은 흰 곰팡이가 피며 쥐똥 같은 균핵이 형성되는 점에서 다른 병해와 쉽게 구분이 가능하다. 잎에는 습기가 있는 부위에서 시작하는 큰 둥근무늬가 형성되며 수침상으로 썩고 표면에는 흰색의 균사가 누출되어 있는 경우가 많다. 잎 가장자리의 상처 부위에서 시작되면 안쪽으로 들어가는 역삼각형 모양의 큰 병무늬(병반)가 형성되며 물러 썩는다. 줄기에는 땅과 닿는 부위가 가장 취약하며 땅가 균핵에서 균사가 발아하여 줄기와 닿는 부위가 수침상으로 썩기 시작하며 점차 양옆으로 진전한다. 병환부에는 솜을 붙여 놓은 것처럼 흰색 균사가 덮힌다.

지상부의 줄기, 열매지름(과경)에는 어느 부위든 발생하나 습기가 많이 있는 곳인 매듭 부위나 가지가 나온 부위 등에서 시작될 때가 많다. 과실에서 가장 흔하게 발생하는데 주로 과실 끝의 꽃이 달린 부위에서 수침상으로 썩기 시작하여 점차 안쪽으로 번진다. 박과 작물의 경우 처음에는 흑색으로 병환부가 변색하며 점차 그 부위에 흰 균사들이 희끗희끗하게 나와 있다. 병환부는 점차 흰 균사로 덮이고 이 균사들이 뭉쳐 작은 덩이로 되며 성숙함에 따라 검은 쥐똥 모양의 딱딱한 조직체가 생성된다.

다. 발생생태

(1) 전염방법

병환부에서 땅 표면에 떨어진 균핵에 의하여 토양전염한다. 균핵은 환경이 적합하면 발아하여 균사를 뻗어 땅과 맞닿아 있는 줄기의 지제부에 도달하고 기주체로 침입하여 1차 전염원이 된다. 또 균핵이 발아하여 자낭반을 만들고 그 안에 들어 있던 자낭포자가 바람에 날려 기주체에 도달해서 병을 일으키는 공기전염을 하기도 한다. 모두 1차 전염원이지만 균사의 직접 침입에 의한 경우보다는 자낭포자의 흩날림(비산)에 의한 전염이 보다 일반적이다. 2차 전염은 이 균이 분생포자를 만들지 않기 때문에 주로 균사가 주변으로 퍼져 병을 일으킨다. 따라서 박과 작물 균핵병의 경우 2차 전염은 다른 병해처럼 대발생의 원인이 되는 경우는 드물고 주로 1차 전염원인 자낭포자의 흩날림(비산)에 의하여 생긴 경우가 많다. 균핵병은 1차 전염이 주로 공기전염에 의해서 발생한다는 점에서 같은 토양전염성 병해인 시들음병이나 뿌리썩음병과는 확실한 차이가 있다.

(2) 발생환경

저온 다습의 측면에서 잿빛곰팡이병균의 발생환경과 매우 유사하다. 다만 잿빛곰팡이병균이 균핵병균보다는 더 습도에 민감하여 전자가 주로 시설재배에서만 발생하지만 균핵병균은 노지, 시설재배를 불문하고 발생이 많다. 균핵병균은 기주 표면에 습기가 있는 시간이 2~3일 지속되어야 비로소 홀씨(포자)가 발아하여 침입이 가능하며 이런 상태에서 실제 초기의 침입에는 16~24시간이 소요된다. 따라서 시설 내 배게 심거나 웃자람(과번무)에 의하여 통풍과 환기가 불량하고 잎이 젖어 있는 시간이 오래되면 병 발생에 좋은 조건이 되며, 밤낮의 기온의 차가 심한 봄가을이나 당겨 가꾸기(촉성), 반당겨 가꾸기(반촉성) 재배 시 가온재배에서 무가온재배로 바뀔 때 시설 내 온도의 저하에 의하여 이슬 맺히는 기간이 길어질 때 발병이 조장된다.

병원균의 전염원인 자낭포자가 흩날리기(비산) 위해서는 균핵이 발아하여 자낭반을 형성해야 하는데 자낭반 형성에 미치는 온도와 pH의 영향은 미미한 것으로 밝혀졌지만 광선, 특히 파장이 360nm 이하의 짧은 파장이 자낭 형성을 억제한다는 점을 이용하여 시설재배 시 이 광선을 차단하는 PVC 필름을 개발하여 균핵병을 억제할 수 있는 방법도 실용화되었다. 20℃ 내외의 저온과 다습한 환경이 잿빛곰팡이병과 마찬가지로 균핵병 발생을 촉진한다는 점은 이미 설명한 바와 같지만, 균핵이 1차 전염원이 된다는 측면에서 생각해 보면 이어짓기에 의하여 균핵의 토양 내 밀도가 높아지면 전염원의 양이 많아져 병 발생이 그만큼 증가할 것이다.

균의 기주 범위가 매우 넓어서 거의 모든 채소에 발병되기 때문에 특히 발생이 많은 상추, 고추, 가지, 국화, 배추, 무 등을 심은 밭에 박과 작물을 심으면 그만큼 발생이 많아질 수 있다. 지표면에 떨어진 균핵은 다른 미생물에 의하여 쉽게 분해되어 활성을 잃어버리며 특히 물속에서는 쉽게 발아하여 부패되는 것으로 알려져 있다. 물의 온도에 따라 균핵의 부패에 걸리는 시간은 다르지만 대체로 20~30일간의 물담김(담수)에 의해 균핵이 사멸한다.

라. 방제방법

균핵병의 방제전략은 시설 내 환경관리, 재배지 위생, 토양소독, 지상부 약제 살포의 측면에서 생각해 보아야 한다. 먼저 시설 내 환경관리는 균핵병균의 발생 최적 환경인 온도 20℃ 내외의 다습조건을 회피하는 쪽으로 모든 방법을 강구하여야 한다. 이를 위해 배게 심기(밀식), 웃자람(과번무) 방지, 통풍, 환기, 투광을 용이하게 하며 시설 내 일교차를 크지 않게 관리하는 방법, 물 빠짐을 좋게 하거나 토양을 전면 바닥덮기(멀칭)하고 점적관수하는 방법 등을 이용하면 균핵병뿐만 아니라 잿빛곰팡이병의 발생을 동시에 억제할 수 있다.

재배지 위생의 측면에서는 병원균이 다범성균이므로 기주식물이 되는 작물을 연속해서 심지 않도록 주의하고 볏(화본)과 작물로 2~3년간 돌려짓기한다. 병에 걸린 병환부는 일찍 제거하여 균핵이 형성되지 않도록 주의하는 것도 전염원의 밀도를 줄일 수 있는 방법이다. 토양소독의 면에서는 균핵이 발아하여 자낭반을 형성하지 않도록 PVC 필름을 시설자재로 이용하는 방법도 있고 좀 더 직접적으로 토양을 깊이 갈아서 겉흙의 균핵을 토양 깊숙이 매몰하는 방법, 일정기간 물에 담가 균핵의 사멸을 촉진하는 방법, 요즘 많이 하는 태양열을 이용하는 소독 방법도 있다. 화학약제를 이용한 토양소독 방법으로는 다조멧 처리에 의한 토양훈증소독이 일반적이다. 이 방법은 균핵병뿐만 아니라 박과 작물에 발생하는 모든 토양전염성 병해, 선충, 잡초 등을 한꺼번에 방제할 수 있고 효과가 오랜 기간 지속된다는 장점이 있으나 일시에 돈이 많이 드는 결점이 있다. 오이, 수박의 균핵병 방제약제로는 2012년 기준 보스칼리드, 시메코나졸, 카벤다짐·디에토펜카브, 플루디옥소닐 등, 오이에서 4종, 수박에서 3종이 등록되어 있다. 자세한 내용은 한국작물보호협회에서 발행한 농약사용지침서를 참고한다.

잘록병(입고병)

박과 작물뿐만 아니라 모든 작물에서 작물이 어릴 때 발생하는 병이다. 작물이 어리기 때문에 줄기의 겉껍질(각피)이 두터워지기 전에 조직이 연약하고 물기가 많아서 각종 토양이나 씨앗(종자)에 존재하는 병원균에 대하여 취약하다. 일부 종자는 발아하기 전 종자 내부에 있는 병원균에 의하여, 발아세가 약한 종자는 토양에 존재하는 병원균에 의하여 썩게 되는데 이를 발아 전 잘록병이라 부른다.

종자가 발아한 후 배축이 자라서 어린 줄기가 지상부에 출현한다. 이때 특히 어린 줄기가 땅과 닿는 부분이 병원균에 취약해 잘록하게 썩어 줄기가 넘어지게 된다. 이 증상이 우리가 흔히 잘록병이라 부르는 것으로 정확하게는 발아 후 잘록병이라고 한다.

잘록병은 작물이 취약한 시기에만 발생하는 병이며 작물이 자랄수록 잘록병에 대한 저항성이 커지고 일부 병에 걸렸던 작물도 자라면서 회복되어 흔적만 남기도 한다. 작물의 생육기에는 종자전염이나 토양전염을 하는 병원균은 어느 종류든 잘록병의 병원균이 될 수 있으며 성체식물에는 병원성이 없는 균도 작물이 어린 시기에는 잘록병을 일으킬 수 있다. 박과 작물을 포함한 채소에 발생하는 잘록병균은 크게 보아 3가지 종류가 있는데 모두가 씨앗(종자)이나 토양 속에서 생존하는 균들이다. 이들 3가지 균들은 작물을 씨뿌리기(파종)할 때 환경에 의하여 크게 영향을 받으므로 같은 작물이라도 장소에 따라 나오는 병원균이 다르다. 따라서 정확한 방제를 위해서는 잘록병의 병원균이 어떤 것인지 알 필요가 있다.

가. 병원균

병원균은 *Pythium* spp.(*P.ulimum*, *P.aphanidermatum*, *P.debaryanum*, *P. curcurbitarum*), *Rhizoctonia solani* 그리고 *Fusarium* spp.의 3종의 곰팡이다. 모두 토양 속에서 흔히 발견되는 토양서식 곰팡이로서 종자 속에서도 가끔 발견되는 종자전염이 가능한 병원균이기도 하다. 피시움(*Pythium*)은 주로 지표로부터 3cm 이내에 사는 토양서식 곰팡이로서 어느 토양이든 상관없이 발견된다. 주로 토양 내에 있는 유기물을 영양원으로 삼아 부생적으로 살아가지만 활력이 약한 종자나 종자가 발아하여 생긴 새싹은 저항성이 약하기 때문에 이들을 침해하여 종자썩음, 배축썩음, 잘록병, 뿌리썩음 등을 일으킨다. 피시움이 침입할 수 있는 작물은 거의 모든 작물이라고 해도 과언이 아닐 정도로 광범위하다. 역병균처럼 토양 속에서 난포자를 형성하여 겨울을 넘기며 난포자가 발아하여 유주자낭(포자낭)을 만들고 그 속에 유주자가 들어 있다. 역병균처럼 물과 관련이 깊은 균류의 일종으로 토양 내 수분과 불가분의 관계를 가지고 있으며 잘록병을 일으키는 피시움균은 대부분 25~30℃의 범위에서 생육이 가장 좋다.

라이족토니아(*Rhizoctonia*)균은 피시움균 및 푸사륨(*Fusarium*)균과 함께 토양 내에서 가장 흔히 발견되는 곰팡이로서 팡이실(균사)의 생장이 대단히 빠르고 균사의 폭이 넓으며 포자를 잘 형성하지 않고 균사가 갈색이다. 현미경상에서 보면 균사의 분지가 거의 직각에 가까울 정도로 질서정연하며 가지벌기(분지)한 곳 가까운 곳의 양쪽에 격막이 생긴다. 균사의 폭은 다른 곰팡이에 비해 넓다. 포자를 잘 형성하지 않는 대신 크고 작은 갈색의 모양이 일정하지 않은 균핵을 형성한다.

드물게 무색, 무격막, 원형의 담자포자를 형성하지만 감자의 흑지병, 배추 밑둥썩음병, 벼잎집무늬마름병 등에서 발견되고 있고 잘록병의 경우는 균핵의 발아에 의하여 생긴 균사에 의해 발병되는 것이 대부분이다. 담자포자의 크기는 7-13×4-7μm이다. 홀씨(포자)를 잘 형성하지 않기 때문에 균사융합의 여부에 의하여 그 종류를 가리기도 하는데 잘록병을 일으키는 균사융합군은 대부분 AG2-1과 AG-4로 알려져 있다. 라이족토니아균은 피시움균과는 달리 습기가 많은 토양보다는 오히려 약간 건조한 토양을 좋아하며 토양 내 통기가 용이한 사질토양에서 잘 증식한다고 알려져 있다. 이 균의 최적 생육온도는 24℃로 약간 저온이며 최저 13℃, 최고 40℃이다. 대부분의 라이족토니아균은 고온에서 잘 증식하지만 잘록병을 일으키는 균은 약간 저온에서 생육이 좋다. 이 균은 전 재배작물을 침해하여 병을 일으킬 정도로 기주 범위가 매우 넓다.

푸사륨(*Fusafium*)균은 앞의 두 종류의 균과 마찬가지로 토양 속에 흔히 발견되며 잘록병뿐만 아니라 작물 지하부에 뿌리썩음 증상을 일으키거나 도관을 침해하여 시들음병을 일으키는 아주 흔한 균이다. 앞의 두 종류에 비하여 비교적 고온에서 모래가 많이 섞인 사질토나 유기물 함량이 낮은 토양에서 잘 번식한다. 병원균은 월동태로서 후막포자를 형성하며 후막포자가 발아하여 소형포자와 대형포자를 만들며 종에 따라서는 후막포자와 소형분생포자를 만들지 않는 것들도 있다. 거의 모든 작물에 잘록병을 일으키지만 특히 박과 작물의 잘록병에서 흔히 발견된다. 이 균의 적온은 28~30℃로써 앞의 두 균에 비해 고온성이고 또한 산성토양에서 잘 생육한다.

나. 병의 증상 및 진단법

작물이 어릴 때 지상부에 나온 줄기가 목질화되기 전에 땅과 닿는 부위가 회색~암갈색, 수침상으로 연화 부패하면서 지상부 전체가 넘어지는 증상이 나타난다. 처음에는 한두 주 쓰러지는 묘가 생기며 점차 주변의 묘로 옮겨가서 그대로 두면 육묘상의 모든 묘가 같은 모양으로 말라 죽는다. 병이 심할 때는 묘와 묘 사이를 연결하는 거미줄 모양의 병원균의 균사가 보인다. 작물이 어릴 때에만 발병하며 생육이 진전함에 따라 어린줄기가 충분히 목질화되면 병 발생이 멈추며 일부 늦게 걸린 어린모도 점차 회복하여 땅가 줄기의 아랫부분에 약간 움푹 들어간 흔적이 남는 경우도 있다. 발아한 지 얼마 안된 어린모는 발병이 급격하므로 일시에 묘 전체가 연화 부패하는 경우도 흔하다. 세 가지 병원균에 의한 증상이 모두 유사하므로 모잘록병의 증상만으로 병원균을 동정하기 어렵다.

다. 발생생태

(1) 전염방법

3개의 균 모두 토양서식 균으로 토양 속에서 장기간 생존하면서 잘록병을 일으킨다. 종자전염도 가능하지만 그 빈도는 토양전염에 비하여 낮다. 3개의 균 모두 난포자, 균핵, 후막포자와 같은 혹독한 환경에서 견딜 수 있는 내구체를 만들며 작물이 없어도 최고 10년간 토양 속에서 생존이 가능하다. 내구체는 씨앗(종자) 혹은 발아한 종자의 어린뿌리나 배축에서 나온 영양 물질에 의하여 자극받아 발아하여 직접 균사를 뻗어 종자나 어린뿌리 및 줄기를 침해한다. 피시움균은 유주자낭을 만들고 유주자를 분출시켜 기주작물체에 도달하며, 푸사륨균은 분생포자가 기주체의 뿌리에 도달하여 작물체를 침입하기도 한다.

(2) 발생환경

발아세가 약한 종자, 오래된 종자나 불량한 종자는 파종할 때 발아가 늦고 그만큼 싹이 출현하여 목화되는 시기가 길어지기 때문에 잘록병 특히 발아 전 잘록병에 취약하다. 같은 박과 작물이라도 오이, 참외처럼 발아세가 좋고 출아기간이 짧은 작물은 수박, 호박에 비하여 잘록병균의 피해를 덜 받는다.

잘록병은 성체식물을 침해하는 다른 병균과는 달리 어린모를 침해하므로 묘의 생육 상황에 따라 그 발생이 크게 영향을 받는다. 특히 저온기에 육묘하여 식물의 생육이 나약하거나 하우스의 투광이 나빠 도장하면 쉽게 발병하며 지나친 배게 심기(밀식)에 의하여 주 내 습도가 높거나 물 빠짐이 불량한 진흙토양이 많이 들어간 상토에 육묘하면 발병이 심하다. 펄라이트나 피트모스 등을 섞은 전문상토제가 많이 시판되고 있어 예전보다 잘록병의 발생은 훨씬 줄어들었다고 할 수 있으나 일반 토양에서 육묘할 경우 토양 내 뿌리에 충분한 산소를 공급하기 위하여 토양통기가 양호하도록 하는 것이 잘록병을 막을 수 있는 지름길이다. 그러므로 묘의 건전한 생육을 방해하는 모든 요인이 잘록병의 발병유인이 되므로 이런 환경을 피하여 튼튼한 묘를 육성하는 것이 필요하다. 고온 및 질소 비료의 편용에 의해서는 푸사륨균에 의한 잘록병을 유발하기 쉽고 저온, 다습한 환경에서는 피시움균과 라이족토니아균에 의한 잘록병을 유발하기 쉽다.

잘록병을 일으키는 피시움(*Pythium*)균의 생활환

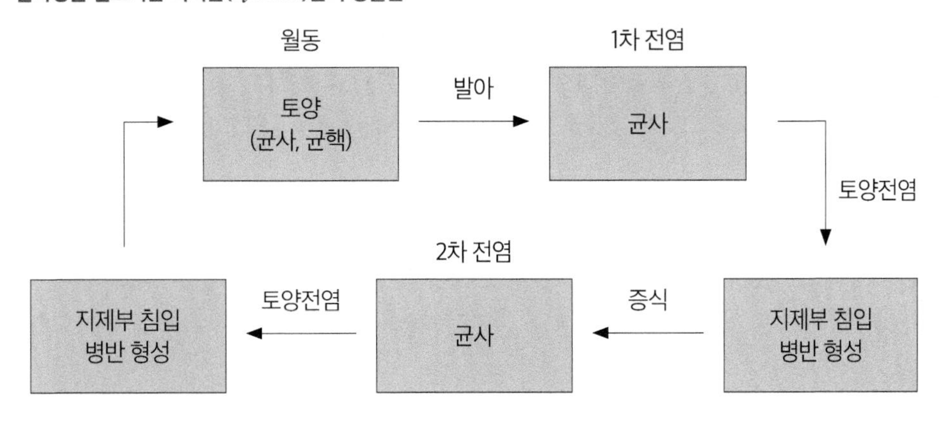

잘록병을 일으키는 라이족토니아(*Rhizoctonia*)균의 생활사

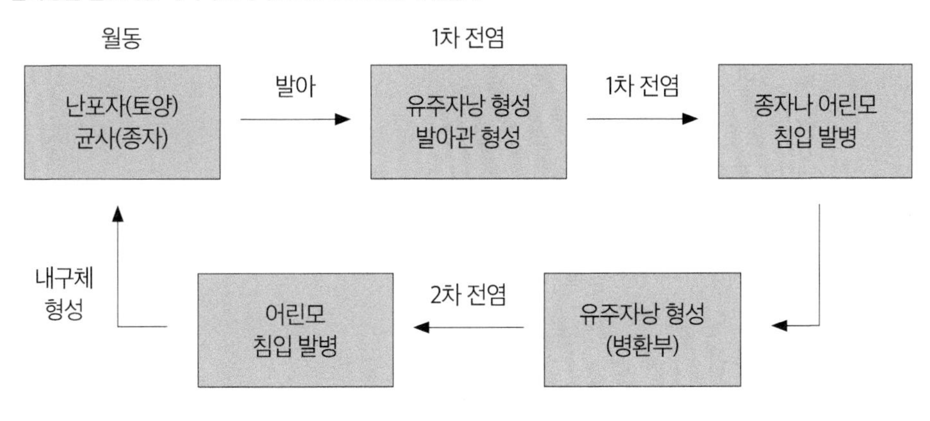

잘록병을 일으키는 푸사륨(*Fusarium*)균의 생활환

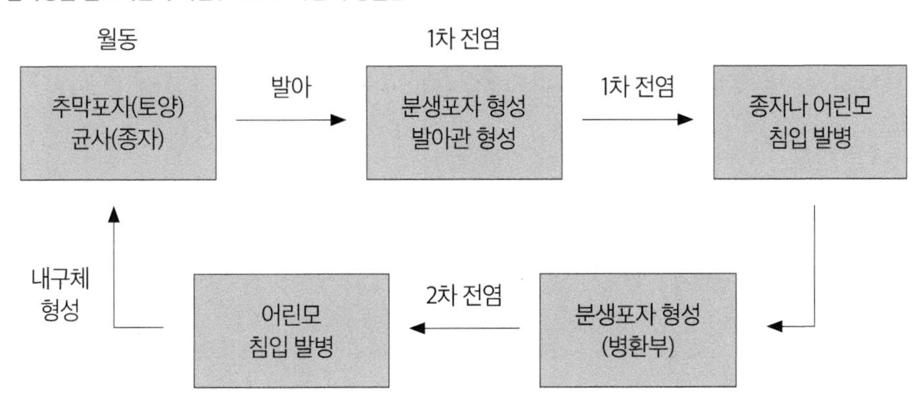

라. 방제방법

씨앗(종자)전염하므로 종자를 소독한 후 씨뿌리기(파종)하는 것은 잘록병 방제의 기본이다. 토양에서 오는 잘록병균은 살균된 시판 상토제를 사용하여 모기르기(육묘)하던가 아니면 토양을 어느 방법으로든지 소독해야 한다.

모판흙(상토)은 일반재배지의 토양에 비하여 그 양이 한정되어 있으므로 열을 이용한 물리적 소독방법으로 흙태우기(소토), 증기살균, 태양열 이용 등 여러 방법이 있고 다조멧을 이용한 훈증소독도 좋은 소독방법이다. 환경관리의 측면에서는 작물생육에 알맞은 온도를 유지하는 것이 기본이며 지나친 물주기(관수)에 의한 토양의 과습, 배수불량에 의한 뿌리의 활력저하, 배게 심기(밀식)에 의한 주 내 습도의 지나친 상승, 햇볕이 없는 곳에서 고온 모기르기(육묘)에 의한 웃자람(도장), 질소 비료 과다시용에 의해 식물의 연약한 생육의 조장 등을 절대로 피해야 한다.

일반 상토를 이용하여 작물을 육묘할 경우 이어짓기한 밭의 토양을 상토로 쓰지 않도록 주의하여야 하며, 시판상토제와 일반토양을 섞어 쓸 경우에는 오염된 토양이 유입되지 않도록 주의가 필요하다. 오이 잘록병의 방제약제로 등록된 에트리디아졸.티오파네이트메틸수화제를 1,000배로 희석한 후 평방미터당 3L를 파종 직전에 토양에 관주하거나 에트리디아졸유제를 2,000배로 희석한 후 평방미터당 3L를 파종 직전 토양에 전면처리한다.

세균모무늬병

박과 작물에 발생하는 세균병으로 가짓과 작물 등 타 작물에 비하여 그 피해가 크지 않다. 최근 오이의 잎과 열매 등 유사한 세균에 의하여 발생하는 병해에 대한 패해가 증가하고 있으나 아직까지 대규모로 발생하여 큰 피해를 준 적은 없다. 이 병은 박과 작물에 두루 발생하나 특히 오이에서 가장 흔히 발견된다.

가. 병원균

병원세균은 *Pseudomonas syringae* pv. *lachrymans*이다. 막대 모양의 균은 1~5개의 편모가 있다. 1-2×0.8μm이며, 그람음성의 호기성 세균이다. 생육온도는 1~35℃로 최적온도는 25~27℃이다. King's B 한천배지에서 형광녹색을 띤다.

나. 병의 증상 및 진단법

잎에 작은 수침상 병무늬(병반)로 시작하여 점차 잎맥에 둘러싸인 모무늬 병반으로 확대되며, 건조 시에는 병환부가 탈락하여 구멍이 생긴다. 어린모에서는 잎뿐만 아니라 줄기에도 병반이 생겨 말라 죽는다. 시설 내부나 장마철의 습기가 많은 시기에는 병환부에서 옅은 우윳빛 모양의 세균점액이 나와 맺힌다. 잎뿐만 아니라 잎자루(엽병), 줄기, 과실에도 발병한다.

다. 발생생태

병원균은 병든 식물체의 잔재물이나 씨앗(종자)에서 월동하여 1차 전염원이 된다. 2차 전염은 병환부에 생긴 병원세균 점액이 빗물, 이슬방울, 물주기(관수) 시의 물방울 등에 튀겨서 발생한다.

잎과 잎의 접촉이나 비바람, 곤충 등에 의하여 전반되며 작물체의 숨구멍(기공), 수공 등의 자연개구나 상처를 통하여 식물체로 침입한다. 15~28℃의 온도에서 많이 발생하며 최적 발생온도는 25℃ 전후다. 노지재배의 경우는 비바람과 폭풍우 등이 심할 때, 시설재배에서는 과습에 의하여 발병이 조장된다.

라. 방제법

종자소독을 반드시 하여야 한다. 오이의 경우 70℃에서 건열소독하면 효과가 있다. 병환부는 초기에 발견하여 제거하고 수확 후 잔재물은 모두 모아 소각한다. 시설 내와 노지가 습하지 않게 환기와 물빼기(배수)에 유의한다. 질소질 비료의 편용도 발병을 조장한다. 살포약제로 외국의 경우 옥시테트라사이클린.스트렙토마이신황산염수화제 등의 항생제나 동수화제, 트리베이식코퍼설페이트액상수화제 등의 동제를 사용하고 있다.

바이러스병

박과 작물의 바이러스병은 병원으로 보아 진딧물에 의해 전염되는 오이모자이크바이러스(CMV), 수박모자이크바이러스(WMV), 주키니노랑모자이크바이러스(ZYMV)와 종자 및 토양을 통하여 전염하는 오이녹반모자이크바이러스(CGMMV)로 나눌 수 있다.

박과 작물 전반에 걸쳐 발생하지만 오래전부터 흔하게 발생하여 피해가 큰 작물인 호박, 참외, 오이는 최근 들어 그 발생이 점차 증가하는 경향이다. 3종의 병원균 중에서 씨앗(종자)이나 토양을 통하여 전염하는 오이녹반모자이크바이러스는 1989년 우리나라 경남 함안의 한 수박농가에서 처음 발견되었으며 1996년에는 경남북, 경기도에서도 그 발생이 확인되었다. 최근에는 수박 대목용 종자를 통하여 전국으로 확산되어 큰 문제가 되었으며 수박뿐만 아니라 오이와 호박에서도 이 바이러스에 의한 피해가 남부 지방을 중심으로 발견되고 있다. 진딧물 전염 바이러스에 비하여 이 바이러스는 환경에 대한 안정성이 매우 높고 접촉전염도 쉽게 이루어지므로 재배지에서 더욱 피해가 크다. 토양전염에 의하여 다음 작기에 발생하기 때문에 더 큰 문제가 되고 있으며 앞으로도 더욱 확산될 것으로 전망되고 있다.

가. 병원바이러스

(1) 오이모자이크바이러스(*Cucumber mosaic virus*)

*Cucumovirus*군에 속하는 공 모양의 바이러스로 그 직경이 30nm이다. 60-70℃에서 불활성화되며 내희석성은 10^{-10}이고 내보존성은 2~4일이다. 박과 작물뿐만 아니라 토마토, 고추, 가지, 배추, 무, 상추 등 기주 범위가 매우 넓어 39과 120여 종의 식물에 병을 일으킨다. 이 바이러스는 복숭아혹진딧물, 목화진딧물 등 80종 이상의 진딧물이 옮긴다.

(2) 수박모자이크바이러스(*Watermelon mosaic virus*)

*Potyvirus*군에 속하는 채찍 모양의 사상형 바이러스로 그 크기는 750nm이다. 불활성화 온도는 55~65℃이며, 내희석성은 10^{-4}~10^{-5}이고 내보존성은 7~8일이다. 박과 작물 외에 완두, 잠두, 시금치 등에도 침해한다. 이 바이러스는 목화진딧물, 복숭아혹진

딧물 등 19종의 진딧물에 의하여 옮겨지며 오이모자이크바이러스와 마찬가지로 식물체 즙액에 의해서도 전염되기 때문에 상처 부위가 접촉될 때도 전염이 가능하다.

(3) 주키니노랑모자이크바이러스(*Zucchini yellow mosaic virus*)

수박모자이크바이러스와 같은 군에 속하는 사상형 바이러스로 그 길이는 750nm이다. 55~60℃에서 불활성화되며 내희석성은 10^{-4}~10^{-5}이고 내보존성은 3~5일이다. 주로 호박에서 많이 발생하며 진딧물에 의하여 옮겨진다.

(4) 오이녹반모자이크바이러스(*Cucumber green mottle mosaic virus*)

*Tobamovirus*군에 속하는 막대형 바이러스로 그 크기는 300×18nm이다. 오이, 수박, 멜론, 박, 참외, 호박 등 박과 작물을 침해하지만 명아주, 독말풀에도 병을 일으킨다. 바이러스 입자는 물리화학적으로 매우 안전한 구조로 되어 있어 불활성화 온도는 90~100℃, 희석한계는 10^{-6}~10^{-7}이다. 내보존성은 실온에서 수개월, 0℃에서는 수년간이나 된다. 진딧물 전염을 하지 않고 식물끼리의 접촉이나 농작업 시의 기계적인 접촉에 의하여 전염되며 씨앗(종자) 및 토양에 의하여 전염되기도 한다.

나. 병의 증상 및 진단법

바이러스의 종류별로 병 증세에 있어서 뚜렷한 차이는 없다. 그 종류에 상관없이 모자이크증상, 엽맥퇴록, 황화증상이 일반적으로 나타나며 여러 종의 바이러스가 중복 감염되어 있는 경우가 많다.

(1) 오이모자이크바이러스(CMV)

작은 황색반점이 많이 나타나는 모자이크증상이 일반적이고 간혹 뒷면에 돌기가 생긴다. 심하게 이병되면 과실에는 얼룩무늬가 생기고 기형으로 된다.

(2) 수박모자이크바이러스(WMV)

잎에 황색반점이 생기고 점차 새로 나온 잎에 이 증상이 심해진다. 병 증세가 진전되면 잎맥 주위에 주름이 생기며 잎이 요철상태로 되어 볼록한 부분만 녹색으로 남아 있고 나머지 부분은 황화된다. 병에 걸린 포기는 심하게 위축된다. 일반적으로 CMV에 의한 증상보다 병 증세가 심하며 박과 작물에 더 흔하게 발생한다.

(3) 주키니노랑모자이크바이러스(ZYMV)

전형적으로 잎에 잎맥(엽맥)이 투명해지든가 그 부분만 녹색으로 남아 있는 녹대 현상을 보이며 과실이 울퉁불퉁해지고 자라지 못한다. 처음에는 소엽맥과 엽맥 사이에 불규칙한 반점이 나타나며 점차 잎맥의 녹색이 없어진다. 엽맥퇴록 부분은 그 부분이 죽는 괴저증상을 수반하며 중간잎이나 새로 나온 잎은 엽맥퇴록, 엽맥녹대 현상을 동시에 보인다. 병에 걸린 주는 심한 모자이크 증상을 보이며 기형으로 된다.

(4) 오이녹반모자이크바이러스(CGMMV)

수박의 잎에는 모자이크, 심한 모자이크, 황화모자이크증상이 주로 나타나며 엽맥퇴록, 퇴록반점, 기형증상도 복합적으로 나타난다. 과일에는 과육과 겉껍질 사이의 흰 부분이 노래져서 담황색 수침상으로 되거나 과육 내에 황색섬유의 줄기가 곳곳에서 뻗쳐 있어 과육 속에 빈틈이 생기며 나중에는 섬유질만 남게 된다. 농민들은 이러한 증상을 '피수박', '언수박', '꼭지탄저' 등으로 부르며 병에 걸린 과실은 상품성이 없다. 생육전반기에 감염되더라도 식물체 내에서의 증식 속도가 빠르기 때문에 병 증세가 뚜렷이 나타나며 착과기에 식물체 전체로 퍼져 전형적인 피수박 증상이 나타난다. 오이에서는 잎에 심한 모자이크와 엽맥퇴록 증상이 나타나며 작은 황색반점이 무수히 생기고 심하면 잎의 테두리가 모두 황화하여 안쪽으로 굽어진다. 병에 걸린 주는 점차 황화하며 새로 걸린 잎은 심하게 위축한다. 과실에도 모자이크증상이 나타나며 울퉁불퉁한 굴곡이 생기고 기형이 된다.

다. 발생생태

(1) 오이모자이크바이러스(CMV), 수박모자이크바이러스(WMV),
주키니노랑모자이크바이러스(ZYMV)

진딧물에 의하여 전염되며 식물체 즙액의 접촉에 의하여 즙액전염도 되지만 종자전염이나 토양전염이 아닌 비영속전염을 한다. 오이모자이크바이러스(CMV)의 보독기간은 2~3시간이며 수박모자이크바이러스(WMV)의 보독기간은 5시간이고 흡즙 후 1시간 정도 지나면 50% 이하로 전염율이 떨어진다. 바이러스병의 1차 전염원은 재배지 주위의 잡초라고 할 수 있는데 진딧물이 이곳에서 바이러스를 흡즙하여 박과 작물로 옮기며 2차 전염은 박과 작물에서 흡즙한 진딧물에 의하여 연속적으로 재배지 내로 퍼지게 된다. 바이러스를 매개하는 진딧물로 종류에 따라 전염효율에 차이가 있으나 거의 모든 진딧물이 바이러스를 매개한다 해도 과언이 아니며 목화진딧물과 복숭아혹진딧물이 주종이다.

진딧물이 작물에 날아오는 시기는 아주심기(정식)한 직후부터인데 가장 많이 날아오는 때가 6월 중순경이며 이후 7월에 장마가 시작되면 비래 진딧물 수가 줄어든다. 장마가 일찍 끝나면 8월에 다시 그 수가 증가하나 늦게 끝나는 해에는 9월부터 진딧물 수가 늘어나기 시작하여 9월 하순과 10월 상순에 최고의 밀도를 보인다. 일반적으로 시설재배는 노지재배보다 바이러스병이 전염될 기회가 적다. 그러나 기온의 일교차가 심하고 습도 변이도 크며 광량이 부족하면 작물의 자람에 불리하므로 바이러스병 발생도 노지재배보다 더욱 급격하여 피해도 크다.

(2) 오이녹반모자이크바이러스(CGMMY)
잎끼리의 접촉, 순따주기 등의 농작업 시의 기계적인 접촉에 의하여 옆의 식물체로 전염된다. 또한 씨앗(종자)의 씨껍질에 붙어 있는 바이러스에 의해서 종자전염이 일어난다. 종자 전염률은 수박의 경우 수확 후 1개월까지는 8% 정도이며 종자 저장기간이 길어지면 1% 이하로 감소한다. 그러나 작물의 재배 과정에서 접촉전염에 의해 쉽게 주위로 확산되기 때문에 병든 식물에서 씨받이한 씨앗에 의한 전염은 가장 중요한 전반수단이며 장거리 이동의 직접적인 원인이다.

오염된 토양에 의해서도 전염되는데 이 때문에 이어짓기(연작) 시 발병이 증가한다. 토양전염률을 조사하기 위한 인공접종 시험결과를 보면 뿌리에 상처가 있을 시 그 전염률이 70~80%에 달하며, 상처가 없을 때는 35~40% 수준이었다. 이병토양에서 흘러나온 물에 의해서도 그 전염율이 매우 높게 나타나고 있어 생육시기에 물주기(관수) 혹은 강우에 의하여 재배지 전체로 확산할 수도 있다.

라. 방제방법

일단 발병하면 방제약제가 없으므로 발병하지 않도록 예방에 힘써야 한다. 가장 좋은 방법은 저항성 품종을 육성하여 심는 것이나 현재 대부분의 품종이 바이러스병에 의해 병이 걸리기 때문에(이병성) 당분간 저항성 품종을 이용하기는 현실적으로 어렵다. 진딧물전염 바이러스(CMV, WMV, ZYMV)는 재배기간 중 특히 육묘 시부터 진딧물에 노출되지 않도록 철저한 관리가 필요하며 육묘 기간 중에 망사를 씌우고 살충제를 살포하는 등의 적극적인 방제관리가 필요하다. 특히 아주심기(정식) 후 생육 초기 어린모가 활착될 때까지 집중적인 약제방제를 해야 한다.

시설재배의 경우는 재배환경이 연중 진딧물 발생에 좋기 때문에 농작업 시 작물의 잎 뒷면을 수시로 살펴서 진딧물의 유무를 확인하고 조기에 적절한 조치를 취하여야 한다. 노지재배에서는 병든 식물체와 주변의 잡초를 제거함으로써 바이러스의 전염원을 낮출 수 있다. 또한 작물이 건실하게 자라도록 재배환경을 개선하고 튼튼한 생육을 유도하여 작물체가 가진 저항력을 극대화할 필요가 있다.

씨앗(종자)이나 토양전염하는 바이러스(CGMMV)는 종자소독이나 토양소독, 재배지 위생이 매우 중요하다. 종자소독은 제3인산소다 10%액에 30분 침지소독하거나 70℃에 3~5일간 건열소독하는 방법이 있다. 이와 같은 방법으로도 바이러스는 100% 불활성화되지 않으므로 종자의 병걸림(이병)의 유무를 검정하여 건전 모기르기(육묘)하는 것이 필요하다. 또 접촉전염의 가능성을 줄이기 위하여 접목, 눈솎기(적아), 순지르기(적심) 등의 작업 시 위생관리에 철저를 기하여야 한다.

일단 발병된 재배지에서는 잎, 줄기, 뿌리 등을 잘 수거하여 소각해야 한다. 박과 작물을 이어짓기(연작)하지 말고 건전토양으로 새흙넣기(객토)하거나 비기주작물을 수년간 재배하여 토양 내 바이러스를 불활성화시켜야 하며 특히 물담김(담수)하여 벼를 재배하면 효과적이다. 처음 발생한 재배지에서는 감염식물을 즉시 제거하고 주위 토양을 청결히 하여 재감염을 막아야 한다.

<표2-22> 수박에 있어서 오이녹반모자이크바이러스(CGMMV)의 발생상황

국립농업과학원

도별	발생 지역	피해농가 수	피해면적(ha)
충남	논산	32	10.8
충북	음성	20	66.9
경북	성주, 구미, 상주	79	45.4

<표2-23> 발생 지역에서의 오이모자이크바이러스의 오염 정도 조사결과

국립농업과학원

시료	검정시료수	피해농가 수	피해면적(ha)
대목종자	982	568	57.8
수박종자	104	8	7.7
수박재배토양	89	9	11.4
수박 식물체	371	187	50.4

<표2-24> 인공접종에 의한 오이녹반모자이크바이러스(CGMMV)의 토양전염

경북대

처리	뿌리에서의 CGMMV 바이러스의 검출 수	
	뿌리상처	무상처
인공접종 I	14/18	8/20
인공접종 II	16/20	7/18
무접종	0/19	-

<표2-25> 제3인산소다에 의한 수박 CGMMV의 소독효과

경북대, 1997년

침지시간	제3인산소다 용액의 농도		
	1%	2%	10%
1분	25/25	20/25	20/25
5분	17/20	15/25	10/20
15분	15/25	5/20	5/25
30분	15/25	5/20	5/25

04 백합과 작물의 병해 (파, 양파, 마늘 , 부추, 달래)

노균병

파, 양파에 발생하며 봄, 가을 2회에 걸쳐 발병 최성기가 있다. 특히 4월 중순~5월 중순경 기온이 낮고 비가 자주 올 때 발생이 많다. 양파 발생 병해 중 가장 흔히 발생하는 병으로 모판(묘상)에서부터 발생하여 생육기간 내내 발병한다.

가. 병원균

*Peronospora destructor*는 물을 좋아하는 색조류계 난균류의 일종으로 분생포자(유주자낭)와 난포자를 만든다. 유주자낭의 크기는 17-24×29-82μm이며 난포자의 직경은 28~35μm이다. 분생포자의 형성적온은 10~13℃, 발육적온은 15℃ 내외이고 발아적온은 10℃이다. 25℃ 이상에서는 홀씨(포자)형성이 현저히 억제된다.

나. 병의 증상 및 진단법

잎과 꽃자루에 타원형의 황백색 병무늬가 생기고, 표면에 흰색의 곰팡이가 형성된다. 병이 진전되면 병든 잎은 말라 죽는다. 전신 감염된 포기는 잎의 광택이 없어지고 담황록색으로 변하며 옆으로 구부러지고 생육도 쇠퇴한다.

다. 발생생태

(1) 전염방법

난포자의 형태로 병든 식물의 잔재물이나 팡이실(균사)의 형태로 비늘줄기(인경)에 붙어서 다음 해 전염원이 된다.

(2) 발생환경

기온이 10~15℃이고, 습기가 많을 때 많이 발생한다. 또한 질소 비료를 너무 많이 주어 연약하게 자라거나 비료기가 떨어진 밭에서 발생이 많다.

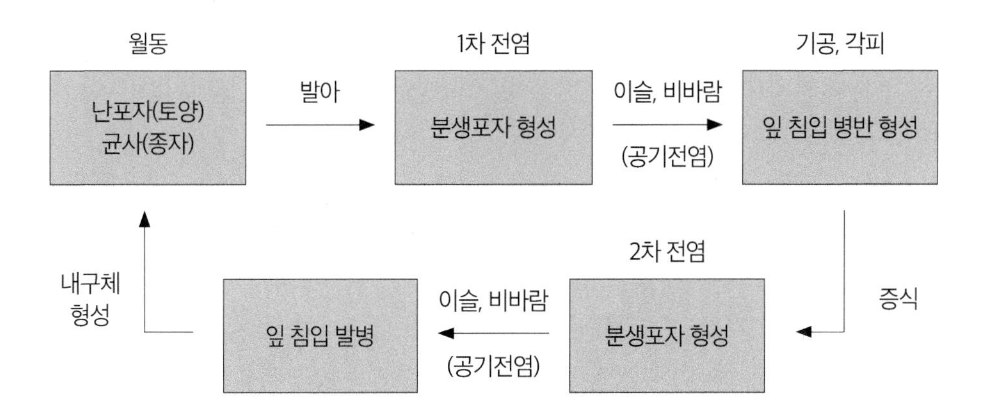

라. 방제 방법

건전씨알을 뿌린다. 발생이 심한 재배지는 백합과 이외의 작물로 돌려짓기한다. 병든 포기는 일찍 제거하고 수확 후 병든 잔재물을 모두 모아 태우거나 땅속 깊이 매몰한다. 묘상에서부터 약제를 살포하여 전염원의 확산을 막는다. 약제사용 시 반드시 전착제를 혼용한다. 백합과 노균병 방제약제로는 사이아조파미드, 아미설브롬, 파목사돈.메탈락실-엠, 이프로발리카브.족사마이드 등 양파에 52종, 파에 3종, 부추에 1종이 등록되어 있다. 자세한 내용은 한국작물보호협회에서 발행한 농약사용지침서를 참고한다.

검은무늬병(흑반병)

노균병과 함께 파, 양파에 가장 흔하게 발생하는 병해로 5~11월에 걸쳐 발생하지만 파의 경우는 8~9월에 발생이 심하다. 여름철에 온도가 높고 비가 많이 올 때 발생이 많다. 마늘에는 잎마름병균과 함께 발생하여 피해를 준다.

가. 병원균

*Alternaria porri*는 불완전균에 속하는 곰팡이의 일종으로 긴 곤봉 모양의 분생포자를 형성한다. 분생포자는 갈색이며 5~13개의 횡격막과 1~4개의 종격막을 가지며 곤봉형의 부리가 길다. 분생포자의 크기는 5-120×15-20μm이며 병원균의 생육온도 범위는 5~35℃이고 생육적온은 25℃이다. 발아적온은 24~27℃이고 최적 pH는 6.0이다.

나. 병의 증상 및 진단법

잎과 꽃줄기에 타원형~방추형의 갈색병반이 생겨 세로로 길게 확대된다. 병반 표면에는 검은색 가루(분생포자)가 생긴다. 병무늬(병반)는 건조하면 뚫리기 쉬우며 심한 경우 잎의 안쪽으로 굽어지며 그 부분이 꺾이고 점차 말라 죽는다.

다. 발생생태

(1) 전염방법

팡이실(균사)이나 분생포자의 형태로 씨앗(종자)의 표면이나 병든 식물체의 잔재물에서 겨울나기(월동)하여 1차 전염원이 되고, 2차 전염은 병환 부위에 생긴 분생포자가 바람에 날려 공기전염하여 이루어진다.

(2) 발생환경

생육 후기에 비료기가 떨어지고, 생육이 약할 때 많이 발생한다. 또한 온도가 비교적 높고, 비가 많이 온 후에 발생이 많아지는 경향이다.

라. 방제방법

건전한 종자를 사용하고 베노람, 지오람 등의 약제로 2% 분의하여 반드시 씨알(종구) 소독을 한다. 병든 잎이나 줄기는 일찍 제거한다. 발병이 심한 곳은 1~2년간 백합과 이외의 작물로 돌려짓기한다.

충분히 비료주기(시비)하고 퇴비 등 유기물을 시용해 왕성한 생육을 유도한다. 방제약제로는 파에서 아족시스트로빈액상수화제, 크레속심메틸액상수화제 2종, 마늘에서 클로로탈로닐.디페노코나졸입상수화제, 플루실라졸.크레속심메틸액상수화제 2종이 등록되어 있으며 발병 초 7~10일 간격으로 살포한다.

녹병

봄뿌림 파는 가을과 겨울에, 가을뿌림 파와 마늘은 다음 해 봄꽃이 필 때와 비가 올 때 발생이 많다. 양파는 4월, 파는 4월과 10월에 발생이 가장 많다. 양파보다는 파에 발생이 다소 많은 편이다. 마늘은 남쪽 지방이나 제주도의 난지형 마늘에서 많이 발생하여 심한 해에는 30~50%의 발병엽률을 보일 때도 있다. 마늘의 경우 무안, 고흥, 남해, 제주에서 피해가 크고 의성, 단양, 영동 등의 내륙 지방에서는 잘 발생하지 않는다.

가. 병원균

*Puccinia allii*는 담자균에 속하는 곰팡이의 일종으로 여름포자(하포자)와 겨울포자(동포자)를 형성한다. 하포자는 단세포 구형으로 크기는 22-44×16-32μm이며, 동포자는 담갈색 곤봉상의 장타원형으로 한 개의 격막이 있고 크기는 56-84×18-25μm이다. 여름포자의 발아 적온은 9~19℃로서 저온균에 속하며, 22℃ 이상에서는 발아력이 급격히 떨어진다.

나. 병의 증상 및 진단법

잎과 꽃줄기에 타원형의 부풀은 병반이 생기고, 그 안에 등황색의 가루(여름포자)가 들어 있으며 후에는 갈색의 포자(겨울포자)가 된다. 심한 재배지에서는 잎 전체가 주황색이 되어 말라 죽는다.

다. 발병생태

(1) 전염방법

겨울포자의 형태로 병든 식물체의 잔재물에서 월동하여 1차 전염원이 되고, 병환부에 생긴 하포자가 바람에 날려 2차적으로 공기전염을 한다.

(2) 발생환경

기온이 낮고 비가 자주와 습기가 많을 때 발생이 많아지며 생육 후기에 쇠약하게 자라면 발생이 심해진다.

라. 방제방법

병든 식물체는 일찍 제거하고 재배지에 병든 잔재물이 남아 있지 않도록 한다. 비료를 충분히 시용하여 완성된 생육을 유도하고 후기 생육을 좋게 한다. 방제약제로는 2012년 기준 디니코나졸, 디페노코나졸, 크레속심메틸, 테부코나졸수화제, 헥사코나졸액상수화제 등 파에서 22종, 마늘에서 15종, 양파에서 2종의 약제가 등록되어 있다. 자세한 내용은 한국작물보호협회에서 발행한 농약사용지침서를 참고한다.

잎마름병

검은무늬병과 동시에 발생하는 병해로 온도가 높고 비가 자주 올 때 발생이 많으며, 특히 마늘에서 피해가 크다. 마늘의 경우 생육 후기인 5월 하순부터 발생하기 시작하여 수확기인 6월 하순에 가장 심하다. 한지형, 난지형 모두 발생하며 수확 후 저장 중에도 인편에 잠복한 병원균에 의하여 썩음증상을 초래한다.

가. 병원균

*Stemphylium botryosum*과 *S. vesicarium*은 자낭균에 속하는 곰팡이로 가마니 모양의 자낭포자와 분생포자를 만든다. 자낭포자는 담갈색, 타원형으로 여러 개의 종격막과 횡격막이 있고 크기는 25-50×18-25μm이다. 분생포자 크기는 25-40×20-30μm이다. 병원균의 생육온도 범위는 3~32℃이고, 생육적온은 20~25℃이다.

나. 병의 증상 및 진단법

잎과 꽃줄기에 방추형의 적자색 병무늬가 형성되어 확대되며 심한 경우 잎맥을 따라 잎자루 끝에까지 달하고 표면에 검은색 가루(분생포자)가 생긴다. 검은무늬병처럼 겹둥근무늬는 형성되지 않는다. 발생이 심한 재배지는 불에 그을린 것처럼 시커멓게 보이기도 한다.

다. 발생생태

(1) 전염방법

팡이실(균사)이나 분생포자의 형태로 또는 씨앗(종자)표면에서, 자낭각 혹은 분생포자의 형태로 병든 식물체 부위에서 월동하여 1차 전염원이 되며 2차 전염은 병환부상의 분생포자가 바람에 날려 이루어진다.

(2) 발생환경

질소 비료 과용으로 식물체가 약하게 자라거나 생육 후기에 비료기가 떨어졌을 때 심하게 발생한다. 비가 자주 오고 온도가 비교적 높을 때 많이 발생한다. 배수가 양호하고 토양 내 부식도가 높은 곳에서는 발병이 적다.

라. 방제방법

발병이 심한 곳은 2~3년간 돌려짓기한다. 병든 잎은 일찍 제거하고 수확 후 재배지 위생에 유의한다. 충분히 비료주기(시비)하여 왕성한 생육을 유도한다. 건전한 종자를 사용하거나 베노람, 지오람 등의 종자소독제를 이용하여 씨알(종구) 무게당 0.4% 농도로 분의한 후 씨를 뿌린(파종)다. 발생 초기에 약제를 살포한다. 마늘잎마름병 방제약제로는 메트코나졸, 아족시스트로빈, 코퍼하이드록사이드, 크레속심메틸 등 39종의 약제가 등록되어 있다. 자세한 내용은 한국작물보호협회에서 발행한 농약사용지침서를 참고한다.

흑색썩음균핵병

1988년 전남 고흥에서 처음 발생하였으나 지금은 마늘 재배 지역이면 어디서나 발생하며 난지형 마늘뿐만 아니라 서해안 지역의 한지형 마늘에도 발생하기 시작하여 큰 피해를 주고 있는 마늘 생산의 최대의 제한요인이 되는 병해다. 지역 간, 품종 간의 발생 차이는 심하지 않으나 한지형 마늘보다는 난지형 마늘 품종에서 다소 많이 발생한다. 마늘 외에 파, 양파, 쪽파도 발생하여 적지 않은 피해를 주고 있다.

가. 병원균

*Sclerotium cepivorum*은 불완전균에 속하는 곰팡이의 일종으로 여러 모양의 균핵을 형성한다. 균핵은 구형~편구형으로 크기는 0.3-1.0×0.4-1.5mm이다. 배지상에서는 소형분생포자가 형성되기도 하나 그 역할에 대해서는 아직 분명하지가 않다. 생육온도 범위는 2~30℃이며 생육적온은 20℃ 내외이고, 균핵 형성적온은 15~20℃이다.

나. 병의 증상 및 진단방법

파종 후 2개월부터 지하부의 알뿌리(구근)가 수침상으로 썩으며, 지상부 전체가 시들어 노랗게 마른다. 병에 걸린 식물체는 생육이 위축되어 왜소하게 된다. 병든 식물체를 뽑아보면 처음에는 씨알(종구) 부근이 흰 균사로 덮여 있으나, 병이 진전하면 구근이 검은 균핵으로 덮이게 된다. 재배지의 군데군데 발생하여 점차 주위로 확산하며 심한 경우 전체가 말라 죽는다. 구근에 덮인 시커먼 균핵으로 쉽게 진단할 수 있다.

<표 2-26> 흑색썩음균핵병균의 기주별 발생상황 국립농업과학원

작물	조사 지역	발생 재배지의 발병주율(%)
마늘(난지형)	태안	24.6
마늘(난지형)	무안	28.0
마늘(난지형)	고흥	28.8
마늘(한지형)	태안, 서산	50.0
양파	무안	17.4
파, 쪽파	무안, 태안	극소

다. 발생생태

(1) 전염방법

토양 내에서 균핵의 형태로 월동하여 다음 해 전염원이 되며 2차 전염은 병환부상에 생긴 균사나 균핵의 일부가 빗물이나 관개수 등에 의하여 주위로 확산하여 전염하는 것으로 생각된다.

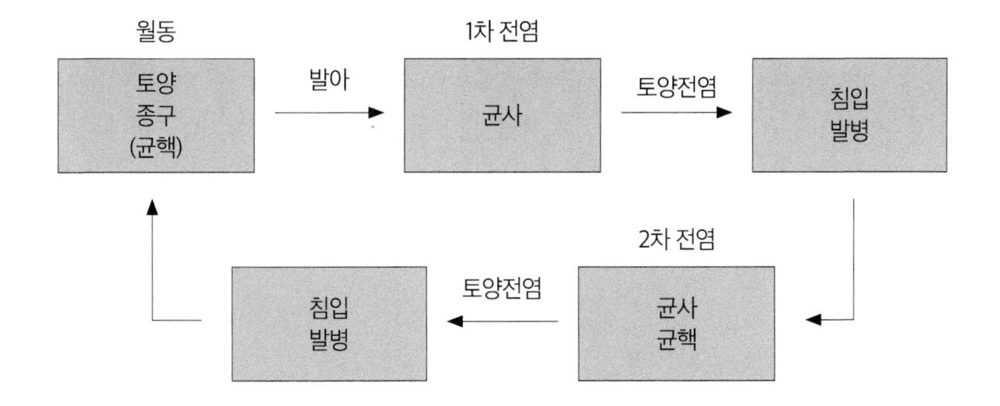

(2) 발생환경

마늘과 함께 토양에 있는 균핵은 2~3월에 마늘에 침입하여 육안으로 볼 수 있는 병증세를 나타낸다. 기온이 올라감에 따라 발생이 증가하기 시작하여 4월 상순에 최대치에 달하며 5월 이후 고온기에는 더 이상 진전이 없다.

발생 시기에 비가 자주 오면 급격히 발생이 증가하며 저습지 등 토양수분이 많은 곳에서 발병이 심하다. 남해 등 논 마늘 재배지대에는 발생이 매우 적은데 물담김(담수)할 때 균핵이 사멸하기 때문으로 생각된다.

라. 방제방법

이어짓기를 피하고 다른 작물로 2~3년간 돌려짓기하거나 밭과 논을 전환하여 전염원을 없앤다. 병든 식물은 균핵이 형성되기 전에 일찍 제거한다. 씨알(종구)은 건전한 것을 사용하고 베노밀.티람수화제로 씨알(종구) 소독 후 파종한다.

상습발생지는 토양을 다조멧입제로 토양 소독한 후 파종한다. 방제약제로는 2012년 기준 메트코나졸, 테부코나졸, 플루퀸코나졸, 헥사코나졸 등 마늘에서 43종, 파에서 21종, 달래에서 4종의 약제가 등록되어 있다. 자세한 내용은 한국작물보호협회에서 발행한 농약사용지침서를 참고한다.

잿빛곰팡이병

생육기간뿐 아니라 저장이나 수송 중에 발생하여 큰 피해를 주는 경우가 많다. 생육기 중 저온기인 봄, 가을, 겨울에 시설재배에서 주로 발생하며 저온 다습한 환경이 병 발생의 주요 요인이다. 파, 양파, 쪽파, 마늘, 부추에서 발생한다. 부추에서는 가장 큰 문제을 일으키는 병해다.

가. 병원균

파, 쪽파는 *Botrytis squamosa*와 *B. cinerea*, 양파는 *B. cinerea*와 *B. allii*, 마늘은 *B. allii* 그리고 부추는 *B. squamosa*에 의하여 발생한다. *Botrytis*속에 속하는 불완전균 곰팡이로서 *B. cinerea*는 가짓과 작물의 잿빛곰팡이병균과 동일하다. *B. squamosa*의 분생포자는 무색, 단포, 난형이고 크기는 15-21×13-16μm로서 *B. cinerea*에 비하여 훨씬 크다.

인공배지에서는 분생포자가 잘 형성되지 않는다. 생육적온은 20~24℃이며 분생포자 형성적온은 15℃ 내외이다. *B. allii*는 분생포자의 크기가 7-10×5-6μm으로 *B. cinerea* 보다 다소 작다. 생육온도 범위는 5~30℃로 적온은 25℃ 내외이다.

나. 병의 증상 및 진단 방법

파, 쪽파는 뿌리와 비늘줄기(인경)에 발생한다. 처음에는 인경에 회백색의 균사가 나타나고 점차 뿌리와 인경이 썩고 그 위에 흑색의 균핵이 형성된다. 지상부에서는 병환부에 잿빛의 곰팡이가 생긴다. 양파에는 잎에 백색의 원형이나 타원형의 반점이 생기고 습기가 많을 때는 아랫잎부터 마르며 오래된 병환부에는 표면에 잿빛곰팡이가 생긴다. 저장 중의 구근은 물러 썩으며, 표면은 잿빛의 곰팡이로 덮인다.

마늘에서는 주로 잎에 발생하며 갈색의 수침상의 병반이 형성되고 진전하면 잎이 말라 죽고 병환부에 곰팡이가 생긴다. 병환부에 생긴 흑색균핵이나 잿빛곰팡이로 쉽게 진단이 가능하다. 부추는 잎의 중간 부위에 원형~타원형의 회백색의 반점이 생겨 확대하며 병이 진전되면 잎 전체를 고사시킨다.

다. 발생생태

(1) 전염방법

균사나 포자, 균핵의 형태로 병든 부위에서 월동하여 1차 전염원이 되며 2차 전염은 병환부의 분생포자나 균핵 혹은 균사에 의하여 토양전염한다.

(2) 발생환경

겨울과 봄에 걸쳐 15~20℃의 기온에 비가 많이 오면 발생이 많다. 저장 중에는 다습할 때 발병하기 쉽다. *B. allii*에 의한 것은 수확기 땅가 근처의 노화된 잎에서 잘 발생한다. 주된 피해는 저장 중에 발생하고 특히 비 올 때 수확하면 저장 중에 발생이 심해진다.

라. 방제 방법

병든 식물체는 일찍 제거하여 전염원을 줄인다. 발병이 심한 곳은 2~3년간 돌려짓기 한다. 수확할 때 상처가 나지 않도록 유의하며 저장할 때는 다습하지 않도록 관리한다. 양파의 경우는 백색종이 유색종보다 감수성이므로 황색종, 혹은 적색종을 재배한다. 방제약제로는 2012년 기준 플루아지남, 피리메타닐, 티오파네이트메틸 등 양파에서 6종, 쪽파에서 4종, 부추에 4종이 등록되어 있다. 자세한 내용은 한국작물보호협회에서 발행한 농약사용지침서를 참고한다.

시들음병(파, 양파: 위황병, 마늘: 건부병, 마른썩음병)

파, 양파의 이어짓기(연작)지대에 발생이 많고 마늘의 경우는 저장할 때 썩음증상을 일으켜 피해를 준다.

가. 병원균

Fusarium oxysporum f. sp. *cepae*는 불완전균에 속하는 곰팡이의 일종으로 초승달 모양의 분생포자와 후막포자를 형성한다. 병원균의 균학적 특성은 박과 덩굴쪼김병균과 같다. 후막포자는 5~15년간 토양 속에 생존한다. 병원균의 발육적온은 25~28℃이다.

나. 병의 증상 및 진단법

전 생육기에 걸쳐 발생한다. 파, 양파에서는 초기에 잎이 시들어 구부러지고 황화하며 진전되면 잎 전체가 하얗게 마른다. 지하부 비늘줄기(인경)나 뿌리에는 회백색의 균사가 생기며 조직이 물러져 썩고 나중에는 인경 표면에 균핵이 형성된다. 마늘은 잎이 구부러지고 시들며 점차 잎이 오그라든다. 뿌리는 쉽게 뽑힌다. 저장 중에는 인편의 뿌리 쪽부터 썩기 시작하며 점차 갈색으로 변하고, 병환 부위 표면에 흰곰팡이 실이 형성되기도 한다.

다. 발생생태

(1) 전염방법

후막포자의 형태로 토양 속에서 또는 씨알(종구) 속에서 균사 혹은 후막포자의 형태로 월동하여 1차 전염원이 되며 2차 전염은 병환부에 생긴 분생포자가 빗물, 바람 등에 의하여 주위로 확산하여 이루어진다.

라. 방제방법

재배 중이나 수확 시 씨알(종구)에 상처가 나지 않도록 한다. 시설 내에서는 지나친 과습을 방지하고 통풍과 환기에 힘쓴다. 적기에 수확하고 비오는 날 수확을 피한다. 저장 시 다습 조건을 피하고 저온 저장한다. 파종 시 건전종자를 이용한다. 씨알(종구)소독 시 베노밀.티람수화제를 씨알(종구) 1kg당 약제 4g을 파종 전 분의하거나 약제를 500배로 희석하여 씨알(종구) 20L당 희석액 20L를 파종 전 담근다.

무름병

생육기뿐 아니라 수송 중 혹은 저장 시에도 발생하는데 파, 양파의 경우 때에 따라 발생이 심하나 마늘의 피해는 적다. 백합과 작물 이외에 십자화과, 가짓과, 박과 작물에도 발생한다.

가. 병원균

주 병원세균은 *Pectobacterium carotovorum* subsp. *carotovorum*으로 십자화과, 가짓과, 박과의 무름병균과 동일한 세균이다. 토양에서 생존하며, 최적 생육온도는 32~35℃이고, 약알칼리성에서 잘 증식한다. 기타 균학적 성상은 십자화과 무름병균과 동일하다.

나. 병의 증상 및 진단법

땅가 부근의 아랫잎에 수침상의 병반이 생겨 물러지고 썩어 쓰러지며, 지하부의 씨알(종구)도 부패하여 악취를 낸다. 잎에서 잎맥을 따라 수침상의 작은 병반이 형성되며 물러 썩는다.

다. 발생생태

(1) 전염방법

토양전염성이며, 병원세균이 물을 따라 이동하여 식물체의 상체 부위로 침입한다.

(2) 발생환경

온도가 높고 다습한 토양에서 많이 발생하며, 질소 비료를 많이 주면 연약하게 자라 발생이 많아진다. 수확 시 씨알에 상처가 있으면 저장 시 심하게 발생한다.

라. 방제방법

발생이 심한 밭은 비기주작물로 2~3년간 돌려짓기(윤작)한다. 배수가 좋고 유기물이 풍부한 재배지에서 재배한다. 발병주는 조기에 제거한다. 수확 후 병든 잔재물을 모두 모아 제거한다. 발병이 심한 밭은 다조멧 등의 훈증제로 소독한다. 마늘은 생육기에 가스가마이신입상수화제, 옥솔린산수화제, 코퍼옥시클로라이드.가스가마이신수화제 등의 항생제를 발병 직전부터 살포한다.

푸른곰팡이병(저장병)

양파, 마늘의 저장 시 씨알(종구)을 부패시킨다. 저장 중 썩음에 관여하는 균은 여러 가지가 있으나 양파의 경우는 푸른곰팡이병균과 잿빛곰팡이병균이 가장 중요하며 마늘에서는 마른썩음병균과 푸른곰팡이병균이 주요 병원균이다. 잿빛곰팡이병은 저온저장 시 많이 발생하지만 푸른곰팡이병은 상온저장 시 많이 발생한다.

가. 병원균

Penicillium 속에 속하는 여러 종의 곰팡이에 의하여 발생하는데 마늘의 경우 주로 *P. hirsutum*으로 알려져 있다. 불안전균에 속하며 원형의 분생포자를 무수히 형성한다. 마늘 병원균의 분생포자 직경은 3~4μm이다. 비교적 저온에서 잘 자란다.

<표 2-27 > 마늘의 저장 중 썩음에 관여하는 병원균

병명	병원균	피해 정도
마름썩음병균	*Fuarium oxysporum* f. sp. *cepae*	+++
푸른곰팡이병균	*Penicillium hirsutum*	+++
잎마름병균	*Stemphylium botryosum*	++
잿빛곰팡이병균	*Botrytis byssoidea*	+
기타(검은무늬병균 및 세균)		±~+

나. 병의 증상 및 진단방법

양파 저장 씨알(종구)의 상처 부위에 흰 균사가 퍼지기 시작하고, 나중에는 구 전체로 확산한다. 표면에는 분생포자가 형성되어 푸른색으로 변하며 심하면 전체가 물러져 썩는다. 마늘에는 인편의 상처 부위나 뿌리 부위에 연갈색의 병반이 나타나고 그 위에 흰 균사가 생기며 나중에는 푸른색의 곰팡이포자가 밀생한다.

다. 발생생태

병원균은 주로 균사의 형태로 토양 중에 있는 유기물에서 월동하여 1차 전염원이 되며 2차 전염은 접촉에 의하여 인접 인경으로 번진다. 상온저장 시 습도가 높을 때 심하게 발생한다. 마늘의 경우는 생육기에도 발생하는데 한지형 마늘에서는 3월에 마늘싹이 지상부로 5~10cm 정도 자랄 때 씨알(종구)이 썩고 병환부에 푸른색의 곰팡이가 생긴다.

라. 방제방법

백합과 채소의 시들음병, 마른썩음병 방제방법에 준한다.

바이러스병(파, 양파: 누른오갈병, 마늘: 모자이크병)

봄철에 발생하기 시작하여 늦가을까지 만연한다. 특히 파, 마늘에 피해가 심하다. 파, 양파의 경우 봄에 증상이 잘 나타나고 여름에는 잘 보이지 않는다. 경남북, 전남북, 제주도 지역에 분포하며 대관령에서도 발생하고 있다. 마늘의 경우 우리나라 전 지역에 분포하고 있으며 50% 이상의 감수를 초래한다는 보고도 있다.

<표 2-28> 마늘 주산단지의 바이러스병 이병 정도 — 국립농업과학원, 1992년

조사 지역	조사주 수	이병주 수	이병율(%)
무안	390	294	75.4
의성	260	191	73.5
서산	310	196	70.7
계(평균)	960	681	73.2

가. 병원 바이러스

파, 양파는 양파황화위축바이러스(OYDV), 마늘은 마늘모자이크바이러스(GMV)와 마늘잠재바이러스(GLV)에 의하여 발생하나 마늘의 경우는 2종의 복합감염에 의한 것이 많다. 양파 바이러스는 Potyvirus군에 속하며 사상형으로 그 크기는 750~775 μm이다. 불활성화 온도는 60~65℃, 내희석성은 10^{-3}~10^{-4}이고 내보존성은 2~7일간이다. GMV도 Potyvirus군에 속하며 사상형으로 입자의 크기는 변이가 심하지만 550~870nm이다. 불활성화 온도는 65~70℃이고 내희석성은 10^{-2}~10^{-3}, 내보존성은 2일이다.

<표 2-29> 파, 양파, 마늘 바이러스의 형태와 전염방법

바이러스	입자의 형태	매개자	토양온도(℃)		
			무	무	무
마늘모자이크바이러스(GMV)	사상형	진딧물	- ~ ++	- ~ ++	- ~ ++
마늘잠재바이러스(GLV)	사상형	?	- ~ +	- ~ +	- ~ +
양파황화위축바이러스(OYDV)	사상형	진딧물	- ~ ++	- ~ ++	- ~ ++

나. 병의 증상 및 진단방법

마늘과 파에서는 잎에 짙은 녹색의 모자이크무늬가 나타나 짙고 옅은 경계가 뚜렷한 줄무늬가 된다. 병든 포기는 기형이 되거나 심하게 오그라든다. 또한 병든 포기는 누렇게 변하고 새끼치기가 많게 되어 잎이 가늘어지는 증상이 있다. 양파에서는 잎이 짙어지고 옅은 반점이 생기며, 어린모에 발생하면 심하게 오그라든다. 씨받이용 양파가 감염되면 기형이 된다. 병환부는 움푹 들어가고 식물체 전체가 황녹색으로 변한다.

다. 발생생태

양파황화위축바이러스(OYDV)는 진딧물에 의하여 충매전염하고 식물체즙액에 의하여 즙액전염은 가능하나, 토양이나 종자전염은 하지 않는다. 마늘모자이크바이러스(GMV)는 마늘이 영양번식을 하므로 씨알을 통하여 주로 전염하거나 즙액전염한다. 또한 파진딧물에 의한 충매전염의 가능성도 있다. 마늘잠재바이러스(GLV)는 즙액전염만이 알려져 있다. 따뜻하고 건조할 때 진딧물의 비래가 많으므로 이 시기에 병의 발생이 증가한다.

라. 방제방법

마늘의 경우는 건실한 씨알(종구)을 사용하여야 한다. 이 외의 방법은 박과 작물 모자이크병에 준한다.

잘록병(입고병)

육묘기에 땅가 줄기가 잘록해지면서 묘가 부패하는 현상으로 *Rhizoctonia solani* 균사융합군 AG-1(IB), AG-4, AG-5가 관여하지만 주 병원균은 AG-4다. 병원균은 저온성 곰팡이로 24℃ 부근의 다습한 토양에서 발병한다. 묘가 웃자라거나 질소질 비료 과용 혹은 광선부족으로 약하게 자랄 때 발생하기 쉽다. 기타의 균학적, 생태적 성상 및 방제법은 배춧과 잘록병에 준한다.

05 상추의 병해

균핵병

상추의 병 중에서 가장 피해가 큰 병해로 온도가 낮고, 습기가 많을 때 발생한다. 잿빛곰팡이병과 함께 흔히 동시에 발생하며 노지보다는 시설 내의 다습한 환경에서 발생하는데 온도가 높은 여름철에는 발생하지 않는다. 배춧과, 가짓과, 박과 작물의 균핵병과 동일한 병원균에 의하여 발생한다. 상추에 큰 피해를 주는 병해로 전국 어디서나 발생한다.

가. 병원균

*Sclerotinia sclerotiorum*은 자낭균에 속하는 곰팡이의 일종으로 균핵과 자낭포자를 형성하며, 균핵은 땅 표면에서 20년간 생존하지만 토양 속에서는 2~5년간 생존한다. 병원균의 발육적온은 20℃ 내외로 저온균에 속한다. 기타 병원균의 균학적 특성은 박과 작물 균핵병균과 동일하다.

나. 병의 증상 및 진단방법

땅과 닿는 부분에 수침상의 병반이 생겨 아래위로 진전하며, 눈처럼 흰 균사가 생긴다. 진전하면 안쪽으로 썩는 부분이 확대되며 병환부는 물러져 썩으나 냄새는 없다. 병환부에 쥐똥과 같은 균핵이 생긴다.

다. 발생상태

(1) 전염방법

균핵의 형태로 토양 표면에서 월동한 후 직접 발아하거나 자낭반에서 분출한 자낭포자에 의하여 1차 전염이 이루어진다. 2차 전염은 균사에 의해 주변으로 확산된다.

(2) 발생환경

시설재배에서는 무가온재배 시 온도가 낮고 습기가 많을 때 많이 발생한다. 노지에서는 기온이 20℃ 전후이고, 비가 자주 올 때 발생한다. 질소 비료를 많이 주어 약하게 자라거나 웃자라면 발생이 많아진다.

라. 방제방법

경종적인 방제방법은 박과 작물 균핵병에 준한다. 약제방제는 발병 직전 바실루스 서브틸리스와이1336수화제를 7일 간격으로 관주처리하거나 발병 초기에 베노밀수화제, 보스칼리드입상수화제, 플루퀸코나졸·피리메타닐액상수화제, 플루톨라닐유제를 7~10일 간격으로 살포한다.

노균병

생육기간 중 온도가 낮고 습도가 높거나 비가 자주 올 때는 언제나 발생하는 병해로 균핵병, 무름병과 함께 상추 재배에서 문제가 되는 병이다.

가. 병원균

*Bremia lactucae*는 색조류계 난균에 속하는 균류로 분생포자와 난포자를 형성한다. 이 병원균은 주로 상추에만 병원성이 있다. 분생포자의 직경은 15~25μm, 난포자의 직경은 26~35μm이다. 분생포자는 직접 발아하며 생육온도 범위는 1~19℃이고, 발아적온은 6~10℃이며, 분생포자 형성적온은 8~15℃이다.

나. 병의 증상 및 진단방법

전 생육기에 걸쳐 발생한다. 처음에는 잎 표면에 뚜렷하지 않은 병반을 형성하며, 점차 갈색의 뚜렷한 병반으로 된다. 병반 뒷면에는 서릿발 모양의 곰팡이가 생긴다. 주로 아랫잎부터 발생하는데 심하면 잎 끝에서부터 갈색으로 변하면서 말라 죽는다. 병환부에 흰색의 곰팡이가 생기므로 흰가루병으로 잘못 진단하는 경우가 있으므로 주의를 요한다.

다. 발생생태

(1) 전염방법

난포자 형태로 병든 식물의 잔재물이나 균사로 종자에서 월동하여 1차 전염원이 된다. 분생포자는 직접 발아하여 기공을 통하여 침입한다.

(2) 발생환경

15℃ 내외의 저온에서 다습하면 발생이 많고 질소 비료를 편용하여 약하게 자라거나 생육 후기에 비료기가 떨어져 생육이 불량한 밭에서 심하게 발생한다.

라. 방제방법

배춧과 노균병의 방제에 준한다. 방제약제로는 디메토모르프.에타복삼액상수화제, 디메토모르프수화제, 아미설브롬액상수화제가 등록되어 있다. 자세한 내용은 한국작물보호협회에서 발행한 농약사용지침서를 참고한다.

잿빛곰팡이병

시설재배의 경우 겨울에서 봄에 걸쳐 온도가 낮고 다습할 때 많이 발생하는데 심한 곳은 발병주율이 70~80%에 달하는 재배지도 있다. 병원균의 기주 범위가 매우 넓어 박과, 가짓과, 백합과 채소에도 동일한 병을 일으킨다.

가. 병원균

*Botrytis cinerea*는 불완전균류에 속하는 곰팡이의 일종으로 분생포자와 잘 발달하지 못한 균핵을 형성한다. 분생포자의 형성적온은 15℃이고, 균사의 생장적온은 20℃ 내외로 저온균에 속한다. 그 밖의 균학적 특성은 박과 작물의 잿빛곰팡이병균과 동일하다.

나. 병의 증상 및 진단방법

땅과 맞닿는 부분에 수침상의 병무늬가 생겨 썩으며, 표면에 잿빛의 곰팡이가 생긴다. 심하면 포기 전체가 부패한다. 처음에는 잎 끝이나 가장자리가 물에 데친 것 같은 수침상의 병반이 되어 썩기 시작한다. 지면과 닿는 아랫잎에 병반이 나타나기 쉽다. 오래된 병환부의 표면을 덮는 잿빛의 곰팡이로 쉽게 진단이 가능하다.

다. 발생생태

(1) 전염방법

병든 식물체 부위에서 균사나 균핵의 형태로 월동하여 전염원이 되며, 병환부에서 생긴 분생포자가 흩날려 2차적으로 공기전염한다.

(2) 발생환경

시설 내 20℃ 부근의 저온에서 다습할 때 발생이 많으며 질소 비료를 편용하여 약하게 자라면 발생이 심해진다.

라. 방제방법

시설 내 통풍 및 환기에 유의하여 습기가 많아지지 않도록 한다. 병든 잎이나 오래된 잎은 조속히 제거한다. 방제약제로는 보스칼리드.트리플루미졸수화제와 폴리옥신비수화제가 등록되어 있다.

모자이크병(CMV, LMV)

가. 병원균

오이모자이크바이러스(CMV)와 상추모자이크바이러스(LMV)에 의하여 발생한다. LMV는 Potyvirus군에 속하며 입자의 모양은 사상으로 그 길이는 750μm이다. 불활성화 온도는 55~60℃, 내회석성은 10^{-2}~10^{-3}이고 내보존성은 2일이다.

나. 병의 증상 및 진단방법

잎에 짙고 옅은 모자이크무늬가 형성된다. 어린잎은 말리거나 기형이 되며, 포기 전체가 심하게 위축된다. 온도가 높을 때는 잎에 괴저형의 반점이 생긴다.

다. 발생생태

2종의 바이러스 모두 진딧물에 의하여 충매전염하여 즙액전염한다. 상추모자이크바이러스는 종자에 의해서도 전염한다. 생육시기에 온도가 높고 건조하면 발생이 많아진다.

라. 방제방법

박과 채소 모자이크병에 준한다. 이 외에 상추모자이크바이러스는 종자전염하므로 건전한 종자를 사용하거나 제3인산소다액을 사용하여 종자소독을 한다.

토마토반점위조바이러스(TSWV)병

가. 병원균

TSWV는 *Tospovirus*속으로 분류되고 입자는 직경 80~100nm의 구형 바이러스이다. 내열성은 45~50℃, 내희석성은 2×10^{-2}~10^{-3}, 내보존성은 8~10시간(20℃)이다.

나. 병의 증상 및 진단방법

상추 잎에 시들음 증상과 더불어 둥근 괴사무늬가 나타나며 괴사증상은 잎 뒷면에서 보다 뚜렷하게 관찰된다. 감염 초기에는 한쪽 잎 부분이 시들고 감염 후기가 되면 상추 잎 전체가 시드는 증상이 보이며, 상추 밑동을 잘라보면 이상 증상은 관찰되지 않는다.

TSWV 감염 초기 증상

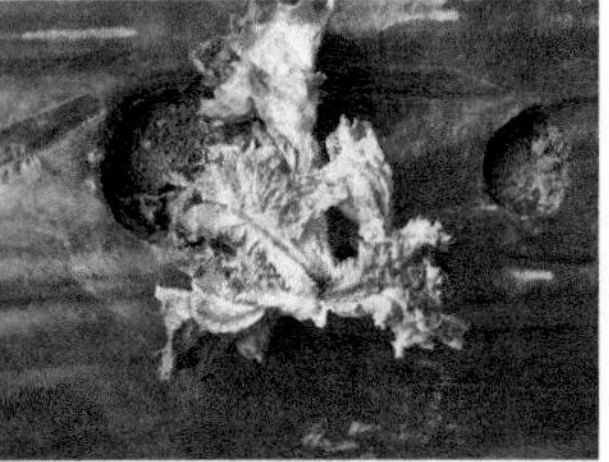
TSWV 감염 후기 증상

잎 시들음과 둥근 괴사 증상

다. 발생생태

즙액전염이 가능하지만, 주로 꽃노랑총채벌레 등 총채벌레류에 의해 영속전염되고 종자전염, 토양전염은 하지 않는다.

라. 방제방법

총채벌레 등록약제를 살포하여 밀도를 낮춘 후, 바이러스에 감염된 식물체를 조기에 제거한다. 재배지 주변의 잡초 등 총채벌레 서식지를 없애고 재배지 위생관리도 철저히 하도록 한다. 끈끈이 트랩 등을 이용하여 총채벌레 발생을 잘 관찰하고 초기에 등록된 방제 약제를 예방 위주로 살포하며 고랑 사이를 부직포 또는 비닐로 멀칭하여 총채벌레 성충이 땅 위로 올라오지 못하게 한다.

무름병

상추 이어짓기(연작) 재배지에서 기온이 높고 비가 자주 오는 습한 날씨에 심하게 발생한다. 치마상추보다는 결구상추에서 많이 발생한다. 병원균은 배추 무름병 등 채소의 무름병을 일으키는 균과 동일하다.

가. 병원균

Pectobacterium carotovorum subsp. *carotovorum*은 토양에 사는 세균으로 발육적온은 32~35℃의 고온이고, 중성이나 약알칼리성에서 잘 자란다. 기타 균학적 특성은 십자화과 무름병균과 동일하다.

나. 병의 증상 및 진단방법

땅가 부근에서부터 수침상의 갈색 병반이 생겨 물러 썩으며, 나중에는 포기 전체가 부패한다. 병환부에서는 악취가 난다.

다. 발생생태

(1) 전염방법

토양 내 기주식물이나 잡초의 근권에서 월동한 병원균이 토양수분을 따라 이동하여 1차 전염원이 되며, 주로 식물체의 상처 부위를 침입한다.

(2) 발생환경

온도가 30℃ 내외의 고온이고 비가 자주 와서 습기가 많아지면 발생이 많고 질소질 비료의 편용에 의하여 식물이 연약하게 자랄 때 발생이 심해진다.

라. 방제방법

십자화과 무름병에 준한다.

밑둥썩음병

생육 초기부터 중기까지 발생하나 배추 밑둥썩음병에 비하여 큰 피해는 없다.

가. 병원균

*Rhizoctonia solani*는 불완전균에 속하며 균사융합군 AG-1, AG2-1, AG-4에 의하여 발생한다. 상세한 균학적 특성은 배춧과 밑둥썩음병에 준한다.

나. 병의 증상 및 진단방법

밑둥이 암갈색으로 썩으며 점차 상부로 진전한다. 병이 진전하면 포기 전체가 말라 죽지만 무름병이나 균핵병처럼 물에 데친 듯이 썩지는 않는다.

다. 발생생태

병든 식물의 잔재물 혹은 토양 내 유기물에서 균사 혹은 균핵의 형태로 월동하여 1차 전염원이 되고 2차 전염은 병환부에 생긴 균사 혹은 균핵의 이동에 의해 이루어진다. 24℃ 전후의 비교적 서늘한 기온에 물 빠짐이 양호한 밭에서 발생하기 쉽다.

라. 방제방법

배춧과 밑둥썩음병에 준한다.

시들음병(위조병)

전 생육기에 걸쳐 발생하나 주로 생육 중기부터 병 증세가 뚜렷해진다. 이어짓기(연작)지 시설재배에서 많이 발생한다.

가. 병원균

*Fusarium oxysporum*의 한 분화형에 의하여 발생한다. 병원균은 불완전균에 속하는 곰팡이의 일종으로 소형, 대형 분생포자와 후막포자를 형성한다. 병원균의 특성은 박과 작물 덩굴쪼김병균과 같다.

나. 병의 증상 및 진단방법

도관병으로 병원균의 소형 분생포자가 물의 통도조직에서 번식하므로 도관이 막혀 주 전체가 시들고 황화하며 진전하면 주 전체가 말라 죽는다.

다. 발생상태

병원균은 후막포자의 형태로 병든 잔재물이나 토양에서 월동하여 1차 전염원이 된다. 발병 최적온도는 28℃ 내외이며 16℃ 이하나 32℃ 이상에서는 발병하지 않는다.

라. 방제방법

박과 작물 덩굴쪼김병에 준한다. 방제 시 메탐소듐액제 원액을 1,000m^2(10a)당 40L를 아주심기(정식) 4주 전 토양처리한다.

갈색무늬병(갈반병)

생육 후기에 잎에 반점을 형성하는 병해로 큰 피해는 없다.

가. 병원균

*Cercospora longissima*는 불완전균에 속하는 곰팡이의 일종으로 무색이고, 긴 채찍 모양의 분생포자를 만든다. 분생포자의 크기는 50-220×3.5-50μm이며 10~20개의 격막이 있다. 병원균은 20℃ 내외의 저온에서 잘 생육한다.

나. 병의 증상 및 진단방법

잎에는 수침상의 작은 반점이 나타나 확대되며 나중에는 암갈색의 잎맥에 둘러싸인 부정형 병반이 되고 그 가운데에는 눈동자와 같은 회색 반점이 생긴다.

다. 발병생태

병든 잎에서 균사나 분생포자의 형태로 월동하여 1차 전염원이 된다. 2차 전염은 병환부에 생긴 분생포자가 바람에 날려 공기전염한다. 생육 후기에 비료기가 없어지면 발생이 많아진다.

라. 방제방법

병든 잎은 일찍 제거하여 전염원을 없앤다. 재배지 내에 습기가 많거나, 지나치게 온도가 낮지 않도록 관리한다. 생육 후기까지 충분히 비료를 주어 왕성한 생육을 유도한다. 등록된 방제약제는 없다.

06 딸기의 병해

시들음병(위황병)

1975년 충남 보령에서 최초로 발견되었고 경기, 경남, 충남 일대 딸기 주산단지로 확대되어 현재 딸기병해 중 탄저병, 잿빛곰팡이병, 바이러스병과 함께 피해가 큰 병해다. 그러나 '여홍', '수홍' 등 저항성 품종의 보급으로 그 발생은 예전에 비해 감소하는 추세다.

육묘 중에는 7월 이후부터 발생하며 노지에서는 3월 중하순부터 발생하기 시작하여 기온의 상승과 함께 5월 초부터 급격히 증가한다. 딸기의 주품종인 '보교조생'에 특히 피해가 크다.

가. 병원균

Fusarium oxysporum f. sp. *fragariae*로 불완전균에 속하는 토양에 사는 곰팡이의 일종이다. 초생달 모양의 분생포자와 후막포자를 형성하며 후자는 토양 내에서 5~15년간 생존이 가능하다. 균학적 성상은 박과 작물 덩굴쪼김병균과 동일하다. 병원균의 발육적온은 25~30℃이고 토양온도는 20℃ 이상이며 특히 25℃ 이상의 고온에서 발생이 많아진다.

나. 병의 증상 및 진단방법

새로 나오는 잎이 기형으로 되면서 잎이 안쪽으로 말려 나룻배 모양으로 되는 것이 특징이다. 병이 진전되면 잎의 가장자리부터 말라 포기 전체가 시들며 고사한다. 병에 걸린 포기의 관부는 외층이 갈색으로 변해 있고 중심부도 썩어 있는 것을 흔히 볼 수 있다. 후기의 병 증세는 탄저병과 유사하나 초기에 도관부가 갈색으로 변해 있다는 점이 특징이며, 탄저병처럼 잎 기부가 썩는 증상은 없다.

다. 발생상태

(1) 전염방법

후막포자의 형태로 토양전염하거나, 균사나 분생포자의 형태로 딸기의 영양번식기관인 런너를 통하여 전염한다. 따라서 건전 런너를 모찌기(채묘)하는 것이 매우 중요하다.

(2) 발생환경

토양온도가 높을 때 심하게 발생하며 산성토양과 수분의 변화가 심한 모래땅에서, 그리고 질소질 비료를 편용해도 병 발생이 많아진다.

라. 방제방법

건전한 포기에서 씨받이한 런너를 사용하여야 한다. 육묘용 묘판흙은 건전토양을 사용하거나 토양소독한 후 사용한다. 피해를 받은 포기는 속히 제거하여 병든 포기가 재배지에 방치되어 있지 않도록 위생에 유의한다. 품종 간 저항성에 차이가 있으므로 병에 견딤성이 강한 품종을 재배한다. '보교조생', '노스웨스트', '여봉', '춘향', '아이베리' 등은 이병성이고 '초동', '수홍', '고령', '도요노까', '여홍' 등은 저항성이다. 발병이 심한 곳은 다른 작물로 2~3년간 돌려짓기(윤작)한다.

유기물을 충분히 시용하여 토양 내 유용미생물의 밀도를 높여준다. 가능하면 토양훈증제로 훈증소독 후 재배하는 것이 가장 안전한 방제방법이다. 일반약제의 방제효과는 50% 정도로 효과적인 방제는 불가능하다. 생육기간 중 병든 포기를 뽑아버리고 그 자리에 베노밀수화제나 지오판수화제를 관주한다. 아주심기(정식) 시 모는 상기 약제에 1시간 동안 담근 후 사용한다.

잿빛곰팡이병

일반재배지에서는 장마철에 한하여 습기가 많을 때 발생하나 시설재배에서는 겨울~봄의 촉성, 반촉성재배 시의 저온 다습 조건에서 늘 발생한다. 수확 후에는 운송이나 저장 중에도 발생하여 큰 피해를 초래한다. 과실부패를 일으키는 최대 병해로 방제하지 않으면 딸기생산이 불가능할 정도로 피해가 크다.

가. 병원균

*Botrytis cinerea*는 불완전균에 속하는 곰팡이의 일종으로 무수한 분생포자와 잘 발달하지 않은 균핵을 간혹 형성한다. 발육적온은 20~25℃의 저온성이고, 습기가 많은 조건을 좋아한다. 병 발생에 직접 관여하는 분생포자 형성은 10~20℃의 저온에서 가장 왕성하다. 기타 균학적 성상은 박과 작물 잿빛곰팡이병균과 동일하다.

나. 병의 증상 및 진단방법

지상부 어느 부분이든 발생하나 과실에서 가장 피해가 크다. 상처 부위나 노쇠한 부위를 침입하여 수침상으로 썩히며, 그 표면에 쥐털 모양의 곰팡이가 무수히 생긴다. 잎은 가장자리부터 침해되기 쉽다. 과실에는 착색이 시작될 때 피해가 현저하게 나타나는데 개화기에 꽃잎과 꽃받침에 침입한 후 어린과실로 이행하며 과실비대에 맞추어 병반도 확대된다.

다. 발생상태

(1) 전염방법

병든 잔재물, 시설자재 등에서 균핵이나 분생포자, 균사의 형태로 월동한 후 발아하여 생긴 분생포자에 의하여 1차 전염이 이루어진다. 2차 전염은 병환부에 생긴 분생포자가 바람에 날려 확산한다.

(2) 발생환경

온도가 20℃ 내외로 비교적 낮고 비가 자주 와서 습기가 많을 때 발생이 많으며 특히 반촉성재배 시 봄철의 생육기간 동안은 보온시설에 의하여 저온 다습이 되기 쉬우므로 발생이 심하다. 배게 심기(밀식)하여 너무 붙어 있고 무성하게 자라면 포기 내의 습도가 높아져 발생을 조장하며 질소질 비료를 편용하여 식물체가 약하게 자라도 병의 견딤성이 약화되어 병 발생은 증가한다.

라. 방제방법

너무 조밀하게 심어 무성하게 자라지 않도록 한다. 비닐멀칭을 하여 재배하고 재배지나 시설 내에 습기가 많아지지 않도록 유의한다. 아랫잎이나 쇠약한 잎은 미리 따서 병원균의 침입처를 줄인다. 병든 잎이나 과실은 발견 즉시 제거하고 수확 후 재배지 내에 이병잔재물이 남아 있지 않도록 모아서 토양 깊이 묻는다.

약제방제는 수화제보다는 훈연제, 분제, 미립제 등의 제형을 선택하고 한 가지 약제를 계속 사용하여 내성이 생기지 않도록 유의한다. 플루디옥소닐과립훈연제 등 33약제가 등록되어 사용되고 있다.

흰가루병

주로 촉성, 반촉성 시설재배에서 발생하며 비닐피복 후부터 발생이 증가한다. 노지에도 발생하나 그 피해는 적다.

가. 병원균

*Sphaerotheca humuli*는 자낭균에 속하는 곰팡이의 일종으로 자낭포자와 분생포자를 만드는데 국내에서 자낭세대는 아직 발견되지 않았다. 분생포자는 타원형, 무색, 단세포로 크기는 25-35×15-20μm이며 분생자경 위에 2~3개가 연쇄상으로 형성된다. 분생포자의 형성적온은 15~18℃이고 발아적온은 17~18℃이다. 병원균은 현재까지 인공배양이 불가능하다.

나. 병의 증상 및 진단방법

지상부 전체에 발생하지만 주로 열매와 새순에 피해가 많고 드물게 잎에는 뒷면에 흰색의 균총으로 나타난다. 밀가루를 뿌려 놓은 듯한 흰가루로 덮이며, 심하면 과실이 커지지 않는다. 꽃봉오리에 발생하면 꽃잎이 자홍색으로 변한다.

다. 발생상태

(1) 전염방법

균사, 분생포자의 형태로 병든 식물체에서 월동하여 1차 전염원이 되며 2차 전염은 병환부의 분생포자가 바람에 날리는 공기전염에 의해 이루어진다.

(2) 발생환경

기온이 20℃ 내외로 비교적 낮고 다습할 때도 발생하지만 건조 시에도 많이 발생하며 잎자람새(초세)가 약한 잎이나 포기에 많이 발생한다.

라. 방제방법

충분히 시비하여 왕성한 생육을 유도한다. 병든 부위는 일찍 제거하여 전염원을 없애고 수확 후 재배지 위생에 유의한다. 충분히 물을 주어 시설 내의 습도를 일정 수준으로 유지하여 준다. 발병이 우려되면 디비이디유제, 바실루스서브틸리스디비비1501수화제 36종이 등록되어 있으므로 이들 약제를 발병 초부터 살포한다. 특히 '여홍', '여봉', '풍향', '춘향' 등은 이병성 품종이므로 약제방제를 철저히 해야 한다.

눈마름병

최근 딸기 주산단지의 시설재배를 중심으로 발생이 늘어나는 병해로 답리작 반촉성재배지에서 심하게 발생한다. 비닐로 덮은 후 1~3월 초에 발생하며 3월 하순 이후에는 발생이 현저히 줄어든다. 병원균은 각종 채소의 잘록병을 일으키는 균과 동일하다.

<표 2-30> 반촉성 시설재배의 딸기 눈마름병의 발생소장 영시

발병 부위	시기별 발병율(%)				
	1월	2월	3월	4월	5월
과실	0	1.3	4.7	5.3	5.3
꽃눈	2.7	12.3	13.7	13.7	13.7
눈	3.0	17.0	20.3	20.3	20.3
엽병	1.3	10.7	11.3	11.3	11.3

가. 병원균

*Rhizoctonia solani*는 불완전균에 속하는 곰팡이의 일종으로 딸기를 침해하는 균은 균사 융합군 AG1(IA), AG4, AG2-1이다. AG1의 최적 생육온도는 28~30℃이고 AG2-1은 23℃, AG4는 25~28℃이다. AG1 및 AG4 병원균은 비교적 높은 온도인 25~30℃에서 딸기, 벼, 배추에 병원성이 있고 AG2-1은 15~30℃의 낮은 온도에서 딸기와 배추에 병을 일으킨다. 반촉성재배 시 저온에서는 AG2-1이 주된 병원균이다.

나. 병의 증상 및 진단방법

딸기의 눈과 꽃눈에서 많이 발생하며 열매에서도 발병한다. 새로 나온 싹이 시들다가 점차 흑갈색으로 말라 죽는다. 병든 포기는 잎이나 과실 수가 감소하며, 기형이 되는 경우가 있으나 관부나 지하부는 이상이 없다.

다. 발생생태

(1) 전염방법

토양에서 균핵 혹은 유기물 내에서 균사의 형태 또는 병든 런너에서 월동하여 1차 전염원이 되며 병환부의 균사나 균핵이 토양수분 등에 의하여 이동하여 2차 전염원이 된다.

(2) 발생환경

저온 다습한 기간인 터널 밀폐기간 중 주로 발생하게 되며 그 기간 중 기후가 좋지 않아서 음습한 날씨가 계속되고 밀폐기간이 길어지면 발생이 많아진다.

라. 방제방법

건전한 토양에서 모를 기르거나(육묘) 토양을 다조멧 등의 약제로 훈증소독한 후 육묘 혹은 아주심기(정식)한다. 배게 심지 말고 시설 내의 습도가 과습하지 않도록 관수, 통풍, 환기에 유의한다. 병든 포기는 일찍 제거하여 전염원의 밀도를 줄인다.

토양전염성이므로 약제방제 효과는 낮다. 4종의 약제가 등록되어 있으며, 티플루자마이드액상수화제, 플루톨라닐유제 등을 발병 초부터 살포한다.

뱀눈무늬병

생육 후기의 노쇠한 잎에서 주로 발생하는 병해로 큰 피해는 없다.

가. 병원균

*Mycosphaerella fragariae*는 자낭균에 속하는 곰팡이의 일종으로 자낭포자와 분생포자를 만든다. 자낭포자는 무색이고 한 개의 격막이 있으며 크기는 12-15×3-4μm이다. 분생포자는 원통형으로 양끝이 뾰족하고 1~4개의 격막이 있으며 크기는 20-40×3-5μm이다.

나. 병의 증상 및 진단방법

주로 잎에 발생하는데 처음에는 자주색의 작은 반점이 생겨 확대되며, 점파 자갈색의 뱀눈 모양의 원형병반을 만든다. 발병 후기에는 병반끼리 합쳐져 잎 전체가 갈색으로 고사한다.

다. 발생생태

(1) 전염방법

병든 잎에서 월동한 후 발아하여 생긴 분생포자나 자낭포자가 흩날림(비산)하여 공기전염하며 2차 전염은 병환부의 분생포자에 의해 이루어진다. 병 발생 적온은 20℃ 전후로 서늘하고 습기가 많은 환경에서 발생이 심하다.

라. 방제방법

병든 잎은 일찍 제거하고, 수확 후 이병잔재물은 모아서 깊이 묻어 다음 해 전염원을 없앤다.

바이러스병

딸기의 바이러스병은 다른 채소의 경우와는 달리 병 증세가 뚜렷하게 나타나지 않고 만성적으로 진전하는 경우가 많다. 따라서 바이러스의 감염이 확실하지 않아 진단이 쉽지 않고 점진적으로 병에 걸린 포기의 퇴화가 일어난다. 시들음병, 탄저병과 함께 딸기에 가장 피해를 많이 주는 병해로 농민들은 이에 대한 경각심을 가져야 한다.

가. 병원균

세계적으로 딸기의 바이러스는 30여 종이 알려져 있다. 우리나라에서는 아직 확실한 보고는 없으나 대체로 4종의 바이러스가 관여하는 것으로 생각되며 이들의 단독 혹은 복합감염에 의해 발생하는 것으로 추정된다.

<표 2-31> 딸기바이러스병 발병 정도 국립농업과학원

구분	조사 지역	조사주 수	발병주 수	발병주율(%)
시설재배	논산	1,430	172	12.0
	밀양	1,300	341	26.2
	담양	1,200	195	16.3
노지재배	논산	1,350	342	25.3
	밀양	1,700	627	36.9

<표 2-32> 딸기바이러스병의 병 증세 분포 국립농업과학원, 1998년

조사 지역	조사 재배지 수	병 증세 구분				
		위축	축엽	퇴록	총생	모자이크
논산 은진면	11	8	5	9	0	6
논산 상월면	7	5	4	4	3	3
밀양 산남면	7	6	6	4	2	2
밀양 삼량진	8	6	3	3	2	4
%	100	75.6	54.6	60.6	21.2	45.5

SMoV(*Strawberry Mottle Virus*)는 처음에 퇴록반점으로 나타나며 진전되면 황색모자이크로 된다. 구형의 바이러스로 직경이 25~30nm이다. *SMYEV*(*Strawberry Mild Yellow Edge Virus*)는 잎에 황색모자이크가 생기고 시마면 잎이 위축되며 기형이 된다. SMYEV는 Luteovirus군에 속하는 구형의 바이러스로 그 직경은 23~28nm이다.

나. 병의 증상 및 진단방법

병든 식물의 소엽은 잘 퍼지지 않으며, 담황색으로 변하고 잎자루는 짧아지며 포기 전체가 위축한다. 종류에 따라 암갈색의 괴저병반이 생기기도 하며, 잎이 심하게 아래로 말리는 것도 있고, 가늘게 기형으로 되는 것도 있다. 병든 포기(이병주)는 착과 수가 적고 과실도 왜소하여 수량이 떨어지며 모주로 이용 시 런너의 발생도 적다.

다. 발생생태

(1) 전염방법

2종의 바이러스 모두 영양번식기관인 런너에 의하여 전염하며, 또한 몇 종의 진딧물에 의하여 충매전염한다. 두 종 모두 접목전염이 가능하지만 접촉전염, 종자전염, 화분전염은 하지 않는다.

라. 방제방법

① 생장점배양에서 얻어진 무병런너를 번식하여 재배한다. 재배지에서 진딧물에 의하여 재감염되므로 몇 년에 한 번씩 바꾸어 준다.

② 육묘상 및 재배지에서는 주령유제, 바이린유제, DDVP유제 등으로 진딧물을 구제한다.

③ 런너의 증식은 진딧물의 비래가 없는 망실 안에서 한다.

겹무늬병

생육기 중 특히 생육 후기의 노화한 잎에 흔히 발생하지만 큰 피해는 없다.

가. 병원균

*Dendrophma obscurans*는 불완전균에 속하는 곰팡이의 일종으로 흑색소립(병자각)과 분생포자를 형성한다. 병자각은 흑갈색 구형 내지 편구형으로 200~350μm이다. 분생포자는 무색, 단세포, 장타원형으로 크기는 5-7×2.0μm이다. 발육적온은 28~30℃로 고온균에 속한다.

나. 병의 증상 및 진단방법

잎에 자홍색의 작은 반점이 생겨 확대되며, 중심부는 담갈색으로 말라 죽는다. 병무늬는 안쪽과 바깥쪽의 색에 차이가 있어서 겹무늬처럼 보인다. 오래된 병반 표면에 흑색소립(병자각)이 생긴다.

다. 발병생태

(1) 전염방법

병든 잎에서 병자각의 형태로 월동한 후 발아하여 생긴 분생포자에 의해 공기전염한다. 생육 후기에 온도가 높고 비가 많이 오면 많이 발생한다.

라. 방제방법

병든 잎은 일찍 제거하고 재배지 위생에 유의한다. 발병이 심한 재배지는 저항성 품종을 재배한다. '보교조생'은 병에 잘 걸리는 병걸림성(이병성) 품종이며 사계성 품종은 병걸림(이병)에 비교적 강하다.

역병(뿌리썩음병)

외국의 경우 발생이 심하여 큰 문제가 되고 있으나 우리나라에서는 최근 들어 그 발생이 보고되었을 정도로 그 피해도 미미하다.

가. 병원균

Phytophthora sp는 조균류에 속하는 곰팡이의 일종으로 분생포자, 유주자, 난포자를 형성한다. 상세한 생리생태는 알려져 있지 않다.

나. 병의 증상 및 진단방법

뿌리를 가해하므로 병든 식물은 시들고, 생육이 쇠퇴한다. 아랫잎은 적갈색으로 보이며 어린잎은 퇴록한다. 병든 포기의 과실은 작고 포복지 형성도 불량하다.

다. 발생생태

(1) 전염방법

균사나 난포자의 형태로 병든 뿌리에서 월동하는 것으로 생각된다. 난포자는 발아하여 분생포자를 형성한다. 분생포자는 헤엄털이 달린 유주자를 방출하며, 이 유주자가 물을 따라 이동하여 전염한다. 저습지, 배수불량답, 찰흙토양에 많이 발생하며 이어짓기(연작)에 의하여 발병이 증가한다.

라. 방제방법

건전토양에서 육묘한 새끼모(자묘)를 사용한다. 재배지는 물 빠짐이 좋은 곳을 선택하고 과다관수가 되지 않도록 유의한다. 병든 포기는 일찍 제거하여 전염원의 증식을 막는다. 약제방제는 가짓과 역병에 준한다.

탄저병

최근 심하게 발생하고 있는 대표적인 병해로 딸기 시들음병(위황병)에 대한 저항성 품종으로 여봉, 여홍 등의 품종이 보급되면서 급격히 그 피해가 늘고 있다. 딸기의 병해 중 포기 전체를 고사시키는 전신 감염성 병해는 크게 3종이 있는데 시들음병, 탄저병, 역병이다.

탄저병이 최근에 갑작스럽게 만연되고 있는 가장 큰 이유는 시들음병 저항성 품종으로 육성된 '여홍'이나 '여봉' 품종이 탄저병에 매우 약하기 때문이다. 또한 딸기의 재배방법이 노지에서 촉성·반촉성재배 방법으로 바뀌면서 딸기의 생육기가 고온기인 7~9월이 되었고 고온성 병원균인 탄저병 감염의 기회가 그만큼 증가한 것도 원인이다. 특히 장마철의 고온 다습한 조건은 딸기 탄저병의 발생만연에 최적의 환경을 제공하여 전국의 딸기 주산지인 논산, 남원, 단양, 산청, 밀양, 거창 등에서 심하게 발생하고 있으며 그 피해가 점차 확대되고 있다. 병원균은 토양 내 항상 살고 있는 토양 서식균이 아니며 다만 토양 속에 남아 있는 병든 딸기의 잔재물이나 병든 식물체에 존재하고 있을 뿐이다.

따라서 엄밀한 의미에서 병원균은 딸기의 잔사물 없이 토양 내에 홀로 살 수 있는 균이 아니며 잔재물이 부패되면 그 생존기간도 다른 토양전염성 병원균에 비하여 매우 짧다. 그러나 딸기를 이어짓기(연작)하게 되면 딸기의 잔사물이 그 재배지에 계속 누적되기 때문에 탄저병균의 생존 가능성이 해마다 높아지게 되므로 토양병해처럼 이어짓기(연작)에 의하여 발병이 매해 증가하게 된다.

가. 병원균

*Colletotrichum gloeosporioides*라는 곰팡이에 의하여 발생한다. 현재까지 *Colletotrichum fragariae*라는 명칭을 많이 사용하여 왔으나 최근 들어 이 균이 전자와 차이가 없다는 것이 밝혀져 전자의 이름을 사용하고 있다. 딸기에 탄저병을 일으키는 균은 이외에도 *Cacutatum* 등 *Colletorichum*속의 여러 종이 관여하고 있는 것으로 보고되고 있으나 현재 우리나라에서 문제되고 있는 것은 *C. gloeosporioides*로 밝혀졌다.

이 균은 각종 작물의 탄저병을 일으키는 대표적인 병원균으로 그 기주 범위가 수백 종에 달할 정도로 매우 다범성이다. 딸기에 탄저병을 일으키는 병원균은 매우 이례적으로 그 기주 범위가 매우 협소하여 딸기 이외에 시클라멘, 베고니아에만 탄저병을 일으키는 것으로 알려져 있다. 최근에는 사과에 인공접종 시 병반을 형성하였다는 보고도 있으나 탄저병균 중 그 기생성이 매우 협소한 균임에는 틀림없는 것으로 생각된다. 탄저병균은 움푹 들어간 병반에 끈적끈적한 점질물에 둘러싸인 포자층(포자퇴)을 형성하는데 이 포자들이 공중으로 흩날려(비산하여) 병을 퍼지게 한다.

어느 작물의 탄저병이든 병원균이 모두 코같이 끈끈한 물질에 둘러싸여 있으므로 홀씨(포자)가 병반에서 이탈하여 다른 곳으로 퍼지려면 외부의 물리적인 힘이 필요하다. 다시 말하면 흰가루병균, 잿빛곰팡이병균과는 달리 바람만으로는 포자가 떨어지지 않으며 빗방울, 비바람, 태풍 아니면 식물체끼리 바람에 날려 부딪치든가 하는 포자를 떼어내는 외부의 힘이 필요하다. 따라서 탄저병은 살수관수(스프링쿨러)를 하면 발병이 심해지며 반대로 비가림재배를 하면 발생이 줄어든다. 이와 같은 병원균의 특성상 약제방제도 병원균이 흩날림(비산)하는 시기, 즉 강우 시에 맞추면 높은 방제효과를 올릴 수 있다.

딸기는 탄저병균인 *C. gloeosporioides*는 대표적인 고온성 균으로 생육온도 범위는 10~35℃이지만 생육에 가장 알맞은 온도는 30℃ 전후다. 다른 균처럼 습기가 많은 상태를 매우 좋아하므로 우리나라 7~8월의 장마기는 탄저병균의 생육에 최적의 조건을 제공한다. 더구나 이 시기는 반촉성재배의 육묘기에 해당하므로 기주식물로 보면 식물이 아직 어리기 때문에 병에 대한 견딤성도 적고 약하게 자라는 시기이므로 그만큼 탄저병균에 취약한 때라고 생각할 수 있다. 이와 같이 이어짓기(연작)에 의하여 재배지 주위에 탄저병균 밀도가 높아져 있고 장마철의 고온 다습한 조건이 병원균의 활동에 아주 적합한 상태가 되며 또한 기주식물인 딸기 묘는 아직 각종 병해에 대한 저항성이 충분히 발현되지 못한 육묘기에 해당된다. 이 시기에는 병해 발생의 3요소가 고루 갖춘 상태가 되기 때문에 탄저병이 대발생하여 큰 피해를 가져올 수 있다.

나. 병의 증상 및 진단방법

잎, 런너, 줄기, 과실 등 딸기의 지상부 어느 부분에도 발생하지만 가장 피해가 큰 곳은 딸기의 크라운(Crown, 관부) 부분으로 관부를 바깥쪽에서 안쪽으로 썩히기 때문에 포기 전체가 시들어 말라 죽는다. 관부에 발생하면 오래된 줄기의 하단부 쪽에 탄저증상이 생겨 갈색으로 썩으며 점차 관부 안쪽으로 들어가 썩는 증상이 전체로 퍼지게 된다.

시들음병(위황병)처럼 잔뿌리를 통하여 병원균이 도관 내로 침입하여 도관부를 썩히는 증상은 없지만 병이 진전되면 관부 전체를 썩히므로 후기증상은 시들음병과 유사하다. 시들음병의 경우는 잎이 기형으로 되는 짝잎 현상과 병에 걸린 포기의 잎이 나룻배 모양으로 안쪽으로 말리는 현상이 흔히 나타나나 탄저병에는 이런 증상이 없다. 탄저병과 시들음병을 구분하는 가장 좋은 방법은 초기에 시드는 증상을 보이는 포기의 관부를 횡단하여 도관부가 갈색으로 변해 있는지를 확인하는 것이다.

발생 시기를 보면 모주를 아주심기(정식)한 후 런너를 키우는 육묘기인 6월 상순부터 발생이 보이기 시작하여 기온의 점차적인 상승과 함께 가식상에서의 육묘기에 집중적으로 발생하며 8~9월이 발병 최성기에 해당된다. 아주심기(정식) 후 본밭에서의 발생을 보면 아주심기(정식) 후 보온을 시작하여 온도가 올라가면 발생하기 시작하고, 시설 내 습도가 높아지므로 발병은 10월 이후에도 계속된다. 줄기에는 침해된 부분이 암갈색으로 썩으며 그 부위가 꺾인다. 런너의 줄기에는 어느 탄저병이든 흔히 볼 수 있는 것처럼 타원형~방추형의 함몰된 암갈색 병반이 생긴다. 잎에는 직경 2~3mm의 암갈색 반점이 생기거나 병반 주위에 흔히 생기는 달무리(Holo) 현상이 없다. 탄저병의 최대 발생 시기는 아주심기(정식) 전의 여름철 고온기로 육묘기간 중 어린모의 관부가 침해되어 포기 전체가 시들거나 고사하기 때문에 모 부족을 일으키는 가장 중요한 병해다. 육묘기에 심한 병 증세를 보이지 않더라도 이러한 모를 아주심기(정식)하면 후에 발병하여 병 증세가 나타나므로 병든 묘를 아주심기(정식)하지 않도록 각별한 주의가 요망된다.

<표 2-33> 딸기 육묘기의 품종별 탄저병 발생경향 충남농업기술원

생육기	연도별 품종별 이병 정도				
	여봉		여홍		아까네꼬
	1996년	1997년	1996년	1997년	1997년
5월	-	-	-	-	-
6월	-	+	-	-	+
7월	++	++	-	+	++
8월	+++	+++	-	++	++
9월	+++	+	++	+	+
10월	++	+	++	+	+

발병율 +++ : 60~100%, ++ : 30~60%, + : 1~30%, - : 0%

다. 발병생태

딸기 탄저병균은 병에 걸린 식물체나 수확 후 기주작물의 잔재물에서 월동하여 다음 해 전염원이 된다. 온도가 높아지고 비가 자주 와 다습한 환경이 되면 잔재물의 병환부에 탄저병균의 포자층이 형성되며 이 포자들이 비바람 등에 날려서 1차 전염을 일으킨다.

1차 전염에 의하여 생긴 병반 표면에는 다시 탄저병균의 포자층이 생기며 이 홀씨(포자)들이 흩날려 2차 전염을 일으키게 된다. 이러한 과정을 거쳐 몇 번이고 2차 전염이 반복되면서 탄저병의 대발생을 초래하게 된다. 탄저병 포자들의 흩날림(비산)에는 빗물, 태풍, 살수관수 등이 대단히 중요한 역할을 하므로 탄저병을 효과적으로 방제하기 위해서는 이러한 환경에 식물체가 노출되지 않도록 하는 것이 매우 중요하다. 모를 기를 때 비가림재배를 하면 탄저병 발생이 효과적으로 억제되는 이유가 바로 여기에 있다.

탄저병균의 번식을 위해서 꼭 필요한 것이 온도와 습도다. 다른 병원균들과 마찬가지로 탄저병균은 높은 습도가 필수적이며 고습도 시간이 오래 지속될수록 탄저병 발생은 많아진다. 따라서 강우나 관수에 의하여 토양수분이 높아지게 되면 탄저병 발생도 그만큼 심해진다. 방울물주기(점적관수) 등의 관수관리에 의하여 토양수분을 조절하면 탄저병의 발생을 현저히 억제시킬 수 있다. 비닐씌우기 등의 방법 또한 시설 내 습도를 낮춰 딸기 지상부의 탄저병 발생을 낮출 수 있다. 딸기 탄저병균은 고온성이므로 기온이 높아질 때 병 발생도 그만큼 심해지므로 시설 내의 기온이 너무 높지 않도록 통풍, 환기 등으로 시설 내 온도를 조절하는 것이 필요하다. 이 외에 시설 내에서 식물이 약하게 자란다고 질소 비료를 너무 많이 주게 되면 오히려 딸기 모가 웃자라게 되어 병에 견디는 힘이 약해진다. 딸기의 잎자루 색에 의하여 질소 성분의 과다를 판가름하는데 질소량이 충분할 때는 잎자루 색이 흰색으로 나타나며 이때 탄저병이 많이 발생한다. 이럴 때에는 체내 질소 흡수량을 줄이기 위하여 뿌리를 잘라주는 것도 하나의 방제방법이다. 단위면적 내 딸기 모 수를 늘리면 딸기가 자라면서 주위 통풍이 불량해져 탄저병균의 활동에 적합한 다습한 상태가 오랫동안 지속되므로 병 발생이 많아진다.

라. 방제방법

병 발생을 억제하는 데 가장 중요한 것은 초기 전염원을 제거하는 것으로 하나는 병든 묘를 본포에 아주심기(정식)하지 않는 것이고, 다른 하나는 탄저병에 걸린 포기의 잔재물이 수확 후 재배지에 남지 않도록 관리하는 방법이다. 이 두 가지를 철저히 하면 본포에서 탄저병의 발생을 충분히 억제할 수 있다. 토양소독, 약제방제 등의 돈과 노력이 드는 일은 최후의 수단이다.

딸기의 늙은잎(하엽)의 관부에 붙어 있는 부분은 어린잎과 마찬가지로 탄저병균에 취약하다. 따라서 늙은잎이나 하엽을 미리 제거한다든가 월동모주에서 런너가 나와 새끼모(자묘)의 뿌리가 내린 후 늙은모주를 제거하면 탄저병균이 기생할 수 있는 감염처를 미리 줄일 수 있다. 모주나 새끼모(자묘)의 감염이 불분명하면 습실처리에 의해 그 감염 유무를 판가름할 수가 있다. 하엽의 아랫부분을 따서 물에 적신 휴지가 들어 있는 비닐봉지에 넣고 30℃ 내외의 고온에 두면 감염된 하엽은 병원균의 잠복기가 지난 후 병 증세가 나타나게 되어 병반에 포자퇴가 형성된다.

딸기 수확 후 병든 잔재물을 처리하는 것은 두 번째로 중요한 일이다. 병든 식물체는 철저히 제거하여 재배지에서 격리해야 한다. 이들이 남아 있으면 다음 해 재배를 위해 밭갈이할 때 잔재물의 조각이 사방으로 퍼져 탄저병의 전염원이 된다. 따라서 딸기 식물체의 잔재물은 모두 모아 태우거나 땅속 깊이 묻어야 한다. 이것이 안 될 때는 토양을 소독해야 하며 돈과 노력이 많이 든다. 토양소독의 가장 확실한 방법은 토양을 훈증하는 일인데 우리나라에서는 토양훈증제로 다조멧 약제를 사용한다. 토양을 제대로 훈증처리하면 탄저병 이외에 역병, 시들음병, 풋마름병 등 토양전염성 병해인 이어짓기(연작) 장해를 퇴치할 수 있다. 또한 질소 비료의 시용과 잡초방제 등의 부수적인 효과도 있다. 그 외에도 잔재물에 붙어 있는 탄저병균을 고온으로 죽이는 태양열을 이용한 소독방법이 있다. 겉흙을 모두 모아 이중 비닐로 덮고 토양의 온도를 50℃ 이상의 고온으로 지속시켜 병원균을 사멸하게 하는 방법이다. 탄저병균도 50℃ 이상의 온도에서 1~2시간이면 모두 사멸하므로 좋은 방법이긴 하나 소독의 시기가 한 여름철의 고온기로 제한되어 있고, 소독방법이 너무 번거로운 데 문제점이 있다.

재배지 내 전염원이 어딘가에 남아 있다면 탄저병균이 활동하지 못하도록 환경을 제어해야 한다. 여름철에 비어 있는 하우스를 이용하여 딸기 묘를 비가림육묘하면 탄저병균의 흩날림(비산)이 효과적으로 억제되고 또한 토양수분의 과다를 막을 수 있으므로 탄저병 발생이 줄어든다. 이러한 환경제어는 '여홍', '여봉'과 같은 탄저병에 감수성인 품종들을 보호하는 데 큰 효과가 있다. 품종이 탄저병에 너무 약하면 아무리 약제를 살포하여도 방제효과를 기대할 수 없다. 토양을 비닐로 덮어 포기 내 습도를 낮추는 것도 탄저병균이 딸기의 침입에 필요한 고습도 기간을 짧게 하여 그만큼 침입을 억제하는 효과가 있다. 습도조절을 위한 관수방법도 탄저병 발생에 큰 영향을 미친다. 살수관수하면 빗방울이 딸기 식물체에 튀면서 탄저병균과 수분이 동시에 흩날리게(비산) 되어 탄저병균 포자의 이동을 도와주게 되고 병 발생에 아주 적합한 환경을 조성하게 된다.

탄저병 이외에도 살수관수 방법은 흰가루병을 제외한 모든 병해의 발생에 적합한 환경을 제공하므로 되도록 이러한 관수방법을 쓰지 않는 것이 좋다. 고랑관수도 딸기 관부 부근의 습도를 높힐 뿐만 아니라 시설 내 습도를 높혀 지상부 탄저병의 발생을 조장하게 되므로 가급적 피하는 것이 좋다. 토양을 비닐로 덮은 후 점적 관수하면 토양수분의 조절이 가능할 뿐 아니라 불필요한 대기의 과습을 막아 탄저병뿐만 아니라 잿빛곰팡이병, 시들음병, 역병, 뱀눈무늬병, 눈마름병 등의 방제에도 많은 도움이 된다. 이와 같이 전염원이 재배지에 존재한다는 것을 전제로 환경관리를 할 때 가장 중요한 사항은 토양수분, 공기습도이므로 여기에 초점을 맞추어 딸기의 생육기 관리를 한다면 농약의 사용 전에 탄저병 발생을 최소한으로 막을 수 있다. 이외에도 질소 비료의 과용에 의하여 식물체를 연약하게 한다든가, 배게 심기(밀식)로 주 내 습도를 높이는 등의 탄저병균의 생장 활동에 유리한 환경의 조성을 피하는 재배관리가 필요하다.

약제방제는 어느 경우든 병원균의 밀도가 낮을 때 사용해야 효과적이다. 병원균의 밀도가 너무 높아 병이 만연하여 있을 때 약제를 살포하면 방제효과를 기대하기가 어렵다. 이미 때가 늦은 것이다. 병원균이 침입하여 딸기에 병반을 형성하려면 아무리 좋은 조건이라도 3~5일의 잠복기가 필요하다.

따라서 우리가 처음으로 딸기에서 탄저병의 병반 하나를 보았다면 그 병반은 이미 3~5일 전에 딸기에 침입한 것으로, 내일이면 2~4일 전에 침입한 것들이 병반으로 나오고, 모레면 1~3일 전에 침입한 것들이 병반으로 나올 것이다. 오늘은 병반이 눈에 보이지 않지만 이미 며칠 전에 침입한 병반들은 딸기 묘 속에서 썩고 있는 것이다. 이러한 현상을 감안하여 볼 때 병반 하나를 딸기에서 볼 수 있을 때는 눈에 보이지 않지만 이미 수십 개의 병반이 딸기 식물체 내에서 진행되고 있는 것이다. 이 병반들은 농약살포 여부와 상관없이 잠복기만 지나면 병반으로 나올 것이다. 따라서 병반 하나만 있을 때 약제를 살포하여도 그 시기가 이르다고 할 수는 없다. 병 발생이 좋은 환경이 되어 발병이 우려되면 병반을 볼 수 없더라도 예방적으로 약제를 살포하라고 추천하는 이유가 바로 여기에 있다.

<표 2-34> 비가림재배에 의한 탄저병 예방효과

충남농업기술원

품종명	품종	발병주율(%)	발병엽병율(%)	발병런너율(%)	방제가
비가림	여봉	0.5	0	2.7	91.7
	여홍	0.5	0	0.7	97.9
무처리	여봉	8.0	10.6	20.0	-
	여홍	3.3	18.8	36.3	-

우리나라에서 딸기 탄저병 방제제로 등록된 약제는 디페노코나종입상수화제 등 11종인데, 약제를 살포할 때는 침투이행성 약제와 광범위 보호살균제를 번갈아 살포하는 것이 약제방제 효과를 올리는 가장 좋은 방법이다. 약제 살포는 노지, 시설재배를 막론하고 강우 직전에 살포하는 것이 가장 바람직하며 늦어도 강우 직후에 살포해야 방제효과를 높일 수 있다.

약제방제를 할 때에는 줄기와 잎(경엽) 위주로 살포하되 특히 딸기의 관부 부근에 약액이 충분히 묻도록 살포하는 것이 효과적이다. 탄저병의 방제관리는 건전묘의 사용, 재배지 위생, 공기습도 및 토양수분관리, 약제방제의 4가지 측면에서 항상 상호보완적으로 생각하여 종합적인 측면에서 방제관리가 이루어져야 한다.

07 시금치의 병해

노균병

시금치 재배기간 중 흔히 볼 수 있는 병해로 기온이 낮고 습기가 많은 봄과 가을에 걸쳐 발생하는데 노지재배보다는 시설재배에서 발생이 더 많다.

가. 병원균

*Peronospora farinosa*는 난균문에 속하는 절대기생균으로 인공배양이 되지 않고 살아 있는 기주 식물체에만 기생한다. 분생포자의 형성적온은 7~15℃, 발아적온은 8~10℃의 저온이다.

나. 병의 증상 및 진단방법

잎 표면에 황백색의 얼룩이 생기고 약간 부풀어 오른 것처럼 보인다. 뒷면에는 서릿발 모양의 곰팡이가 생긴다. 병든 잎은 심하면 말라 죽는다.

다. 발생생태

균사의 형태로 종자전염하거나 난포자의 형태로 병든 식물체의 잔재물에서 월동한 후 빗물 등을 통하여 공기전염한다. 온도가 8~18℃의 저온이고, 흐리고 비오는 날이 많은 음습한 날씨에 발생이 많다.

라. 방제방법

배게 심지 않도록 하고 재배지 내의 통풍에 유의한다. 재배지가 습하지 않도록 배수관리를 철저히 하고, 관수 시 물을 너무 많이 주지 않도록 주의한다. 병든 부위는 일찍 제거하여 전염원의 증식을 차단한다. 약제방제는 십자화과 노균병에 준한다.

바이러스병

시금치 재배 중 가장 흔하면서 심하게 발생하는 병으로 태풍 후의 고온 건조한 날씨가 계속되면 발생이 심해진다.

가. 병원체

주로 오이모자이크바이러스(CMV), 순무모자이크바이러스(TuMV)와 잠두위조바이러스(BBWV)가 관여하여 발병하는 것으로 생각된다. BBWV는 *Fabavirus*군에 속하며 입자 모양은 구상이고 직경이 25nm이다. 불활성화 온도는 60~70℃, 내희석성은 10^{-4}~10^{-5}, 내보존성은4~6일이다.

나. 병의 증상 및 진단방법

잎맥이 투명하게 되거나 옅고 짙은 모자이크무늬가 생긴다. 어릴 때는 기형이 되거나 잎이 말려 포기가 위축된다. 온도가 높을 때는 괴저형의 반점이 생길 수도 있다.

다. 발생생태

모두 진딧물 특히 복숭아혹진딧물과 목화진딧물에 의하여 충매전염하고 식물즙액에 의한 즙액전염이 가능하나 종자전염과 토양전염은 하지 않는다. BBWV는 시금치 외에 고추에도 발생하는 것으로 알려졌다. 장마 후의 온도가 높고 건조한 시기가 계속되면 진딧물의 비래가 많아지므로 병 발생이 증가한다.

라. 방제방법

십자화과, 박과류의 바이러스병에 준한다.

탄저병

봄과 늦가을의 습기가 많은 시기에 발생하는 병해로 때때로 피해가 크다.

가. 병원균

*Colletotrichum spinaciae*는 불완전균에 속하는 곰팡이의 일종으로 색이 없으며, 초승달 모양의 분생포자를 만든다. 분생포자의 크기는 13-40×3-5μm이다. 병원균의 생육온도 범위는 5~35℃, 발육 적온은 24~28℃로 고온에서 발육이 좋다.

나. 병의 증상 및 진단방법

4월 중순경부터 잎에 수침상의 반점이 생겨 확대하며 나중에는 회색~담황색의 윤문이 있는 불규칙한 병무늬로 되고, 건조하면 구멍이 뚫린다. 병반 표면에 흑색소립점이 생긴다.

다. 발생생태

(1) 전염방법

균사의 형태로 종자에서 월동하거나 포자나 균사의 형태로 병든 식물체의 잔재물에서 월동하여 전염원이 된다.

(2) 발생환경

봄과 가을에 비교적 온도가 높고, 비가 자주 올 때 발생이 많아진다. 과도하게 관수하거나 지상부에 물을 뿌려주면 병원균이 퍼져 발병이 조장된다.

라. 방제방법

건전종자를 사용하거나 종자소독제로 소독한다. 병든 잎은 일찍 제거하고 재배지 위생에 유의한다. 너무 베게 심지 않도록 하고 재배지가 다습하지 않도록 통풍과 관수에 유의한다. 약제방제는 가짓과 탄저병에 준한다.

역병

전생육기에 걸쳐 발생하며 일단 발병하면 전염력이 빨라 큰 피해를 가져온다. 지하부가 썩으므로 지상부는 시들고 잎이 황화하며 이윽고 말라 죽는다. 병원균은 *Phytophthora drechsleri*로 조균류에 속하는 곰팡이의 일종이다.

난포자와 균사의 형태로 토양 내 발병 잔재물에서 월동하여 1차 전염원이 되며, 2차 전염은 토양 내에 분출된 유주자가 토양수분에 의하여 이동하여 이루어진다.

토양이 습기가 많거나 배수가 불량한 저습지 혹은 생육기에 비가 자주 오면 심하게 발생한다. 방제방법은 가짓과 역병에 준한다.

시들음병

주로 생육 중기부터 병 증세가 심하게 나타나는데 역병과 마찬가지로 전신 감염성이어서 식물체 전체가 말라 죽는다. 식물체 뿌리에서 빨아올린 수분을 통과시키는 도관에서 병원균이 번식하므로 주 전체가 시들게 되며 초기에는 잎이 누렇게 변하다가 병이 진전되면 주 전체가 완전히 말라 죽는다.

병원균 *Fusarium oxysporum* f. sp. *spinaciae*는 불완전균에 속하는 곰팡이의 일종으로 소, 대형 분생포자와 후막포자를 형성한다. 병원균의 발육적온은 25~28℃이다. 토양 내 발병된 잔재물에서 후막포자의 형태로 월동하여 토양전염하거나, 종자 내부에 균사의 형태로 월동하여 종자전염한다. 이 병의 방제는 박과 작물 덩굴쪼김병에 준한다.

08 당근의 병해

검은잎마름병

전 생육 기간에 걸쳐 발생하는 흔히 볼 수 있는 병해로 비가 많이 오는 해에는 발생이 심하다.

가. 병원균

*Alternaria dauci*는 불완전균에 속하는 곰팡이의 일종으로 곤봉 모양의 분생포자를 형성하며 홀씨(포자)의 부리가 길어서 크기가 100-450×16-24μm에 달한다. 고온균의 일종으로 발육적온은 28℃ 부근이다.

나. 병의 증상 및 진단방법

잎과 잎자루에 발생하는데 잎에는 흑갈색의 작은 반점이 확대되어 병반끼리 합쳐지며 잎 전체에 마름 증상이 나타나고 심하면 불에 탄 것처럼 보인다. 잎자루에는 부정형의 긴 반점이 나타나며 나중에는 퇴색되어 말라 죽는다.

다. 발생생태

(1) 전염방법

종자의 표면이나 발병된 잔재물에서 균사나 포자의 형태로 월동한 후 발아하여 1차 전염원이 되며, 2차 전염은 병환부에 생긴 분생포자에 의하여 공기전염한다.

(2) 발생환경

온도가 비교적 높고 비가 온 후 건조한 날씨가 계속되면 발생이 많아지며 뿌리의 비대기에 비료기가 떨어져 지상부의 생육이 쇠약해지면 많이 발생하는 경향이다.

라. 방제방법

건전한 종자를 사용하거나 베노람, 지오람 등의 약제로 종자소독을 한다. 병든 식물의 잔재물이 재배지에 남아 있지 않도록 모아서 땅속 깊이 묻는다. 생육기에 비료분이 부족하지 않도록 충분히 시비하여 왕성한 생육을 유도한다. 약제방제로는 발병초기에 디페노코나졸입상수화제 2,000배액, 코퍼옥시클로라이드.가스가마이신수화제 1,000배액, 클로로탈로닐 1,000배액을 7~10일 간격으로 수회 살포한다.

검은무늬병

생육기 중 흔히 발생하며 저장 중의 당근에도 발생한다.

가. 병원균

*Alternaria radicina*는 불완전균에 속하는 검은잎마름병균과 유사한 곰팡이의 일종이다. 분생포자는 부리가 없으며 암갈색 수류탄 모양이다. 3~7개의 횡경막과 수개의 종격막을 가지며 그 크기는 27-57×9-27μm이다. 발육적온은 28℃ 내외로 고온균에 속한다.

나. 병의 증상 및 진단방법

지상부, 지하부의 뿌리 등 전 부분에 걸쳐 발생한다. 잎과 줄기에는 흑갈색의 반점이 생겨 병반이 길게 확대된다. 뿌리에서는 근두부에서 주로 발병하며 병환부는 흑색으로 썩는다. 저장 중에는 병환부가 검게 썩으며 심하면 속이 비게 된다.

다. 발생생태

검은잎마름병균과 동일하게 종자나 발병된 잔재물을 통하여 공기전염한다. 강우와 맑은 날이 번갈아 계속되는 고온기에 많이 발생하며, 생육이 쇠퇴한 식물에 발생이 많은 경향이다.

라. 방제방법

검은잎마름병에 준한다.

흰비단병

한여름철 온도가 높을 때 당근 외 감자 등의 가짓과 작물, 박과 작물에도 발생한다.

가. 병원균

*Corticium rolfsii*는 담자균에 속하는 곰팡이의 일종으로 담포자와 균핵을 형성한다. 담포자의 크기는 7×1.6μm이고 균핵은 0.8~0.2μm이다. 병원균은 13~38℃의 범위에서 생육하며 적온은 32~33℃의 고온이고, 약산성에서 발육이 좋다.

나. 병의 증상 및 진단방법

뿌리가 땅에 닿는 부분에 발생하는데 그 부분이 약간 물렁하게 썩고 표면에 흰색 가루가 생기며, 나중에는 무씨 모양의 좁쌀과 같은 균핵이 무수히 생긴다.

다. 발생생태

균사와 균핵의 형태로 토양에서 월동한 후 1차 전염원이 되며 2차 전염은 균사나 균핵의 이동에 의해 이루어진다. 온도가 30℃ 이상으로 고온일 때 많이 발생하며 배수가 나쁜 밭이나 배게 심어서 통풍이 불량할 때 발생이 많다.

라. 방제방법

발생이 심한 밭은 볏(화본)과 작물로 2~3년간 돌려짓기(윤작)한다. 배수가 양호한 밭에서 재배한다. 발병지는 다조멧 등의 토양훈증제로 소독 후 재배한다. 발병주는 일찍 제거하고 그 자리에 펜시쿠론수화제 등의 약제를 관주해 준다.

무름병

전 생육기에 걸쳐 발생하는데 특히 온도가 높고 비가 많이 오는 한여름의 장마철에 많이 발생한다. 당근 이외에 십자화과, 가짓과 작물을 침해하여 동일한 병을 일으킨다.

가. 병원균

Pectobacterium carotovorum subsp. *carotovorum*은 토양에 사는 세균의 일종으로 발육적온은 28~34℃이고, 중성이나 약알칼리성에서 잘 자란다. 기타 특성은 십자화과 무름병균과 동일하다.

나. 병의 증상 및 진단방법

뿌리의 전 부분에 걸쳐서 수침상의 작은 반점이 생겨 확대되며, 물컹물컹하게 썩는다. 병에 걸린 부분에서는 악취가 난다. 주로 수분이 많은 연약한 조직을 침해한다.

다. 발생생태

(1) 전염방법

토양에 존재하는 병든 잔재물, 잡초 등 식물의 뿌리 근처에서 생존하여 월동하며 토양수분과 함께 이동하여 기주식물체의 상처 부위를 침입한다.

(2) 발생환경

온도가 높고 비가 많이 와서 토양에 물이 많거나 습기가 많아지면 심하게 발생한다. 저위답, 저습지, 배수불량의 찰흙토양, 토양곤충이나 선충의 밀도가 높은 밭에서 발생이 많다.

라. 방제방법

십자화과 무름병에 준한다.

바이러스병

전국 각 지역에서 발생하며 발병률이 약 25%에 달할 때도 있다.

가. 병원균

샐러리모자이크바이러스(CeMV)와 오이모자이크바이러스(CMV)의 2종에 의한 것으로 생각되며 후자의 감염이 높다. 기타 균학적 성상은 박과 작물의 CMV에 의한 바이러스병에 준한다.

나. 병의 증상 및 진단방법

잎에 모자이크증상이 생기고, 잎이 가늘어져 기형으로 된다. CeMV는 짙고 옅은 심한 모자이크증상을 보이며 심하면 잎 전체가 누렇게 변하고 부분적으로 녹색부분만 남아 있는 경우도 있다.

다. 발생생태

2종 모두 진딧물에 의하여 충매전염하며, 즙액전염도 가능하다. 종자전염과 토양전염은 하지 않는다. 진딧물의 비래가 많아지는 고온 건조한 시기에 발생이 많다.

라. 방제방법

박과 작물 바이러스병에 준한다.

흰가루병

전국 각지에서 볼 수 있으며 생육 후기에 잘 발생한다. 잎과 잎자루가 밀가루를 뿌려놓은 듯이 흰가루에 덮여 있어 쉽게 진단이 가능하다. 병원균 *Erysiphe heraclei*는 자낭균에 속하는 곰팡이의 일종으로 자낭포자와 분생포자를 만든다.

자낭포자의 크기는 18-40×11-15µm이며 분생포자는 무색, 타원형, 단세포로 크기는 35-45×15-18µm이다. 병원균은 병든 식물체의 잔재물에서 자낭각의 형태로 월동하여 1차 전염원이 되며, 2차 전염은 병환부에 생긴 분생포자에 의해 이루어진다. 방제방법은 박과 작물 흰가루병에 준한다.

점무늬병

주로 7~9월에 발생하며 흔히 볼 수 있는 병해로 큰 피해는 없다. 처음에는 잎과 잎자루에 적갈색의 작은 반점이 생겨 주위로 확산한다. 잎의 경우는 가장자리에서 시작하여 안쪽으로 번진다.

병원균 *Cerocospora carotae*는 불완전균에 속하는 곰팡이의 일종으로 무색 채찍모양의 분생포자를 형성하는데 2~8개의 격막이 있다. 분생포자의 크기는 40-142×2-4µm이다. 이 균의 생육적온은 26~30℃이다. 병원균은 종자 혹은 병환부에서 균사나 분생포자의 형태로 월동하여 공기전염한다. 주로 생육 후기에 발생하며 고온 건조한 조건에서 발생이 많다. 생육 후기에 비료기가 떨어지면 발생이 증가한다. 방제방법은 검은잎마름병에 준한다.

균핵병

생육기뿐아니라 저장 중이나 수확 후 운송 중에도 발생한다. 주로 근두부에서 발생하며 병환부는 물러져 썩고 그 표면에 흰색의 균사가 덮이며 나중에는 이들이 뭉쳐 쥐똥과 같은 검은 균핵이 형성된다. 병원균은 *Sclerotinia sclerotiorum*으로 박과, 십자화과 작물의 균핵병균과 동일하다. 병원균은 균핵의 형태로 월동하여 1차 전염원이 되며 토양전염한다. 생육기 비가 잦고 온도가 낮은 조건에서 잘 발생한다. 방제방법은 십자화과 작물의 균핵병에 준한다.

관부썩음병

어린모 시기에는 잘록 증상으로 나타나고 그 이후는 근두부가 썩는 증상으로 나타난다. 병환부는 암갈색~흑색으로 썩으며 점차 윗 잎줄기로 번진다. 지상부는 시들고 말라 죽는다. 토양병이므로 한두 주에서 시작하여 집단적으로 발생한다.

병원균 *Rhizoctonia solani*는 불완전균에 속하는 곰팡이의 일종으로 균사융합군 AG2-2에 속한다. 균학적 성상은 십자화과 잘록병의 그것과 동일하다. 병원균은 토양 내 발병된 잔재물이나 기타 유기물에서 균사나 균핵의 형태로 월동하여 전염원이 된다. 이 병의 방제방법은 십자화과 밑둥썩음병에 준한다.

09 생강의 병해

뿌리썩음병

우리나라 생강생산의 가장 큰 제한요인이 되는 병해로 매년 평균 피해율이 20~30%에 이르는 피해가 큰 병해다. 생강 생육기가 5월부터 10월 말까지 대단히 길기 때문에 생육기의 기상이 병 발생의 다소를 결정하는 중요한 요인이 된다. 발생이 많은 해는 6월 하순부터 8월까지 장마가 계속되고 장마 후 불볕더위가 9월까지 연장되는 해에 비가 많이 오면 대발생하게 된다.

가. 병원균

Pythium myriotylum(=*Pythium zingiberum*)으로서 물과 관련이 깊은 조균류의 곰팡이다. 병원균은 포자낭(유주자낭)과 난포자를 형성한다. 병원균은 끝이 약간 부풀어 오른 시험관 모양의 유주자낭을 형성하며 그 크기는 70-90×80-100μm이다. 난포자는 둥글고 그 직경이 22-29μm이다.

난포자벽에는 둥근 모양의 작은 혹이 있는 것도 있다. 병원균의 생장속도는 대단히 빨라서 25℃에 둘 경우 하루에 24~28mm씩 자란다. 균사생육 최고온도는 40~43℃, 최저온도는 5~7℃이고 최적온도는 33~37℃이다.

포자낭의 형성적온은 25~35℃이고 난포자 형성적온은 16~20℃이다. pH 6~7에서 가장 잘 자란다. 병원균은 극고온성에 속하며 토양수분에 대단히 민감해서 고온 다습한 환경에서 급격히 진전한다. 병원균은 생강 외에 여러 작물을 침해하여 잘록병, 뿌리썩음병을 일으키거나 작물 생장을 저해하는 다범성균으로 생강을 심지 않더라도 타작물에 기생하여 토양 내 생존력이 양호하다.

<표 2-35> 생강 뿌리썩음병균의 타작물에 대한 병원성 국립농업과학원

병원성 강함(발병율>10%)	병원성 약함(발병율<10%)	병원성 없음(발병율:0)
오이, 수박, 참외, 호박,고추, 토마토, 밀, 메밀, 대두, 완두, 참깨, 멜론, 근대, 팥	가지, 귀리, 수수, 녹두, 잠두, 동부, 들깨, 배추, 양배추, 박, 양파, 파, 시금치, 당근, 갓, 아욱, 샐러리	쑥갓, 보리, 담배, 부추, 율무, 땅콩, 옥수수

나. 병의 증상 및 진단방법

생강을 4월 말에 심은 후 발아하여 3~4잎이 지상부로 출현한 때인 6월 말~7월 초부터 발생하는데 지하부의 줄기, 근경이 병원균에 의하여 수침상으로 썩기 때문에 썩는 부분에 해당하는 지상부의 잎이 노랗게 황화하기 시작한다. 점차 지하부의 썩음이 진전함에 따라 지상부 전체가 노랗게 변색하고 이윽고 황갈색으로 전부 고사하게 된다.

초기에 잎이 노랗게 변색하므로 농업인은 이 병을 노랑병으로 부른다. 병에 걸린 포기를 뽑아서 관찰하여 보면 줄기의 지제부 부근이 수침상으로 썩어 잘 탈락하며 근경도 옅은 회색으로 병이 진전하면서 그 표면에 흰색의 균사가 나와 있다. 더 진전하면 근경의 내부가 완전히 썩어서 속이 비어 미라화된다. 일단 썩음이 시작된 근경은 수확한 후에도 계속 수침상으로 진전하기 때문에 상품으로의 가치가 전혀 없으며 따라서 수확 시 생강의 일부분만 썩었다 하더라도 그 생강은 폐기 대상이 된다. 생강의 생육 초기 지상부의 아랫잎이 노랗게 변색하는 것은 생강 뿌리썩음병의 진단에 가장 핵심적인 요소가 된다. 생강의 지하부 새싹이 병원균에 의하여 가장 침해되기 쉽고 다음이 지하부 줄기, 근경, 뿌리, 지상부 줄기, 잎 등의 순이다.

다. 발생생태

(1) 전염방법

병원균은 균사, 팽윤균사, 난포자 혹은 피낭포자 형태로 토양입자에 흡착하거나 병든 식물체 잔재물에서 월동하여 1차 전염원이 되며 2차 전염은 병환부에 형성된 유주자낭에서 분출된 유주자가 토양수분을 따라 주위로 확산하여 이루어진다. 병원균은 겉흙으로부터 10cm 이내의 토양에 주로 분포한다.

(2) 발생환경

생육기 중 장마기간이 길고 여름철 기온이 높아 9월까지 불볕더위가 지속되면 대발생한다. 생강을 이어짓기(연작)하면 병원균이 재배지에 누적되므로 발생이 심해진다. 병원균이 물속에서 번식 전염하므로 저습지 찰흙토양, 지하수위가 낮은 재배지, 물 빠짐이 좋지 않은 곳에서 발생이 심하다.

라. 방제대책

비가림재배하면 병원균의 유입이 적어 병 발생이 적다. 종강을 베노밀.티람수화제 200배액에 4시간 침지하여 사용한다. 이어짓기(연작) 재배지는 비기주 작물로 돌려짓기(윤작)하거나 토양을 다조멧 등의 토양훈증제로 소독한 후 재배한다. 물 빠짐이 좋은 곳에서 재배하고, 저습지 등 지하수위가 낮은 곳에서는 재배를 피한다. 발병 포기는 조기에 제거하고 메타락실-엠, 아미설브롬 등 전문약제를 토양관주 또는 살포해 준다.

<표 2-36> 배추, 양배추, 무에서 분리한 시들음병균의 각각의 기주에 대한 병원성 정도 국립농업과학원

구분	처리	
	토양소독*	관행방제
입모율(%)	90.1	85.3
초장(cm)	36.8	32.8
발병율(%)	3.5	34.2
수량(kg/10a)	1,260	714
잡초발생 정도	-	-

*다조멧 처리

잎집무늬마름병

생강의 재배 기간 중 언제나 발생하나 큰 피해는 없다.

가. 병원균

*Rhizoctonia solani*는 불완전균에 속하는 토양에 사는 곰팡이의 일종으로 벼잎집무늬마름병균과 동일한 종에 속하며 병원균의 균사융합군은 AG2-2와 AG5다. 포자를 잘 형성하지 않는 균으로 균사와 균핵을 형성하며, 병원균의 발육적온은 30℃의 고온이다.

나. 병의 증상 및 진단방법

땅과 가까운 줄기에 벼의 잎집무늬마름병처럼 구름 모양의 부정형의 병반이 생겨 확대되며, 심한 것은 줄기가 물러 썩고 생육이 쇠퇴한다.

다. 발생생태

(1) 전염방법

균사 혹은 균핵의 형태로 종강이나 토양에서 월동한 후 1차 전염원이 되며 2차 전염원은 병반의 균사, 균핵이 이동하여 발생한다.

(2) 발병환경

온도가 30℃ 내외로 매우 높고 토양이 다습할 때 발생이 많다. 재배지에서는 7~9월의 고온시기에 발생한다.

라. 방제방법

종강은 무병지의 것을 사용하고, 병의 발생이 없었던 건전 재배지에서 재배한다. 물빠짐이 좋은 곳에서 재배하고, 배수 관리에 유의한다. 비가림재배 시 시설 내의 온도가 높지 않도록 관리한다. 발병이 심한 곳은 토양훈증으로 토양을 소독한 후 재배하는 것이 안전하다.

세균땅속줄기썩음병(무름병)

물 빠짐이 나쁜 밭이나 지하수위가 낮은 곳, 침수된 재배지에서 발병한다. 생강 이외에 십자화과 채소 등 여러 작물을 침해하여 동일한 병을 일으킨다.

가. 병원균

Pectobacterium carotovorum subsp. *carotovorum*과 *Pseudomonas* spp 등의 세균에 의하여 발생한다. 이들 중 한 종은 각종 채소의 무름병을 일으키는 세균이다. 대부분 토양 속에서 서식하며, 발육적온은 28℃ 정도로 고온을 좋아한다.

나. 병의 증상 및 진단방법

뿌리와 땅이 닿는 곳에서 주로 발생하는데 수침상의 반점이 생겨 확대되며, 후에는 연한갈색으로 포기 전체가 흐물흐물하게 썩고 심한 악취를 낸다. 생강 뿌리썩음병과는 병환부가 흐물흐물하게 썩고 심한 악취가 난다는 점에서 차이가 있다. 생육 초기에는 완전히 포기가 소실해 버리며 생육 후기에 병의 증상이 두드러지게 나타난다.

다. 발생생태

토양이나 잡초의 근권에서 월동하여 1차 전염원이 되며, 2차 전염은 병환부에서 증식한 병원세균이 물을 따라 이동하여 발생한다. 기온이 높고 토양 내 수분이 과다할 때 발생하므로 배수가 나쁜 밭, 점질토양, 강우가 잦을 때는 피해가 심하다.

라. 방제방법

종강은 발병이 없는 곳에서 채취한 건전 종강을 사용한다. 기타의 방제방법은 십자화과 무름병에 준한다.

흰별무늬병(백성병)

생육 중기인 7월부터 발생하지만 후기에 가까울수록 발병이 심해진다. 매년 볼 수 있는 병해로 심하게 발생할 경우 약제방제 등 대책을 강구해야 한다.

가. 병원균

*Phyllosticta zingiberi*는 불완전균에 속하는 곰팡이의 일종으로 병자각 내에 분생포자를 형성한다. 병자각은 병환부에 생기며 그 크기는 직경 50-120μm이다. 분생포자는 무색, 단포, 타원형으로 크기는 5-9×2.5-3.5μm이다.

나. 병의 증상 및 진단방법

잎에 회백색의 소형 병반을 형성하여 세로로 확대된다. 병환부는 퇴록하여 흰색으로 되며 점차 색깔이 엷어져 중심부에는 구멍이 뚫린다. 인접 병반끼리 합쳐져 보다 큰 병반이 된 곳은 연갈색으로 마른다. 오래된 병반에는 흑색의 소립(병자각)이 생긴다.

다. 발생생태

병자각의 형태로 발병된 잔재물에서 월동하여 1차 전염원이 되며 병환부에 생긴 병포자가 바람에 날려 2차적으로 공기전염한다. 생육 중기 이후 비가 잦고 비료기가 떨어져 쇠약한 잎에서 발생이 많다.

라. 방제방법

병든 잎은 조기에 제거한다. 수확 후 잔재물을 모두 태운다. 생육 후기에 비료 성분이 모자라지 않도록 비료를 준다.

저장병(토굴저장 시 부패병)

생강의 수확 후 토굴저장 시 생강을 썩히는 병해로 저장토굴의 환경에 따라 다르지만 평균 20~30%는 매년 피해가 발생하는 것으로 추정된다. 생강의 생산방식에 따라 썩는 비율도 달라서 높은 지대의 건조한 환경에서 생산된 생강은 저장 시 부패율이 낮고, 저습지나 과도한 관수하에서 생산되거나 비가 많은 해에 생산된 생강 혹은 초년재배에서 비대율이 좋은 생강은 그만큼 생강 내 수분 함량이 높아 저장 시 부패율도 높다. 또한 비가림재배에서 생산된 생강은 일반 노지재배에 비하여 저장성이 매우 낮아 저장 시 부패에 약하다.

가. 병원균

생강은 썩은 모양별로 관여하는 병원균도 다르다. 샛노랑물러썩음은 2종의 세균에 의하여 발생하는 것으로 주로 *Pectobacterium carotovorum* subsp. *carotovorum*(채소의 무름병균)가 관여하는 것으로 추정된다. 이 균은 토양 속에 언제나 살고 있으며 농작물의 상처 부위를 침해하여 썩히는 균이다.

갈색썩음 증상은 세균과 곰팡이 그리고 선충에 의하여 생기는데 선충에 의하여 생강 근경에 상처가 생긴 곳에 세균과 곰팡이가 침입하여 육질을 부패하는 것으로 생각된다. 주 관여 균은 *Fusarium solani*와 *Pseudomonas aeruginosa*다. 둥근무늬썩음은 *Fusarium solani*에 의하여 생기는 것으로 육질 내에 국부적으로 존재한다. 수침상썩음은 생강의 뿌리썩음병균과 유사한 곰팡이인 *Pythium ultimum*과 *P. spinosum*에 의하여 발생된다.

나. 병의 증상 및 진단방법

저장 시 부패의 모양은 크게 4가지로 나누어진다. 샛노랑물러썩음은 진황색으로 연화 부패하고, 갈색썩음은 암갈색으로 썩은 부위가 탈락하며 전형적인 썩음증상을 보인다. 둥근무늬 썩음은 조직의 단면을 잘라보면 갈색~분홍색의 원형 띠가 생겨 부패하며 수침상썩음은 생강의 육질이 건전 육질에 비하여 약간 회색으로 변색하여 물에 데친 듯이 썩는다. 이 4가지 형태 중에서 수침상썩음의 빈도가 가장 높고 다음에 샛노랑물러썩음, 갈색썩음의 순서로 빈도가 낮다. 샛노랑썩음과 갈색썩음 증상에서는 심한 악취가 난다.

<표 2-37> 생강의 토굴저장 시 썩는 모양별 빈도 국립농업과학원

썩는 모양	빈도(%)			평균
	토굴 I	토굴 II	토굴 III	
샛노랑물러썩음	18.9	26.0	28.1	24.3
갈색썩음	25.7	17.8	16.9	20.1
둥근무늬썩음	16.2	11.0	13.5	13.6
수침상썩음	36.5	42.5	40.4	39.8
기타	2.7	2.7	1.1	2.2

<표 2-38> 생강의 토굴저장 시 썩는 모양별 빈도 국립농업과학원

병원균	저장온도별 부패율(%)			썩는 모양
	15℃	20℃	30℃	
E. carotovora	2.0	6.3	71.7	물러썩음
Pse. aeruginosa	3.0	3.0	33.3	갈변, 물러썩음
F. solani	3.7	2.0	43.3	갈변, 둥근무늬썩음
P. ultimum	10.5	-	53.5	수침상썩음

Tip

칼루스(Callus) ●
식물체에 상처가 났을 때 생기는 조직으로 유상조직(癒傷組織), 유합조직, 칼루스라고도 한다.

다. 발생생태

썩음에 관여하는 균들은 모두 토양에 존재하는 균들로서 생강 수확 시 표면에 묻어 있는 흙이나 생강 표면의 파상무늬 부위 또는 생강의 줄기가 떨어져 나간 곳, 생강손끼리 겹쳐 있는 V자형 부위, 움(맹아) 혹은 수확 시의 상처 부위에 묻어 있다가 저장굴의 높은 습도 하에서 서서히 생강을 부패시키는 것으로 생각된다.

생강 저장토굴을 들어가 보면 토굴의 천장에는 많은 물방울이 맺혀 있으며 이들이 아래로 점적되기 때문에 저장생강 더미의 위쪽은 늘 물기로 젖어 있는 것을 볼 수 있다. 이들 수분들은 생강더미의 아래로 이동하여 부패에 충분한 습기를 제공하고 있다. 일단 일부 생강이 썩기 시작하면 부패 시 발생되는 열에 의하여 주위의 온도가 높아져 썩음이 기하급수적으로 증가하며 저장기간이 길어짐에 따라 부패율도 그만큼 증가하게 된다. 토굴의 저장온도는 11~13℃인데 생강더미 안의 온도는 이보다 훨씬 높아 부패를 촉진하게 된다. 주요 썩음 관련 균들의 병원성을 보면 저온보다는 고온에서 훨씬 부패율이 심하다. 그러나 저온에서도 병이 천천히 진전한다는 것뿐이지 부패가 없는 것은 아니기 때문에 장기간 저장 시 부패가 서서히 누적되어 전 생강을 썩히게 된다.

라. 방제대책

재배지에서 좋은 생강을 생산한다. 생육기간 중 뿌리썩음병 등 잦은 병치레가 있거나 배수가 불량한 재배지, 이어짓기(연작) 재배지에서 재배한 생강은 그만큼 유해균의 토양 내 빈도가 높아져 저장 시 생강을 썩힐 확률도 그만큼 높아진다.

수확 시 생긴 상처는 저장 시 생강을 썩히는 부패균의 좋은 침입처가 되므로 가급적 상처 수를 줄이고 저장 전에 생강을 30~35℃, 습도 90~95% 상태에서 8일간 치유시켜 생강의 상처 부위에 칼루스(Callus)•가 생성되도록 한 뒤에 저장하는 것이 바람직하다. 생강 토굴 내 과도한 수분은 생강썩음을 초래하는 직접적인 원인이 되므로 어떠한 방법이든지 생강 내에 생기는 수분을 제거하는 것이 썩음을 방지하는 지름길이다.

생강을 선반 위에 저장하여 통기를 좋게 한다든가 생강을 토굴 공중에 매달아 놓는 방법도 있다. 저장 생강 중에 생식용 생강을 제외하고 다음 해 종강으로 쓸 생강은 약제를 처리하여 저장한다. 저장 시 부패관여 균 중 가장 빈도가 높은 *Pythium* 균에 의한 수침상썩음을 방지하기 위해서 종강으로 쓸 생강을 리도밀 등의 약제로 0.3~0.4% 분의하여 저장하는 것도 좋다.

10 미나리의 병해

빗자루병

미나리가 자라지 못하고 빗자루 모양으로 총생하는 병으로 본래 크기의 1/5~1/10 정도로 왜소하다. 병원균은 *Candidatus Phytoplasma asteris*로 병원체의 성상이나 발생생태는 알려진 바 없어 방제방법도 발병된 포기를 제거하는 방법 이외에는 별다른 것이 없는 실정이다.

녹병

잎과 잎자루에 황색의 융기된 병반이 생기며 표면에는 흑갈색 포자퇴(동포자퇴)가 형성된다. 병원균은 *Puccinia oenanthes stolonifera*로 담자균에 속하는 곰팡이다. 병원균은 병든 잔재물에서 동포자나 하포자의 형태로 월동하여 전염원이 되며 시설재배 밭 미나리에서 피해가 크다. 방제방법은 파 녹병에 준한다.

뿌리썩음병

어린모 시기에는 잘록 증상을 일으키며 성장한 식물은 지하부 뿌리를 갈색으로 썩힌다. 발아세가 약하거나 쇠약하게 자란 식물에서 발병이 많다. 병원균 *Pythium ultimum*은 조균류에 속하는 곰팡이의 일종으로 유주자낭과 유주자를 형성한다. 유주자는 토양이나 토양수분을 따라 이동하여 전염한다. 방제방법은 생강 뿌리썩음병에 준한다.

갈색무늬병(갈반병)

잎에 엽맥을 따라가는 갈색의 대형 병반을 만든다. 병반 주위는 황변하며 심하면 잎이 고사한다. 병원균 *Septoria enanthes*는 불완전균에 속하는 곰팡이의 일종으로 병자각과 채찍 모양의 분생포자를 만든다. 병원균은 발병된 잔재물에서 병자각의 형태로 월동하여 전염원이 되며 2차 전염은 병환부의 분생포자에 의해 이루어진다. 방제방법은 딸기의 겹무늬병에 준한다.

11 쑥갓의 병해

바이러스병

오이모자이크바이러스(CMV)와 순무모자이크바이러스(TuMV)에 의하여 발생한다. 잎에 모자이크증상이 일반적인 병 증세이며 심하면 잎이 위축하고 기형이 된다. 두 종의 바이러스 모두 충매전염과 즙액전염을 하며 종자전염과 토양전염은 하지 않는다. 방제법은 십자화과 바이러스병에 준한다.

잘록병

어린모의 땅가 부근이 수침상으로 침해되어 전형적인 잘록 증상을 나타낸다. 병원균은 *Rhizoctonia solani*로 균사융합균 AG-4에 의하여 초래된다. 병원균은 균사 혹은 균핵의 형태로 토양에서 월동하여 1차 전염원이 된다. 방제방법은 십자화과 잘록병에 준한다.

균핵병

줄기와 잎이 수침상으로 물러 썩으며 병환부에는 흰색의 곰팡이가 뚜렷이 나타나고 나중에는 이들이 뭉쳐 쥐똥 같은 균핵이 된다. 병원균은 *Sclerotinia sclerotiorum*으로 다범성인 자낭균에 속하는 곰팡이다. 병원균은 균핵을 통하여 토양전염한다. 균학적 성상, 발생생태 및 방제방법은 십자화과 균핵병에 준한다.

12 아욱의 병해

잘록병

어린모의 땅가 줄기가 수침상으로 침해되어 쓰러진다. 병원균은 *Rhizoctonia solani*로 불완전균에 속하는 곰팡이다. 균사융합군은 AG2-1이다. 병원균의 균학적 성질, 발생생태 및 방제방법은 십자화과 잘록병에 준한다.

균핵병

줄기와 잎에 발생하는데 병환부가 갈색으로 물러 썩고 표면에 흰색의 곰팡이가 생긴다. 흰곰팡이실은 뭉쳐서 쥐똥 모양의 균핵이 된다. 병원균은 *Sclerotinia sclerotiorum*으로 자낭균에 속하는 곰팡이이며 20℃ 내외의 저온에서 잘 생육한다. 병원균은 균사 혹은 균핵의 형태로 이병잔재물에서 월동하여 토양전염한다. 방제방법은 십자화과 균핵병에 준한다.

탄저병

줄기와 잎에 발생하는데 잎에는 병무늬 가장자리가 뚜렷하지 않은 회색 반점의 겹둥근무늬가 형성되며 마르면 갈색이 된다. 줄기에는 방추형-원형의 무늬가 형성되어 병환부가 마르며 그 표면에 담황색의 포자퇴가 형성된다. 병원균은 *Colletotrichum malvarum*으로 불완전균에 속하는 곰팡이의 일종이다. 병원균의 분생포자는 무색, 단포, 타원형~원통형으로 끝이 뭉뚝하다. 흑색바늘 모양의 강모가 있다. 병원균은 종자나 혹은 병든 식물체 잔재물에서 균사나 분생포자의 형태로 월동하여 전염원이 된다. 2차 전염은 병환부의 분생포자가 빗물에 튀어 주위로 확산돼 여름~가을에 걸쳐 비가 자주 올 때 피해가 심하다. 방제방법은 가짓과 작물 탄저병에 준한다.

<해충편>

제1장 채소해충의 종합관리 (IPM)

채소의 안정적 생산과 품질향상을 위해서는 해충의 종합적 관리가 필요하다. 해충의 종합적 관리(IPM)는 작물별로 해충의 종류를 파악하고 각각의 해충의 발생시기, 발생 및 피해 정도 등에 근거하여 화학적 방제, 생물적 방제, 경종적 방제, 물리적 방제 등 다양한 방제수단을 적절히 조합하여 사용함으로써 최대의 경제적 효과를 얻을 수 있다. 이 장에서는 채소에 발생하는 주요 해충의 발생추세, 작물에 대한 피해, 환경과의 관계, 예찰 및 방제법에 대하여 살펴보고자 한다.

01 채소해충의 종류 및 발생추세

최근 채소 재배방법의 다양화로 해충의 발생양상도 달라지고 있다. 특히 대형 비닐하우스 내에서의 이어짓기(연작)재배는 해충이 쉽게 발생하게 만든다. 우리나라의 경우 경지면적이 협소하여 매년 동일 지역에 같은 작물을 재배하고, 또한 특정 지역에서는 한두 작물의 집단재배로 거대한 단지를 형성하고 있기 때문에 해충의 발생과 피해는 점점 늘어가고 있는 실정이다.

해충 피해는 농작물 생산 및 농가소득의 제한 요소로 작용하는데, 소득의 30~50%가 병해충 방제에 의해 좌우될 수 있다. 1950년 이후 지금까지 효과적이고 비싸지 않은 화학합성농약에 의해 해충이 관리되어 왔지만 이로 인한 사람과 가축, 환경에 대한 위협, 농약에 대한 해충의 저항성, 새로운 농약의 개발에 필요한 고비용 등으로 장기적이고 안정적인 새로운 병해충 관리 전략이 필요하게 되었다. 최근 강조되고 있는 해충의 종합적 관리(Integrated Pest Management, IPM)가 그 전략으로 이것은 생물적, 재배적, 물리적, 화학적 방제기술의 이용을 조합하여 경제적, 환경적 그리고 사람과 가축에 위험을 최소화시키는 생태학에 기반을 둔 해충 방제 방법을 개발 수행하는 것이다. 현재까지 미국, 유럽 등 여러 농업 선진국 각국에서 수행된 IPM은 농약사용으로 인한 환경 및 식품의 안전에 대한 위험을 감소시키고 농가의 소득을 높일 뿐만 아니라, 자연 자원의 지속성을 높이고 새로운 수출시장을 열어왔다.

이러한 IPM사업은 병해충의 생리생태, 천적곤충의 개발, 방제약제 연구 등은 물론 개발된 방법의 현장적응, 홍보, 지도자 교육 등과 같은 각 단계의 요소들이 검토되어 수행되어야 한다. 그리고 이 모든 것들보다 먼저 수행되어야 하는 것이 정확한 해충발생의 조사 및 예찰이다. 각 작물의 재배시기, 심는 차례(작부체계) 등에 따라 정확한 해충 종류 및 발생 정도가 파악되어야 그다음 단계가 올바른 쪽으로 수행될 수 있는 것이다. 발생하고 있는 해충의 종을 정확히 모르고는 해충의 생태 및 생리와 발생양상들을 파악할 수 없고, 효과적인 약제와 천적 등을 선발할 수 없다. 따라서 작물별 주요 해충 및 그들 해충을 분류·동정할 수 있는 기초 지식이 필요하다. 주요재배 작물의 종류 변화, 지구온난화에 따른 기후 변화, 농약의 사용 증대에 따른 2차 해충의 발생량 증가, 온실재배 작물의 확대 등에 따른 재배환경의 변화 등은 해충상의 변화에도 영향을 주어 새로운 해충의 발생을 가져왔다. 이로써 잠재해충이 주요 해충으로 등장했을 뿐만 아니라 농산물 수출입량의 증가에 따라 오이총채벌레, 아메리카잎굴파리, 꽃노랑총채벌레 등과 같은 외래해충이 발생했다. 이렇듯 작물별로 주요 해충 시대가 조금씩 변해 왔다.

노지 채소류 주요 해충의 변화

십자화과 채소의 주요 해충으로는 1960년대까지 배추흰나비, 무잎벌레, 벼룩잎벌레 등이었으나 1970~1980년대에는 진딧물과 배추좀나방의 피해가 많아졌다. 특히 배추좀나방은 아열대성 해충이지만 우리나라 중부 지역에서까지 노지에서 각 발육태로 월동이 가능할 정도로 적응했고, 십자화과 채소의 주요 해충이 되었다. 파밤나방 역시 아열대성 해충으로 1980년대 후반 이후 발생량이 급증하였다.

박과류, 가짓과 작물의 주요 해충은 진딧물류에서 점박이응애, 차먼지응애와 같은 응애류 해충으로, 마늘, 파 등 백합과 작물에서는 고자리파리와 뿌리응애에서 파밤나방, 파굴파리, 파총채벌레 등으로 우선순위가 바뀌었다.

<표 1-1> 연대별 노지 채소 작물의 주요 해충 변화

구분	1930~1940년	1950~1960년	1970~1980년	1990년대 이후
십자화과	배추흰나비, 무잎벌레	배추흰나비, 벼룩잎벌레	진딧물류, 배추좀나방	배추좀나방, 파밤나방
박과	오이잎벌레, 목화진딧물	목화진딧물, 오이잎벌레	목화진딧물, 온실가루이	응애류, 진딧물류
가짓과	무당벌레붙이	담배나방, 무당벌레붙이	담배나방, 복숭아혹진딧물	응애류, 진딧물류
백합과	고자리파리, 구근꽃등에	고자리파리, 뿌리응애	뿌리응애, 고자리파리	파밤나방, 파굴파리, 파총채벌레
명아줏과	흰띠명나방, 거북잎벌레	도둑나방, 거세미나방	도둑나방, 거세미나방	파밤나방, 담배거세미나방

시설 채소류의 주요 해충

노지작물과는 달리 연중 작물이 재배되는 시설작물의 경우 1980년대 전반에는 진딧물류와 점박이응애 등이 주로 문제되었으나 1980년대 후반부터는 온실가루이의 발생이 급증하고 점박이응애, 차응애, 차먼지응애와 같은 응애류 해충이 문제가 되기 시작했다.

1980년대 후반 들어 늘기 시작한 수입농산물이 증대되면서 침입하기 시작한 오이총채벌레, 꽃노랑총채벌레, 아메리카잎굴파리 등이 1990년대 초부터 온실가루이와 함께 시설재배 작물의 방제하기 어려운 해충(난방제해충)으로 대두되었다.

<표 1-2> 연대별 노지 채소 작물의 주요 해충 변화

1980년대 전반	1980년대 후반	1990년대 전반	1990년대 후반
복숭아혹진딧물, 목화진딧물, 점박이응애, 민달팽이	점박이응애, 온실가루이, 복숭아혹진딧물, 목화진딧물	점박이응애, 온실가루이, 오이총채벌레, 차먼지응애	가루이류, 총채벌레류, 응애류, 굴파리류, 진딧물류

작물별 주요 해충

채소류의 주요 해충은 아래 <표 1-3>과 같고 각론에서 각 해충에 대해 설명하였다.

<표 1-3> 채소류의 주요 해충

작물	해충명
십자화과 채소 (배추, 무, 양배추)	명주달팽이, 무테두리진딧물, 복숭아혹진딧물, 양배추가루진딧물, 무잎벌레, 도둑나방, 배추순나방, 배추좀나방, 파밤나방, 배추흰나비, 무잎벌
가짓과 채소 (가지, 토마토, 고추, 감자)	점박이응애, 차먼지응애, 꽃노랑총채벌레, 오이총채벌레, 온실가루이, 목화진딧물, 복숭아혹진딧물, 방아벌레류, 왕무당벌레붙이, 감자나방, 담배나방, 파밤나방, 아메리카잎굴파리
박과 채소 (오이, 수박, 호박)	점박이응애, 꽃노랑총채벌레, 오이총채벌레, 온실가루이, 목화진딧물, 파밤나방, 목화바둑명나방, 호박과실파리, 아메리카잎굴파리, 뿌리혹선충
달랫과 채소 (파, 양파, 마늘)	마늘줄기선충, 뿌리응애, 담배거세미나방, 파총채벌레, 파좀나방, 파밤나방, 파굴파리, 고자리파리
딸기	딸기잎선충, 들민달팽이, 점박이응애, 차응애, 대만총채벌레, 딸기뿌리진딧물, 딸기꽃바구미

02 해충의 피해

해충의 피해는 해충의 종류, 발생량, 작물의 크기에 따라서 달라지나 대체적으로 해충의 입 모양에 따라서 다르다. 크게 나누어 보면 나방의 애벌레와 같이 씹어 먹는 것, 어린 작물을 잘라 먹는 것, 작물체의 잎·줄기·열매에 침(針) 같은 입을 꽂아 즙액을 빨아 먹는 것, 잎살 속이나 줄기 속을 파고 들어가 굴을 만들고 피해를 주는 것 등이 있다. 또한 잎이나 새로 자라나는 가지 위에 벌레집을 만들어 피해를 주는 것도 있다. 잎이나 줄기에 알을 낳을 때 알을 낳은 부위의 조직이 죽어서 피해를 주는 것, 뿌리혹선충과 같이 양분흡수를 못하도록 뿌리에 혹을 만들어 결국 작물체의 성장을 방해하는 것 등 여러 가지로 구분할 수 있다.

갉아 먹어서 생기는 피해

배추흰나비의 애벌레나 도둑나방 따위의 해충은 잎, 줄기, 뿌리를 갉아 먹어 작물체의 여러 부분에 피해를 주는데 먹은 형태에 따라 피해 흔적이 남게 된다.

작물체의 내부로부터 가해(加害)를 하는 경우와 작물체의 외부로부터 가해를 하는 경우가 있으며 외부 피해는 어린싹, 잎, 꽃, 이삭, 과실, 줄기, 뿌리, 덩이줄기 등의 일부 또는 전부를 먹어 버리는 것이다.

배추와 같이 잎이 넓은 작물의 경우 잎끝부터 먹어 들어가거나, 잎 가운데서부터 구멍을 내고 먹어 상품 가치를 떨어뜨린다. 또 잎 속으로 파고 들어가는 굴파리류와 좀나방류 등은 굴을 파고 잎살만 먹어 겉에 표피(表皮)만 남게 하는 피해를 준다. 특히 과채류의 경우 열매 속으로 파고 들어가 열매를 떨어뜨려 치명적인 피해를 주며 일단 과실 속으로 파고 들어간 해충은 방제가 매우 어렵다.

즙액을 빨아 먹어 생기는 피해

진딧물이나 노린재류와 같이 입이 침으로 되어 있는 해충은 직접 잎이나 줄기, 과실에 침을 박고 즙액을 빨아 먹어 잎이 오그라들며 영양부족으로 작물이 잘 자라지 못하게 한다. 이들 해충이 병든 작물의 즙액을 빨아 먹을 때 바이러스병독(病毒)을 함께 흡입하기 때문에 해충의 입 속에 있는 침샘에서 바이러스병독이 증가하게 된다. 이들이 다른 건전한 식물의 즙액을 빨아 먹게 되면 바이러스병독이 다른 작물의 체내로 들어가 병을 옮기는 간접적인 피해를 끼친다. 대부분의 채소류는 바이러스병의 발생이 많은 편이고 이 중에는 해충에 의하여 전염되는 경우가 많으므로 바이러스병을 방제하려면 먼저 해충의 발생을 막아야 한다. 특히 육묘기나 어린 작물에 바이러스병이 잘 걸리므로 이때는 더욱 철저한 해충 방제가 필요하다.

입으로 두드려 나온 즙액을 빨아 먹어 생기는 피해

총채벌레류와 같이 식물체의 표피를 입으로 두드려 즙액이 나오면 빨아 먹는 입을 가진 해충은 작물체 표면의 엽록소를 파괴하여 흰색의 반점이 생기게 한다. 그 부위에 세균이 번식되고, 검은 반점도 생겨 잎이 오그라들고 상품 가치는 크게 떨어지게 된다. 이와 같은 현상이 해충 피해로 잘 판단이 되지 않는 경우가 있으며, 병에 의한 피해나 생리적인 장애로 판단될 수 있다.

알 낳은 작물 부위의 피해

많은 해충은 작물체 속에 알을 낳는다. 알을 낳을 때는 산란관으로 조직에 상처를 입히게 되므로 그 주위의 조직이 죽게 된다. 또한 잎, 가지, 줄기의 조직에 알을 낳으면 알이 물을 흡수하여 팽창하게 되고 그 부분이 부풀어 오르며 알에서 어린 벌레가 깨어 나올 때는 껍질이 찢어져 상처가 나므로 조직이 죽게 된다. 또 과실에 알을 낳으면 과실에서 점액이 나와 기형이 되고 상품 가치가 떨어지게 된다. 연한 줄기에 알을 낳으면 알을 낳은 부위에 둥글게 상처가 생기고 윗부분이 말라 죽어 생장점이 죽게 된다.

비정상적인 생장에 의한 피해

해충이 작물의 새순, 꽃눈, 잎, 가지, 뿌리 등에 알을 낳고 알에서 깨어난 어린 벌레가 외부 또는 조직 속에서 생활을 하게 되는데, 그로 인해 그 부분의 세포가 비정상적으로 증식하고 혹 같은 모양의 벌레혹이 생긴다. 이 벌레혹은 해충에게 좋은 먹이를 공급할 뿐만 아니라 해충을 외부로부터 지켜주게 된다. 특히 뿌리혹이 생기면 잔뿌리가 없어서 양분흡수가 되지 않고, 무와 같은 작물은 뿌리가 굵어지지 않으며 수량의 감소를 가져온다.

Tip

식흔 •
해충이 식물체를 가해한 흔적

03 해충과 작물병의 관계

작물이 해충의 가해나 손상을 받으면 병을 전파하고 발생시키는 유인조건이 된다. 해충이 파고 들어간 부위는 상처가 나므로 그 부위에 병원균이 묻으면 침입하기 쉽다. 또 해충이 작물의 병을 전염하는 전형적인 예는 작물에게 각종 바이러스를 옮겨주는 것이다. 무, 배추의 모자이크병, 잎오갈병 등 각종 바이러스병은 진딧물류, 노린재류가 옮기고 최근에는 메뚜기나 잎벌레류와 같이 씹어 먹는 입을 가진 해충도 병을 옮기는 것으로 밝혀지고 있다.

무, 배추의 무름병은 방아벌레류나 배추벼룩잎벌레의 가해한 부위로 쉽게 감염되고 토양 병해의 발생과 토양해충의 가해와 밀접한 관계가 있다는 보고가 있다. 또 오이, 참외의 잎을 가해하는 응애류의 식흔(食痕)•을 통해 탄저병균이 쉽게 침입한다. 따라서 많은 해충들을 이동을 통해 병균을 옮기는 역할을 하게 된다. 즙액을 빨아 먹는 입을 가진 깍지벌레류나 진딧물류의 먹고 배설한 물질에 그을음병균이 발생하면 잎이 검게 되고 탄소동화 작용을 억제하며 수분의 증산작용을 저해하여 생육에 지장을 준다. 이렇듯 병 발생과 아주 밀접한 관계가 있으므로 해충의 철저한 방제는 곧 병을 방제하는 것과 같다.

04 해충의 발생과 환경

해충의 번식과 환경

해충의 번식능력은 암컷의 알 낳는 능력, 암컷의 비율, 일정한 시간 내에 발생하는 횟수에 따라 결정된다. 아무리 번식능력이 뛰어나더라도 먹이가 풍부하고 발생할 수 있는 환경조건이 맞아야 번식능력을 최대로 발휘할 수 있다. 일반적으로 해충은 몸이 작고 쉽게 이동할 수 있으며, 타 동물에 비하여 알 낳는 수가 많으므로 지구상의 어느 생물보다 많은 종류와 수가 존재하고 있다. 이들은 먹이의 양이 적고 살아나가는데 적합한 환경조건이 되지 않으면 발육 도중에 죽거나 번식능력을 제대로 발휘하지 못하게 된다. 반대로 먹이가 풍부하고 환경조건이 좋으면 제대로 생식능력을 발휘하여 많이 발생할 수 있게 된다.

그러나 모든 해충이 똑같은 환경에 모두 적응하여 많이 발생하는 것이 아니라 해충 종류에 따라 저온, 고온, 다습, 저습, 건조 등 각기 제 나름대로 환경에 대한 저항력이 다르고, 먹이가 다르며, 발생할 수 있는 조건이 다르다. 그러므로 지역과 해에 따라서 해충발생은 다르다. 그중에도 자연상태에서 먹이사슬에 의해 천적에게 잡아먹히는 것도 무시 못 할 억제요인으로 작용한다.

그러나 인간이 채소 등 작물을 인공적으로 연중 재배하는 것은 결과적으로 해충에게 먹이를 제공하는 결과가 되며 해충의 발생 정도를 사람 마음대로 조절하기는 쉽지 않다. 또한 과거보다 해충의 발생환경은 계속 좋아지고 있어 앞으로 해충발생은 더욱 많아질 전망이다.

생활장소의 변화와 해충발생

재배방법의 변화와 해충발생과는 밀접한 관계가 있다. 특히 비닐의 농업적 이용으로 다양해진 재배법, 소득작물의 단지화 및 이어짓기(연작) 등은 해충발생에 많은 변화를 가져왔다. 비닐하우스는 연중 작물재배를 가능케하여 해충의 먹이를 연중 공급해 주고, 온도를 높여줘 해충의 발생상황을 변화시키고 있다. 또한 발생 지역의 변화, 즉 과거에는 발생하지 못하던 지역에도 발생이 가능해져 많이 발생하는 등 발생상의 변화를 가져왔다.

토양의 성질이나 비료 주는 방법도 토양해충의 발생과 관계가 크다. 토양의 산도에 따라 해충발생이 다르고, 질소 비료의 편중·다량 사용이나 유기질의 부족은 토양성질의 변화와 작물 생육에 영향을 주므로 해충의 발생을 유인하는 요건이 된다.

품종의 변화와 해충발생

해충의 가해나 번식능력은 같은 작물이라도 품종에 따라서 발생이 다르다. 이와 같이 품종에 따라 내충성•이 다르므로 가능하면 같은 작물이라도 내충성이 강한 작물을 재배하는 것이 매우 중요하다. 토양의 성질이라든지 환경에 잘 적응하는 지역에 알맞은 품종을 선택·재배하는 것이 바람직하지만 경제발전에 따라 질이 좋고 생산성이 높은 품종을 재배하는 것이 오히려 상품 가치를 높일 수 있다.

Tip
내충성 •
해충에 대하여 저항성이 강한 작물의 성질을 뜻함. 이런 작물의 품종을 내충성 품종이라 함.

질 좋은 품종은 해충에 약한 경향이 있으므로 품종 선택에 신중을 기한다. 최근 내충성과 질이 좋은 품종이 활발하게 육성에 최선을 다하고 있으므로 좋은 품종이 육성되어 보급될 것으로 전망된다.

약제 저항성과 해충발생

1950년대 이후 유기합성 살충제의 본격적인 등장으로 인간은 해충을 정복할 수 있을 것으로 생각하여 해충 방제를 주로 약제방제 위주로 실시해 왔다. 그 결과 해충의 발생을 억제시켜 피해를 일시적으로 극소화시킬 수 있었던 것은 사실이나 그 반면에 천적생물의 감소, 생태계의 불균형 및 파괴, 약제저항성의 유발 등 많은 부작용을 일으킨 것도 부인할 수 없다.

이와 같은 약제저항성이 생긴 해충을 방제하기 위해서는 같은 약제를 연속 사용하기보다는 가급적 기작이 다른 약제나 혼합제를 사용하고, 고농도 및 과용을 피해야 한다. 또한 저독성인 농약을 사용하고 안전사용 기준을 준수하여 신선한 채소를 생산하는 데 최선을 다해야 할 것이다.

05 해충 발생예찰

예찰의 필요성

농작물의 안정된 생산과 품질향상을 위하여 해충의 방제는 필수적이다. 효과적인 해충 방제를 위해서 발생시기, 발생량, 피해량 등을 미리 예측하여 대책을 세우는 것이 중요하다. 해충의 방제적기를 알기 위해서 발생량과 피해량을 사전에 예측해 방제 여부를 판단하여 불필요한 농약살포를 피해야 한다. 동시에 발생예찰의 정확도를 향상시키고 방제가 필요한 수준의 설정, 새로운 발생조사법의 개발 등 최신의 첨단기술 및 응용이 절대적으로 필요하다.

발생시기의 예찰

우리나라에서 발생하고 있는 해충은 노지재배의 경우 대부분 겨울이 되면 겨울잠을 자고 다음 해에 온도가 올라가면 겨울잠에서 깨어나 번식활동을 개시한다. 이와 같이 온도나 일장에 따라서 해충의 발생진전을 예측할 수 있다. 해충의 발생시기는 지역에 따라 차이가 있는 경우가 많지만 같은 지방에서도 해에 따라 변동이 있다.

해충은 농작물의 재배시기와 잘 어울리는 생활환경을 가지고 있으며, 발생시기는 휴면 및 발육과 관계 있는 생리적 성질에 의하여 조절되기 때문에 환경조건의 연차변동 영향을 받는다. 그러므로 발생시기의 예찰은 방제적기 결정에 대단히 중요하다.

발생량의 예찰

해충의 발생량은 직접 피해와 연결되는 중요한 사항이지만 복잡한 환경요인이 서로 얽혀 있어 해석이 매우 어렵다. 발생량은 해충 자체의 번식능력, 환경의 저항력, 작물의 질과 양에 따라 좌우되므로 쉽게 예측하기 어렵다. 그러나 실제 재배지에서 얻은 누적된 조사성적의 근거와 경험에 의하여 발생량의 예찰은 근사치에 가까워질 수 있다.

해충의 예찰방법으로는 야외 관찰조사, 실험적 예찰, 통계적 예찰 등을 들 수 있다. 온도, 습도, 일장, 작물의 생육상황, 품종 특성 등 모든 상황을 컴퓨터로 분석하여 방제 여부를 결정하는 기술은 해충 방제에 있어서 바람직한 방법이 될 것이다.

06 해충 방제법

농약에 의한 방제

화학물질을 사용하여 해충을 죽이는 방법은 과거부터 현재까지 널리 이용되고 있다. 가장 많이 이용되는 방법으로는 살충제가 있고, 최근에는 해충의 생리나 행동과 관련한 물질인 생리활성 물질과 무공해 생물농약 등을 개발해 사용하고 있다.

가. 살충제

해충 방제를 위해 주로 사용하고 있는 살충제는 앞으로 해충의 종합관리가 진전되더라도 방제기술의 중심이 될 것이다. 살충제는 다른 방제기술과 비교해 봤을 때 다음과 같은 특징을 가지고 있다.

첫째, 효과가 빨리 나타나므로 해충이 가해하는 초기에 뿌려도 피해를 막을 수 있다.
둘째, 여러 가지 해충에 효과가 있어 동시에 여러 해충을 방제할 수 있다.
셋째, 재배방법이나 시기의 변화에 따라 여러 가지 처리방법으로 사용할 수가 있다.
넷째, 방제기구가 잘 발달되어 비교적 사용하기가 쉽다.
다섯째, 농약은 대량생산이 가능하므로 다른 방제법에 비하여 비용이 덜 든다.

이와 같이 좋은 점도 있으나 계속하여 사용하면 많은 부작용을 일으키므로 주의해야 한다.

해충을 잡아먹거나 기생하는 이로운 천적들도 해충과 같이 살고 있어 살충제 살포 시 같이 죽을 수 있다. 따라서 이로운 벌레나 시갱균, 동물 등에 영향을 적게 미치는 농약을 선택하고 이로운 천적이 많이 번식하는 시기에는 가급적 약제 살포를 피하는 방법을 찾아야 한다. 또한 유기합성 농약은 적든 많든 사람이나 가축에 해가 있으므로 방제효과는 높으면서 토양이나 작물체에 오래 남지 않고 빨리 분해되는 약제를 선택해야 한다. 특히 과채류는 생으로 먹는 것이 많으므로 수확 직전에는 약제 살포를 금하고, 안전사용기준을 반드시 지켜서 안심하고 먹을 수 있도록 해야 한다. 살충제는 해충의 종류나 발육단계에 따라서 살충효과를 높이는 희석배수, 살포량, 살포횟수가 각각 다르다. 따라서 약제별 희석배수, 살포량, 횟수 등을 꼭 지켜서 사용해야 한다. 살충제 사용법에는 잎에 뿌리는 방법, 토양에 뿌리는 방법, 나무줄기나 가지에 뿌리는 방법 등이 있는데 잎에 뿌릴 때는 잎 뒷면까지 고루 약액이 묻도록 뿌려야 한다.

Tip

성페로몬

곤충의 체내에서 생산되어 체외로 배출되며 같은 종의 다른 성에 특이한 반응이나 행동을 유발시키는 물질

나. 유인제와 기피제

해충이 좋아하는 냄새에 의하여 해충을 끌어들이는 화학물질을 유인제라고 하며, 끌어들인 해충을 죽이는 살충제나 채집기구가 필요하다. 최근에는 비닐하우스나 온실에 DDVP 판으로 되어 있는 유인제가 판매되고 있는데, 가스가 나오므로 밀폐된 곳에서 사용해야 한다. 이와 반대로 해충이 싫어하는 냄새를 갖는 화학물질을 기피제라고 한다.

다. 생장조절제

해충의 애벌레가 자라려면 허물을 벗어야 하는데 허물을 벗지 못하게 하는 화학물질이나 생장을 저해하는 화학물질 등을 개발하여 해충 방제에 사용하고 있다. 외국에서는 곤충의 호르몬과 항호르몬을 이용하는 측면에서 생장저해 및 물질대사작용을 억제하는 화학물질이 개발되어 실용화되고 있다. 우리나라에서도 이러한 약제를 흰불나방이나 배추흰나비 등을 방제하기 위해 사용하고 있다.

이와 같이 곤충 생장조절제는 해충에 특이적으로 작용하여 해충 이외의 생물에는 영향을 적게 미치고 독성이 전혀 없기 때문에 앞으로 바람직한 농약이 될 것이다. 다만 적은 양으로 해충을 죽이는 등 효과가 높지만, 효과가 나타나기까지 다소 시간이 걸려 이용 범위가 한정된다는 단점이 있다.

라. 행동제어제

해충은 먹이를 먹는 습성, 암컷과 수컷이 서로를 찾는 습성, 알을 낳는 습성 등 여러 가지 행동습성을 갖고 있다. 이 행동습성은 대부분 페로몬, 카이로몬이라고 하는 특수한 물질에 의해 억제되고 있다. 미국에서는 방제제로 이용되고 있으며, 일본에서도 성페로몬이 배추좀나방, 담배거세미나방 등의 성페로몬이 예찰 및 방제에 활용되고 있고 우리나라에서도 배추좀나방과 파밤나방 방제약으로 성페로몬제가 등록되어 있다.

성페로몬•을 직접 해충 방제에 이용하는 방법에는 두 가지 방법이 있다. 하나는 성페로몬을 유인원으로 한 트랩(덫)을 만들어 재배지 여러 곳에 설치하여 재배지나 주변에 살고 있는 수컷을 대량으로 사로잡아 암컷이 교미할 기회를 주지 않음으로써 다음 세대의 발생 수를 적게 하는 방법이다. 두 번째로 재배지에 성페로몬을 뿌려 암수가 서로 교미를 할 수 없도록 하는 방법이 있다. 그러나 이와 같은 성페로몬은 아주 넓은 면적과 해충의 가해시기보다 앞서 처리하지 않으면 효과를 얻기 어렵다. 대신 공해가 없는 것이 큰 장점이다.

생물적 방제법

재배지에서 해충이 활동하는 동안에 무수히 많은 다른 생물들이 함께 살아가고 있다. 이러한 생물들은 서로 먹고 먹히는 관계의 먹이사슬로 연결되어 있는데 이러한 관계를 이용하여 해충의 발생을 억제시키는 방법을 생물적 방제법이라 한다.

가. 기생 및 포식성 천적 이용

해충에 병을 일으키는 병원균이나 해충에 기생하여 사는 기생성 천적, 해충을 잡아먹는 포식성 천적 등을 이용하여 해충을 방제하는 것을 말한다. 해충에 기생하는 것으로는 벌류, 파리류 등이 있고 포식하는 것으로는 거미류, 무당벌레류 등이 있는데 이러한 생물을 해충방제에 이용한 예는 많다. 이들의 이용방법은 다음과 같이 세 가지로 크게 구분할 수 있다.

(1) 영속적 천적 이용법
우리나라에 토착화된 천적을 증식시켜 재배지에 방사하여 해충을 방제하는 방법이다. 이들은 해충 주위에서 정착하여 매년 해충에 기생하거나 잡아먹으며 해충의 발생을 억제한다. 이러한 방법은 반드시 성공을 보장할 수는 없지만 일단 성공하면 오랜 시간에 걸쳐 해충의 발생을 억제시키므로 효과가 크다.

(2) 대량방사법
천적을 인위적으로 대량 사육한 후 해충이 발생하는 시기에 재배지에 방사한다. 해충에 기생하거나 잡아먹게 하여 해충을 짧은 시간 내에 방제를 할 수 있는 방법으로 외국에서는 상업적으로 상품화하여 팔고 있으며, 이를 생물농약으로 취급하고 있다. 이 방법은 해충의 발생시기에 맞추어 방제할 수 있다는 점에서 살충제를 대체하는 방제수단이 될 수 있다. 그러나 대개 해충의 발생이 비교적 짧은 기간에 이루어지기 때문에 여기에 맞추어 천적을 대량생산해야 하고, 살충제와 병행하여 동시에 사용할 수 없다는 점에서 사용이 제한되고 있다.

(3) 천적의 보호이용법(환경 개선법)
자연에 토착된 천적의 개체의 밀도를 높게 유지시켜서 해충의 발생을 억제하는 방법이다. 다시 말하면 천적이 살고 있는 공간을 넓고, 많게 해주거나 밀도가 낮을 경우에는 대체 먹이를 제공해 주어서 천적을 보호하는 방제법이다. 그러나 우리나라와 같이 좁은 경지, 작물환경 개선의 어려움, 무분별한 약제 살포, 단일작물의 단지화 등은 천적을 보호하는 측면에서 바람직하지 않다.

나. 병원 미생물 이용
해충도 다른 동물과 같이 여러 가지 병균에 의하여 병에 걸려 죽게 된다. 이러한 곤충 병원성 미생물은 바이러스, 세균, 사상균 등이 알려져 있다. 해충에 병원성 미생물을 뿌려 놓아 계속하여 해충에 병을 일으키거나 병원성 미생물을 대량 인공증식시켜 살충제처럼 작물에 뿌려서 해충을 단기간에 죽이는 방법이 있다.

우리나라에서도 비티수화제라는 이름으로 배추흰나비, 배추좀나방에 사용하는 미생물 살충제가 보급되고 있다. 또 해충 방제에 이용되는 바이러스에는 핵다각체바이러스, 세포질바이러스 및 과립형바이러스가 있다. 병원성 미생물은 대량으로 증식하여 농약과 같이 이용할 수 있는 것이 보통이지만 병원 미생물로 방제할 수 있는 것은 폭이 좁은 것이 대부분이다. 사용 후 효과가 나타나는 시간이 길다는 단점이 있지만 사람이나 가축에는 거의 해가 없다.

재배적 방제법(생태적 방제법)

가. 내충성 품종 이용

해충에 의한 작물별 피해 정도는 품종에 따라서 차이가 있다. 이러한 내충성 품종은 해충이 알을 낳거나 먹는 행동 습성에 영향을 받아 덜 모여들게 하는 비선호성, 해충의 생장이나 생존에 불리한 영향을 미치는 항충성, 같은 정도의 해충이 발생하여도 작물의 활력이나 수량에 영향을 덜 받는 내성 등으로 구분된다.

나. 재배지의 위생

해충이 겨울을 지내는 장소나 증식할 수 있는 장소를 제거하여 해충의 발생을 억제하려는 방법은 옛날부터 널리 이용되어 왔고, 현재도 널리 쓰이고 있다. 작물을 수확한 후 재배지에 남아 있는 작물이나 작물의 찌꺼기를 모두 없애 버리는 것은 다음 해 해충발생을 억제시키는 데 큰 도움이 된다. 또 재배지 주위에 자생하는 잡초류는 먹이가 되므로 이들을 제거해 해충의 발생을 억제시키도록 한다.

다. 돌려짓기(윤작)

같은 재배지에 한 작물을 계속하여 재배하면 해충의 발생이 많아지는 것은 흔히 경험하는 일이다. 해충이 한곳에서 매년 쉽게 먹이를 구할 수 있게 되면 점점 늘어나게 되므로 해충의 먹이가 되지 않는 작물을 번갈아 재배하여 해충의 발생을 억제시키는 것이 바람직하다.

라. 재배관리의 개선

사이짓기(간작)이나 섞어짓기(혼작)는 해충의 이동을 물리적으로 막는 장벽이 될 수 있고, 재배지 내의 미기상을 변화시켜 해충의 발생을 억제시킬 수 있다. 또 밭에 물을 대거나 새흙넣기(객토), 비료주기(시비) 등을 하면 토성에 변화를 주며 작물이 영향을 받아 해충발생에 간접적인 영향을 미치게 된다.

그리고 작물을 해충이 발생하는 시기와 겹치지 않게 재배해 해충의 피해를 피하거나 작물의 심는 거리를 조절하여 해충발생을 불리하게 하는 등 재배자체를 해충발생이나 어렵도록 한다.

물리적 방제법

가. 차단

오래 전부터 사용하고 있는 방법으로 작물을 물리적으로 외부와 차단하여 해충의 가해 및 피해를 줄이는 방법이다. 다만 망을 씌우거나 봉지를 씌워서 피해를 방지하는 방법은 방제효과는 높지만 자재나 노력이 많이 소요된다.

최근 시설재배 시 측창과 출입문에 망사를 설치하여 외부로부터 진딧물, 총채벌레, 가루이 등이 유입되는 것을 막아 발생 억제에 큰 효과를 거두고 있다. 선진 외국에서는 육묘 시 망사 씌우기를 실시하며 유리온실이나 비닐하우스 등을 건립할 때 망을 설치하는 것이 필수이다.

나. 빛, 색채를 이용한 유살 및 기피

해충은 불빛에 끌리는 것이 많은데, 이를 이용하여 불빛에 모여들게 하는 유인등을 설치해 해충을 잡아 죽이는 방법이다. 제한된 범위에서만 실시가 가능해 색채를 이용하여 유인시키는 방법은 온실과 같은 좁은 공간에서 많이 이용되고 있다.

다. 잡아 죽이거나 불태우는 방법

해충을 직접 손으로 잡아서 죽이거나 작물과 함께 불태워 버리는 방법으로, 다소 노력이 필요하나 일부 해충에서는 이 방법이 아주 효과가 좋은 경우도 있다. 그러나 면적이 넓으면 많은 경비와 노력이 들기 때문에 실제 이용 면에서는 어려움이 뒤따른다. 이외에도 고온이나 저온처리로 해충을 방제하는 방법도 있다.

넓은 면적의 재배지에 적용하기는 어렵지만 비닐하우스의 경우 작물이 재배되지 않는 휴한기에 토양 중에 있는 해충을 가온이나 저온처리하면 상당한 방제효과를 거둘 수 있다.

제1장 채소해충의 종합관리(IPM)

1. 채소해충의 종류와 발생추세

▶ 특정 지역에서는 한두 작물의 집단재배로 거대한 단지를 형성하고 있어서 해충의 발생과 피해가 점점 늘어가고 있는 실정

▶ 장기적이고 안정적인 새로운 병해충관리 전략으로 해충의 종합적 관리(Integrated Pest Management, IPM)가 해결책으로 대두됨

▶ 농산물 수입량의 증가에 따라 오이총채벌레, 아메리카잎굴파리, 꽃노랑총채벌레 등과 같은 외래해충이 발생

2. 해충의 피해

▶ 해충의 피해는 해충의 종류, 발생량 또는 작물의 크기에 따라서 달라지나 대체로 해충의 입 모양에 따라서 다름

▶ 배추흰나비의 애벌레나 도둑나방과 같은 해충은 잎이나 줄기 또는 뿌리를 갉아먹어 작물체의 여러 부분에 피해를 줌

▶ 진딧물이나 노린재류와 같이 입이 침으로 되어 있는 해충은 직접 잎이나 줄기, 과실에 침을 박고 즙액을 빨아 먹어 작물이 잘 자라지 못하게 됨

▶ 총채벌레류와 같이 식물체의 표피를 두드려 즙액이 나오면 빨아 먹는 두 가지 모양의 입을 가진 해충은 표면의 엽록소를 파괴시키고 흰색 반점이 생기는 피해를 줌

▶ 많은 해충은 작물체 속에 알을 낳는데, 알을 낳을 때는 산란관으로 조직에 상처를 입히게 되므로 그 주위 조직이 죽게 됨

▶ 알에서 깨어난 어린 벌레는 외부 또는 조직 속에서 생활을 하는데 그 부분의 세포가 비정상적으로 증식하고 혹 같은 모양의 벌레혹이 생김

3. 해충과 작물병과의 관계

- ▶ 작물이 해충의 가해나 손상을 받으면 병을 전파하고 발생시키는 유인조건
- ▶ 무, 배추의 무름병은 방아벌레류나 배추벼룩잎벌레의 가해한 부위로 쉽게 감염이 되고, 토양 병해의 발생과 토양해충의 가해와 밀접한 관계
- ▶ 해충의 철저한 방제는 곧 병을 방제하는 효과도 거둘 수 있음

4. 본 재배지에서의 병해관리

- ▶ 해충의 번식능력은 암컷의 알 낳는 능력, 암컷의 비율, 일정한 시간 내에 발생하는 횟수에 따라 결정
- ▶ 과거보다 해충의 발생환경은 계속 좋아져 앞으로 해충발생은 더욱더 많아질 전망
- ▶ 다양해진 재배법, 소득작물의 단지화 및 이어짓기(연작) 등은 해충발생에 많은 변화를 가져옴
- ▶ 품종에 따라 내충성이 다르므로 가능하면 같은 작물이라도 내충성이 강한 작물을 재배하는 것이 대단히 중요
- ▶ 약제의 연속사용보다는 가급적 성질이 다른 약제나 혼합제를 사용하고, 고농도 및 과용을 피하며, 저독성인 농약을 사용하고 안전사용 기준을 준수해야 함

5. 해충 발생예찰

- ▶ 효과적 해충 방제를 위해서 발생시기, 발생량, 피해량 등을 미리 예측하여 대책을 세우는 것이 중요
- ▶ 발생시기의 예찰은 방제적기 결정에 대단히 중요
- ▶ 해충의 발생시기는 지역에 따라 차이가 있는 경우가 많지만 같은 지방에서도 해에 따라 변동이 있음

6. 해충 방제법

- ▶ 방제법은 농약에 의한 방제, 생물적 방제, 재배적 방제, 물리적 방제 등
- ▶ 화학물질을 사용하여 해충을 죽이는 방법은 과거부터 현재까지 널리 이용
- ▶ 생물적 방제법은 먹이사슬 및 천적관계를 이용하여 해충의 발생을 억제

<해충편>

제2장 채소의 공통 해충

채소해충은 작물의 종류, 재배방법이 다양한 만큼 많은 종류가 알려져 있다. 이 장에서는 채소 작물 중에서 십자화과, 박과, 가짓과, 백합과, 명아줏과 등 두 가지 이상의 과(科)를 가해하는 해충을 공통해충으로 묶었다. 주요 공통해충의 피해, 형태, 생태, 방제에 대한 설명은 채소해충을 전반적으로 이해하는 데 도움이 될 것이다.

01 잎응애류

- 점박애응애(*Tetranychus urticae* Koch, Two spotted spider mite)
- 차응애(*Tetranychus kansawai* Kishida, Tea red spider mite)

피해

응애류는 잎 뒷면에서 세포내용물을 빨아 먹는다. 따라서 잎 표면에 작은 흰 반점이 무더기로 나타나고 심하면 잎이 말라 죽는다. 기주 범위•가 넓어 토마토는 물론 가짓과, 박과 작물과 딸기, 콩류, 과수류, 화훼류, 약초류 등 거의 모든 작물에게 가해한다.

Tip

기주 범위 •
기생생물의 기생하는 생물 종세의 기주를 종기주, 발육의 도중에 기생하는 기주를 중간기주라 하며 그 기주의 범위를 말한다.

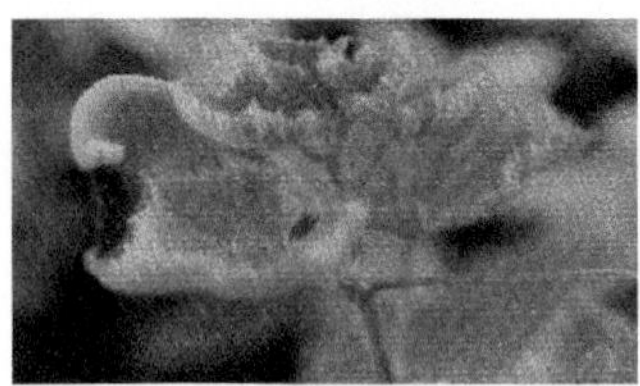
오이 잎의 점박이응애 피해

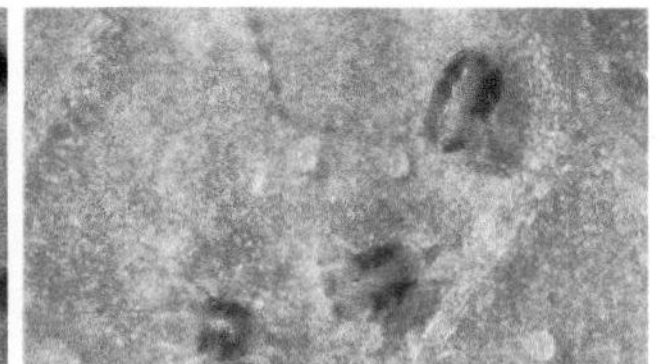
점박이응애 알과 성충

형태

점박이응애와 차응애는 크기와 피해 양상이 비슷하여 구분이 어렵다. 두 종 모두 암컷이 0.5mm, 수컷이 0.4mm 내외로 구별이 어렵다. 여름형 암컷의 형태에 의한 구별점을 보면, 점박이응애는 담황-황록색으로 좌우 1쌍의 검은 무늬가 뚜렷하고 다리가 거의 흰색에 가깝다. 차응애는 붉은빛을 띤 초콜릿색으로 앞다리의 선단부에 연한 황적색이 감돈다. 휴면 암컷은 점박이응애가 황적색이고 차응애는 붉은색이다.

생태

멜론 잎의 차응애 피해

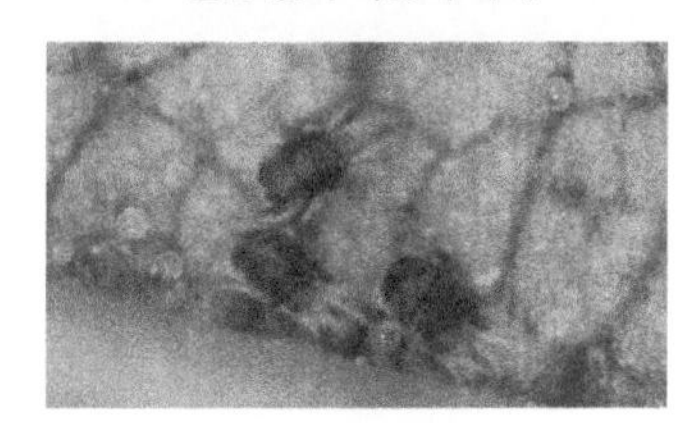
차응애 알과 성충

발육 시작온도는 9℃ 전후이고, 발육적온은 20~28℃, 최적습도는 50~80%이다. 25℃에서 알에서 성충까지 10일이 소요되는데 좋은 환경조건에서는 급속히 개체 수가 증가한다. 점박이응애와 차응애의 성충은 기주의 영양상태가 악화되거나 단일저온조건에서 휴면하지만 시설 내에서는 휴면 없이 연중 활동한다.

방제법

응애류의 방제약제는 각 작물에 따라 많은 종류가 등록되어 있다. 유기합성 농약의 보급과 시설재배의 증가로 피해가 증가되고 있는데, 특히 약제 저항성이 유발되어 방제가 어렵고 방제 후 급격히 밀도가 증가하는 경향이 있다. 발생 초기, 유묘기에 철저히 방제하여 시설 내로 유입을 막고 수확 후 잔재물이나 잡초 등을 철저히 제거하는 것이 중요하다.

약제 살포 시 여러 가지 약제를 번갈아 가며 사용하여 저항성 발달을 억제한다. 포식성 천적인 칠레이리응애를 시설 내에서 사용하는 것도 효과적이다. 그러나 이들 천적사용의 성공을 위해서는 천적에 영향이 적은 살충제 사용이 중요하다.

02 긴털가루응애

(*Tyrophagus putrescentiae* Schrank, Mould mite)

피해

참외, 오이, 수박 및 토마토 등과 같이 온실 내에서 재배하는 채소 중 볏짚을 사용하는 온실에서 발생이 많다. 원래 저장곡물 등의 해충으로 볏짚을 부식시키는 역할을 하나 온실 내의 유기질 함량을 높이거나 작업편의상 통로 사이에 볏짚을 깔아놓을 경우 작물체로 이동하여 열매 순 등에 해를 입힌다. 특히 참외의 경우 육묘 시 또는 아주심기(정식) 직후 어린모에 나타나 큰 피해를 주기도 한다.

순 부위나 생장점 부위에 집단으로 서식하면서 가해하여 작물을 탈색시키거나 생장을 억제시키고, 심하면 말라 죽게 만든다. 토마토의 경우는 열매와 꽃받침 부위의 은신처에 숨어 가해하므로 그 부위가 탈색되거나 지저분한 색으로 변한다. 최근 시설하우스 내에서 발생이 늘고 있다.

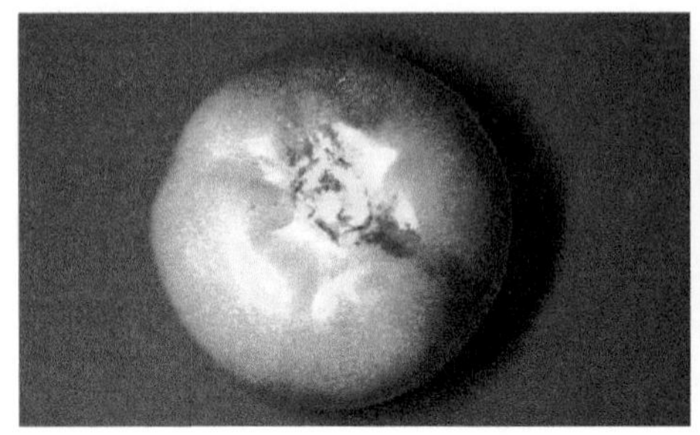

토마토의 긴털가루응애 피해

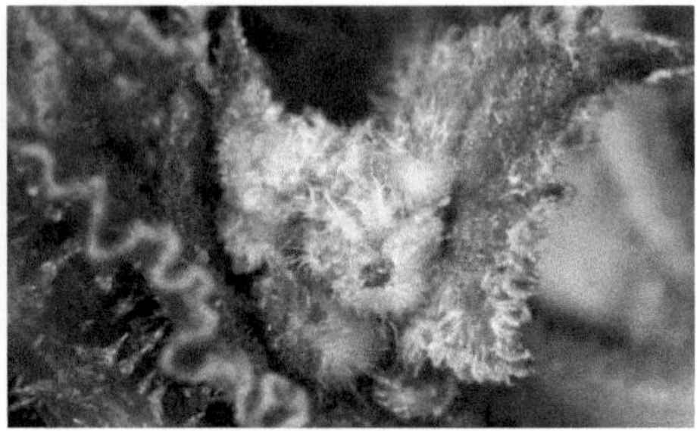

참외 순의 긴털가루응애 피해

형태

성충은 0.2mm 정도의 반투명한 우윳빛 소형응애로 행동이 느리고 발생 주위(순)에 군집하게 되므로, 생육이 이상한 작물체를 유심히 보면 쉽게 발견할 수 있다. 점박이응애나 차응애와는 달리 거미줄을 내지 않고, 확대경으로 보면 몸의 등쪽에 긴 털을 여러 쌍 가지고 있다.

긴털가루응애 약충과 성충

생태

긴털가루응애는 원래 곡물, 곡분, 건조과일 및 건어류 등에 잘 발생하는 저장해충으로 농작물에서의 생활사는 잘 알려져 있지 않다. 그러나 온도와 습도 등 환경조건만 맞으면 단시간 내에 크게 번식할 수 있는 습성을 가지고 있다. 발생조건에 따라 다르지만 난기간(알이 산란된 후 부화할 때 까지의 기간) 4~5일, 유충기간 1~2일, 전약충기간 1~2일, 후약충기간 1~2일을 경과하여 성충이 된다. 온도 25~28℃와 습도 85~95%의 발생조건이면 단시간 내 대량번식한다.

방제법

볏짚이나 유기질 비료 사용 시 오염되지 않은 것을 사용하는 것이 중요하다.

03 오이총채벌레

(*Thrips palmi* Karny, Palm thrips)

국내 발생 경위

동남아 지역이 원산지로 현재 동남아시아와 일본, 대만에 주로 분포하며 국내에는 1993년 11월 제주도 꽈리고추에서 처음 발견된 이후 현재 제주도 전 지역은 물론 경남, 경북, 전남, 전북 등의 일부 시설원예단지에서도 발생한다.

피해

약충, 성충이 모두 기주식물의 순, 꽃, 잎을 흡즙한다. 고추, 가지, 감자 등 가짓과 작물에서 밀도가 낮을 때는 순 부위에서부터 가해를 하므로 피해받은 새순의 경우 흡즙당한 부위에서 갈색반점이 나타나기 시작하며, 자라면서 뒤틀린 기형 잎이 생긴다.

피망의 오이총채벌레 피해

오이 잎의 오이총채벌레 피해

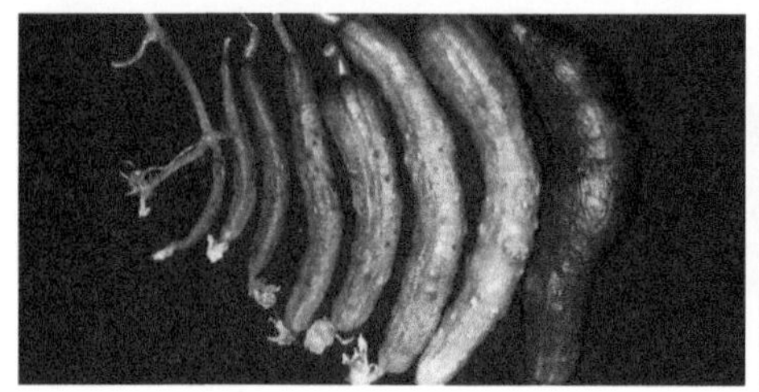

오이총채벌레에 의한 기형 오이

오이총채벌레 성충

<표 2-1> 오이총채벌레의 기주별 피해 부위 및 피해 양상

기주식물	피해 부위	피해 양상
고추, 가지	순	잎의 전개 불량, 오그라듦, 갈변, 말라 죽음
	잎	잎맥을 따라 갈색 피해흔, 오그라듦, 갈변, 낙엽
	꽃	갈변, 시들음, 낙화
	열매	꽃받침 주위의 상처, 갈변, 코르크층 형성, 열매 중간고리 형성
감자	순, 잎	잎맥을 따라 갈색 피해흔 → 낙엽 → 말라 죽음
오이, 수박, 멜론	순	잎의 전개불량, 갈변, 말라 죽음
	잎	잎맥을 따라 갈색 또는 흰색 피해흔 → 갈변 →말라 죽음
	열매	굽은 열매(오이), 기형과, 표면 상처, 고유 무늬 상실(멜론)

밀도가 높아지고 피해가 진전되면서 잎 뒷면에서 가해하므로 잎의 황화현상이 나타나며 심하면 잎 전체가 말라 죽기(고사)도 한다. 가지, 고추 등에서는 특히 꽃이 필 무렵부터 꽃 내부나 어린과일의 꽃받침 부위에 주로 기생하여 흡즙하므로 피해과일은 자라면서 기형과가 되거나 과일 껍질(과피)에 갈색 또는 회색의 지저분한 흔적을 많이 남긴다. 노지 감자에서는 발생량이 많으면 전체 재배지의 작물이 말라 죽는(고사) 증상이 나타나기도 한다.

참외, 오이, 수박, 멜론 등 박과 작물에도 순 부위에서부터 피해가 나타나 생육이 지연되며 잎 뒷면에서 흡즙하므로 피해받은 잎은 부분별로 황색 반점이 나타나다가 피해가 진전되어 전체 잎이 말라 죽는(고사) 경우도 발생한다. 과일의 피해도 껍질에 흔적을 남기므로 가짓과 작물의 피해와 비슷하다. 그러나 오이의 경우, 개화기에 꽃에서 가해하면 피해받은 부위가 생육이 지연되어 굽은 열매(곡과)가 많이 생기므로 피해가 크다. 거베라, 국화 등 화훼류에서는 총채벌레가 주로 백색과 노란색을 좋아하므로 같은 하우스 내에서는 흰색 또는 노란색의 꽃에 피해가 먼저 나타난다.

형태

암컷 성충은 몸길이 1.0~1.4mm, 몸색은 담황색-등황색으로 얼핏 보아 노란색을 띤다. 더듬이는 7쌍으로 1~3째 마디까지 담황색으로 몸색과 비슷하며 끝쪽으로 갈수록 갈색의 어두운 색을 띤다. 겹눈은 짙은 적색, 앞날개는 담황색을 띤다. 홑눈사이 자모는 앞홑눈의 옆에 위치하며 홑눈 앞털은 1쌍이다. 앞가슴 후연각에는 두 쌍의 긴 자모가 있는데 안쪽 자모는 등판길이의 0.5~0.6배이며 보통 바깥 것보다 안쪽의 것이 약간 길다. *Thrips*속은 앞가슴 전연에는 긴 자모가 없다. 뒷가슴 등판에는 세로주름각무늬를 가지고 뒤쪽으로 가면서 안쪽으로 좁아지지만 그물 모양의 무늬를 만들지 않으며 1쌍의 종상감각기가 있다. 배 2번째 마디는 측판에 4개의 자모를 가지며 8번째 등판은 뒷가두리에 뚜렷한 빗살 모양 돌기를 가진다.

수컷 성충은 몸색이 암컷 성충과 같지만 0.8~1.0mm로 작으며 가늘고 긴 모양을 하고 있다. 일반적으로 꽃노랑총채벌레보다는 작고, 노란색이 짙으며 앞가슴 전면에 긴 자모가 없어 쉽게 구분된다.

생태

성충의 수명은 20℃에서 37일, 25℃에서 28일 정도이며 양성생식과 단성생식을 겸하므로 발생 지역에서는 각 태(알 → 유충 → 용 → 성충 등의 발육 모습)가 공존하며 번식이 빠르다. 성충은 식물체의 열매꼭지(과경), 꽃받침, 잎맥, 잎자루(엽병), 잎살 등의 조직 내에 1개씩 낱개로 산란하며 한 마리의 성충이 약 100개(82~94립, 22~25℃)를 산란한다. 부화하기까지의 난기간은 4~5일로 부화유충은 2령을 경과 후 지면으로 떨어져 2~3cm 깊이의 흙 속이나 낙엽 등지에서 1회 탈피하여 제1용이 된 후, 한 번 더 탈피하여 제2용이 된다.

용기간에도 보행이 가능하나 가해는 하지 않으며 우화한 성충은 지상으로 나와 식물체를 가해하면서 산란을 시작한다. 1세대를 경과하는 데 14~18일(25℃)이 걸리고 11℃ 이하와 35℃ 이상에서는 발육을 하지 못하는 것으로 알려져 있다. 따라서 일본에서는 규슈 이남의 섬 지역에서만 월동이 가능한 것으로 되어 있으나 그 이외의 지역에서는 가온 시설하우스에서만 월동이 가능한 것으로 되어 있다. 연간 세대 수는 야외에서 약 11세대 정도 경과하며 온실에서는 20세대 정도 경과한다.

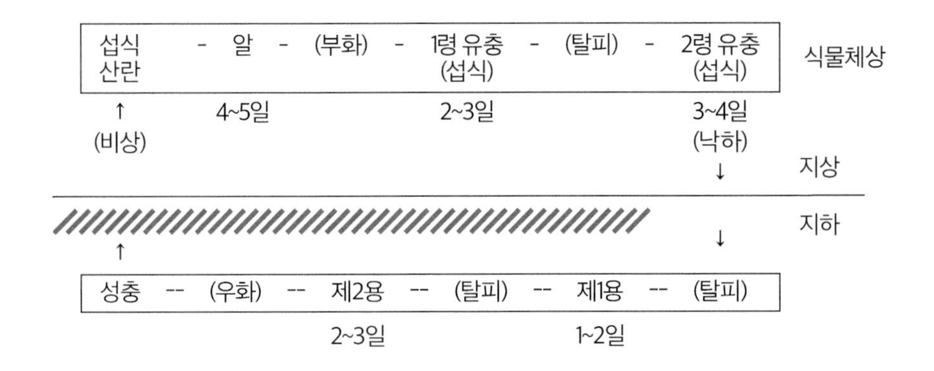

<그림 2-1> 오이 총채벌레의 한살이

방제법

한 세대 경과일수가 짧아 알, 유충, 용(번데기), 성충이 함께 발생하고 있으므로 비교적 약제에 약한 약충은 약제 살포 시 사망률이 높다. 그러나 땅속의 번데기나 조직 속의 알은 상대적으로 생존율이 높아 방제가 어렵다. 따라서 시설재배의 경우 아주심기(정식) 전에 앞 작물(전작물)의 잔해물을 제거하고 잡초 등 발생원을 제거하며 토양소독을 하여 번데기의 생존을 제거시키는 것이 중요하다. 오염되지 않은 건전한 묘를 사용하고 한냉사를 설치하여 시설 내로 성충의 유입을 막는 것이 중요하다.

약제방제는 발생 초기 낮은 밀도에서 효과가 있으며 높은 밀도가 되면 용이나 알이 살아남기 때문에 충분한 효과가 없다. 따라서 잎 뒷면이나 꽃, 신초 부위 등을 면밀히 조사하여 조기 발견에 노력하고 점착유인리본 등을 설치하여 낮은 밀도에서의 성충 밀도를 억제시킨다. 또한 용화를 방지하기 위하여 은색필름으로 바닥을 덮고(멀칭), 고온 시에는 재배 후 5~7일간 밀폐하여 양열처리한다. 일본에서는 피망, 오이 하우스에서 근자외선 제거필름을 이용하기도 한다. 약제 저항성이 쉽게 생기므로 여러 가지 약제를 계획적으로 번갈아 살포(교호 살포)하는 것이 무엇보다도 중요하다.

총채벌레는 발육기간이 짧고 증식력이 뛰어나 효과적인 방제를 위한 예찰이 중요하나 크기가 1mm 내외로 작아 피해가 나타나기 전까지는 육안조사로 발생여부를 확인하기가 어렵다. 그러므로 총채벌레의 황색, 흰색 및 청색에 유인되는 성질을 이용한 황색점착트랩을 설치하여 발생량을 예찰하며 방제는 발생 초기에 하는 것이 좋다.

04 꽃노랑총채벌레

(*Frankliniella occidentalis* (Pergande), Western flower thrips)

국내 발생 경위

꽃노랑총채벌레는 영명으로 'Western flower thrips'라고 불리우는 외래해충이다. 미국 서부 지역이 원산지로 알려져 있으나 1980년경부터 분포지역이 확대되기 시작하여 현재는 유럽, 아프리카, 아시아 등 범세계적으로 분포한다.

우리나라에서는 1993년 제주도의 시설감귤을 가해하면서 처음 발견되었고, 현재는 전국적으로 발생이 확인되고 있다. 온실재배의 화훼류 및 과채류의 가장 중요한 해충의 하나다.

피해

수박, 참외, 오이, 고추 등 채소 작물은 물론 백합, 카네이션, 국화, 거베라, 장미 등 화훼류에서 감귤, 사과, 복숭아까지 거의 모든 작물에 피해를 입히는 해충이다. 토마토에서는 직접적인 흡즙 피해보다는 TSWV 바이러스 매개충으로 더 문제가 된다. 피해받은 과일은 흰색의 지저분한 반점이나 기형과가 생기고 생육이 저조하다.

형태

암컷 성충은 몸길이 1.4~1.7mm, 몸색은 밝은 황색에서 갈색으로 변이가 크며 배의 각 마디에 갈색반점을 가지고 있다. 더듬이는 8마디로 첫째 마디는 황색, 둘째 마디는 갈색, 셋째 마디 밑부분 2/3와 넷째 마디 밑부분 1/2 그리고 다섯째마디 밑부분 1/4이 황색이고 나머지 부분은 갈색, 여섯째에서 여덟째 마디는 갈색이다. 수컷 성충의 몸길이는 1.0~1.2mm로 암컷과 유사한 모양으로 암컷보다 작고 밝은 황색이다.

오이 잎의 꽃노랑총채벌레 피해

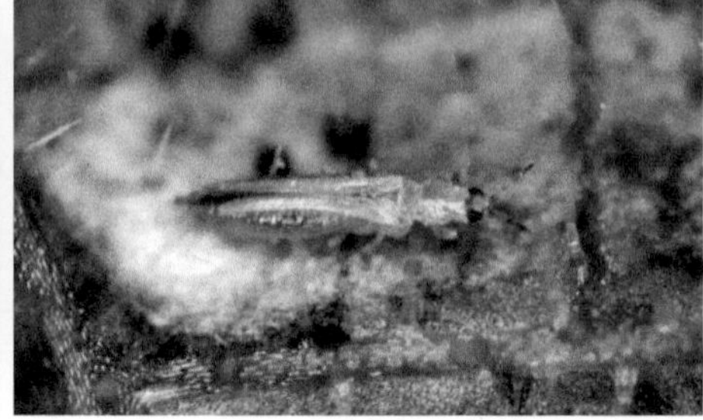

꽃노랑총채벌레 성충

생태

오이총채벌레와 비슷하고 성충은 식물의 조직에 산란하여 2령 약충을 경과한 후 땅속에서 제1용, 제2용기간을 거친 후 성충이 된다. 알에서 성충까지의 기간은 약 18일(25℃)이고, 성충 수명은 60일(20℃)로 오이총채벌레보다 오히려 길고 암컷 한 마리당 산란 수도 많아 번식력이 뛰어나다.

보통 오이총채벌레와 뒤섞여 발생하는 경우가 있으나 밀도가 높아질수록, 한 종이 우점하는 경향이 있다. 우리나라의 각지에서 월동이 가능하고 전국적으로 분포하고 있으며 수박뿐만 아니라 각종 작물에 큰 피해를 준다.

<표 2-2> 꽃노랑총채벌레 기주식물

구분	식물명
작물	오이, 호박, 수박, 참외, 고추, 꽈리고추, 피망, 상추, 팥, 감귤, 장미, 글라디올러스, 국화, 백합, 거베라, 금잔화, 감귤, 나리꽃, 데이지, 해바라기, 안개초, 포도, 신선초, 공작초, 카네이션, 프리지아, 고데티아
잡초	냉이, 미국미역취, 담배풀, 갈퀴덩굴, 달맞이꽃, 고양이수염

방제법

오이총채벌레의 방제를 참조한다. 약제 저항성 발달 정도가 다르고 각 약제의 방제효과도 약간씩 차이가 있으므로 약종의 선택이 중요하다. 저항성 발달을 억제시키기 위해 여러 계통의 약제를 번갈아 사용하는 것이 좋고 조직 속에 산란된 알은 방제효과가 낮으므로 발생기 3~5일 간격으로 3회에 걸쳐 살포하는 것이 효과적이다. 오이의 토양재배 시에는 0.03mm 투명 비닐을 덮어 재배하면 꽃노랑총채벌레의 발생을 억제할 수 있다.

05 복숭아혹진딧물

(*Myzus persicae* (Sulzer), Green peach aphid)

피해

주로 햇가지(신초)나 새로 나온 잎을 흡즙하여 잎이 세로로 말리고 위축되며 신초의 자람(신장)을 억제한다. 5월 중순 이후는 여름 기주인 딸기, 담배, 감자, 오이, 고추 등을 가해하여 각종 바이러스병을 매개하므로 더욱 문제해충이 되고 있다.

고추의 바이러스 피해

생태

1년에 빠른 것은 23세대, 늦은 것은 9세대를 경과하며 복숭아나무 겨울눈 기부에 서 알로 월동한다. 3월 하순~4월 상순에 부화한 간모는 단위생식으로 증식하고 5월 상 중순에 유시충이 생겨 6~18세대를 경과한다. 10월 중하순이 되면 다시 겨울 기주인 복숭아나무로 이동하여 산란성 암컷이 되며 교미 후 11월에 월동난을 낳는다. 약충에는 녹색계통과 적색계통이 있는데, 복숭아나무에는 녹색계통이 대부분이나 여름 기주에는 적색계통이 같이 발생하는 경우가 많다.

복숭아혹진딧물 녹색계통

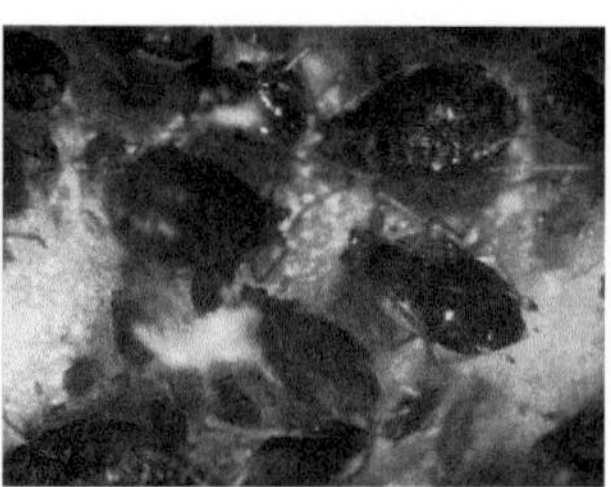

복숭아혹진딧물 적색계통

복숭아혹진딧물 유시성충

방제법

월동난 밀도가 높을 때는 겨울에 기계유유제를 살포하거나, 발생 초기에 진딧물전용약제를 1회 살포한다. 6월 이후는 여름 기주로 이동하여 피해가 없으며 각종 천적이 발생하므로 약제를 살포하지 않는 것이 좋다. 노지재배의 경우 유시충이 여름 기주로 날아와 단위생식을 시작할 때 약제를 살포하여 방제한다. 시설 내일 경우 무당벌레, 꽃등에, 진디벌 등의 천적류를 방사하여 방제할 수 있다.

다른 해충의 방제법과 마찬가지로 약제를 이용한 화학적 방제법을 비롯해 무, 배추가 싹트는 시기에 망사나 비닐 등을 이용하여 진딧물의 기생을 차단하는 방법이 있다. 채소밭 주위에 키가 큰 작물을 심어 진딧물이 날아드는 것을 줄이거나 싫어하는 색깔인 백색이나 청색테이프를 밭 주위에 설치해 날아드는 진딧물의 수를 줄이는 방법도 있다. 또 진딧물의 기주식물이나 전염원이 되는 작물을 미리 제거해 진딧물 발생을 줄이는 방법 등 다양한 방제법이 시도되고 있다.

진딧물은 번식력이 매우 왕성하고 채소류에 큰 피해를 주는 해충으로, 발생 초기에 방제를 소홀히 할 경우 엄청난 피해를 받는다. 진딧물은 종류가 다양할 뿐만 아니라 종류에 따라 약제에 대한 감수성이 크게 다르기 때문에 약제의 특성에 따라 살충효과가 다르게 나타난다.

고추, 오이, 수박 등에 많이 발생하는 목화진딧물은 약제에 따라 살충 반응 차이가 아주 심하다. 그러므로 진딧물을 효율적으로 방제하기 위해서는 시기별로 작물에 따라 발생하는 진딧물 종류를 알고 적합한 적용약제를 선택하도록 해야 한다. 효과적인 약제라 하더라도 한 약제만을 계속 사용할 경우 진딧물과 같이 연간 발생 세대수가 많고 밀도증식이 빠른 해충에는 급속한 약제 저항성이 유발될 수 있다. 동일계통의 약제를 연 2~3회 이상 쓰지 말아야 하며 반드시 동일계통이 아닌 약제를 번갈아 살포(교호 살포)하는 것이 좋다.

진딧물은 생태적 특성상 대체적으로 작물의 잎 뒷면에 서식하므로 작물 전체에 골고루 살포하는 것이 중요하다.

06 목화진딧물

(*Aphis gossypii* Glover, Cotton aphid)

피해

성충, 약충이 모두 기주식물의 잎 뒷면, 순 등에 집단으로 서식하면서 가해를 한다. 진딧물에 의한 작물의 피해는 일차적 흡즙에 의해 작물이 탈색하고, 작아질(왜소) 뿐 아니라 각종 식물바이러스를 전염시키므로 그 피해는 더 크다. 또한 이들이 배설한 감로는 식물체의 잎을 오염시키고 그을음병을 유발시켜 동화작용을 억제시키거나 배설물에 의한 오염으로 상품성을 크게 떨어뜨린다.

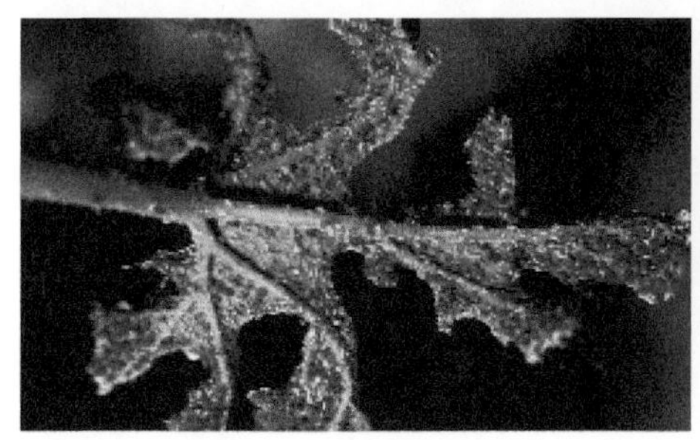
호박 잎의 목화진딧물 피해

수박의 목화진딧물 피해

형태

유시충의 몸길이는 1.4mm로 몸색은 계절에 따라 변화가 심해 봄에는 녹색계통이 대부분이지만 여름에는 황색 또는 황갈색이고, 가을에는 갈색 또는 흑갈색을 띤다. 제1·2배 마디 등판 중앙부에 1~2개의 연한 흑색띠가 있고, 7·8배 마디 등판에도 검은 띠가 있다. 뿔관은 검고, 원기둥 모양으로 비늘무늬가 있으며, 끝부분에는 테두리가 약간 발달해 있다.

무시충●은 몸길이가 1.5mm로 몸색은 계절에 따라 녹황색, 흑록색 또는 검은 빛깔을 띤다. 뿔관은 검고, 끝으로 갈수록 약간 가늘어지는 원기둥 모양으로 비늘무늬가 있고, 끝부분에는 테두리가 발달해 있다.

Tip

무시충 ●
날개가 없는 산란성의 암컷(진딧물에서 흔히 쓰임).

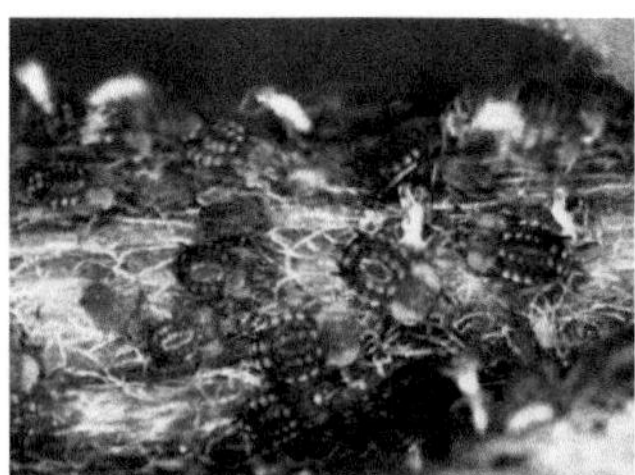
목화진딧물 약충과 성충

목화진딧물 무시성충

생태

무궁화, 석류, 부용나무 등의 겨울눈이나 겉껍질에서 알로 겨울을 지낸다. 4월 중하순에 부화하여 간모가 되면 단위생식을 하면서 1~2세대를 지낸다. 5월 하순~6월 상순에 유시충이 출현하여 여름 기주로 이동한다. 작물에서 10여 세대를 단위생식으로 번식하는데, 7~8월부터 더울 때는 밀도가 줄지만 9월부터는 번식이 왕성해진다. 10월 상중순에 겨울 기주로 이동하여 교미, 산란한다. 연 6~22세대가 발생하며 한 세대 발육기간은 약 8일, 생식기간은 19일, 수명은 29일 정도이다. 암컷은 70마리 정도의 새끼를 낳는다.

방제법

일반적으로 복숭아혹자릿물의 방제를 참조한다. 수시로 예찰을 하여 발생 초기에 방제하는 것이 무엇보다도 중요하며 저항성 발달을 억제시키기 위해서는 계통이 다른 약제를 번갈아 가면서 살포해야 한다. 할로스린유제와 에스펜발러레이트.마라치온유제 등은 지역에 따라 저항성 정도가 높다. 프로펜유제와 푸라치오카브유제에 대한 저항성 정도는 대체적으로 낮으므로 저항성 정도가 낮은 약제를 번갈아 살포(교호 살포)하는 것이 좋다. 또한 천적인 무당벌레, 풀잠자리, 기생봉, 혹파리 등의 보호를 위해 이들 천적에 영향이 적은 약제를 선택하여 사용하는 것이 중요하다.

07 온실가루이

(*Trialeurodes vaporariorum* (Westwood), Greenhouse whitefly)

국내 발생 경위

온실가루이는 외래해충으로서 원래 미국의 남서부가 원산지이나 지금은 열대 지역에서 한대 지역까지 세계적으로 광범위하게 분포하고 있다. 우리나라에서는 1977년 수원의 스테비아, 라벤다, 쥐오줌풀에서 처음 발견되었다. 1983년 이후 발생 지역이 급속히 확대되어 현재는 전국적으로 분포하고 있으며 시설재배 작물의 주요 해충 중 하나이다.

피해

약충과 성충이 모두 진딧물과 같이 식물체의 즙액을 빨아 먹는데 주로 잎의 뒷면에서 가해한다. 식물의 잎과 새순의 생장이 저해되며 퇴색, 위조, 낙엽, 생장저해, 말라 죽음(고사) 등 직접적인 피해뿐만 아니라 배설물인 감로에 의해 그을음병을 유발시켜 상품성을 떨어뜨린다. 광합성을 저해하며, 바이러스를 매개하는 간접적인 피해도 크다.

토마토의 온실가루이 피해

발생 초기에 잎 뒷면에 1.5mm 정도의 백색 파리 모양의 곤충이 부착되어 있는지 또는 흰색의 0.3~0.5mm의 타원형 유충이나 0.7~0.8mm의 번데기가 붙어 있는지 여부로 확인할 수 있다. 성충은 황색에 끌리는 성질이 있으므로 황색점착트랩이나 황색수반 등을 이용해 예찰할 수 있다. 발생이 많아 피해가 진전되면 피해받은 오이, 수박, 거베라, 토마토 등 기주 작물의 주위에는 배설물에 의해 그을음병이 생겨 회색의 지저분한 무늬가 생기므로 쉽게 구별할 수 있다.

<표 2-3> 기주별 온실가루이의 피해 부위 및 피해 양상

주요 피해작물	피해 부위	피해 양상
토마토, 오이	잎	위축, 말라 죽음(고사), 갈변, 그을음병 유발
		잎 뒷면에 유백색 약충 및 흰색 탈피각 부착
		황화병 등 바이러스 매개
	순	오그라듦, 잎 전개 불량
	열매	그을음병 유발

형태

성충의 몸길이는 1.4mm로 작은 파리 모양이고 몸색은 옅은 황색이지만 몸 표면이 흰 왁스가루로 덮여 있어 흰색을 띤다. 알은 자루가 있는 포탄 모양이고 길이는 0.2mm이다. 알은 산란 직후 옅은 황색이지만 부화 시에는 청남색으로 변색된다. 약충은 3령을 경과하며 1령충은 이동이 가능하나 2령 이후에는 고착생활을 한다. 번데기는 등면에 왁스가시돌기가 있는 타원형이고 길이는 0.7~0.8mm이다.

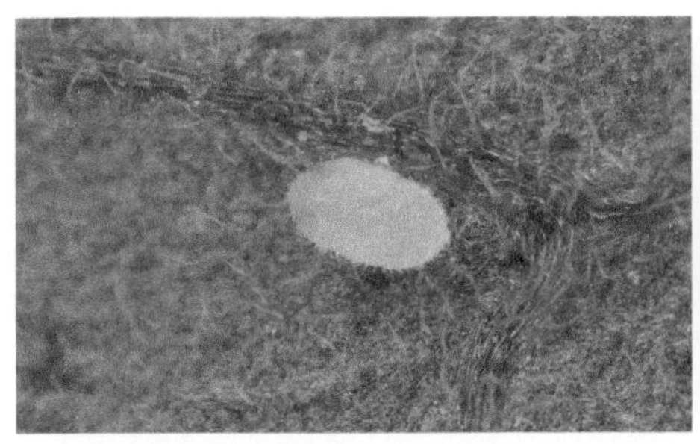

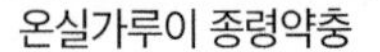

온실가루이 종령약충

온실가루이 성충

생태

성충은 새로 나온 잎을 선호하여 식물의 즙액을 빨아 먹고 생활하며 그곳에 일생동안 약 300개의 알을 낳는다. 알에서 갓 깨어난 1령 약충은 활동성이 있어 이동하다가 적당한 장소를 찾으면 침 모양의 구기를 식물체에 꽂아 넣고 고착하며, 2령 이후에는 다리가 퇴화하여 움직이지 못하고 한곳에 붙어 흡즙·가해를 한다. 따라서 식물체의 아랫잎에서 새 잎 쪽으로 번데기, 유충, 알, 성충의 순서로 수직분포를 하는 경향이 있다. 이 해충은 알에서 성충까지 되는 데 3~4주가 소요되고 증식력이 대단히 높아서 짧은 기간 내에 많이 발생할 수 있는 조건을 가지고 있다.

방제법

많이 발생한 경우, 약제 살포에도 불구하고 알과 번데기가 살아남을 수 있으므로 약제를 7~10일 간격으로 연속 살포해야 한다. 약액이 잎 뒷면에 골고루 묻도록 살포하는 것이 중요하다. 약제에 의한 방제 이외에 천적이나 미생물을 이용한 방제도 효과적이다. 온실가루이좀벌(*Encarsia formosa*)과 지중해이리응애(*Amblyseius swirskii*)는 널리 알려진 온실가루이의 천적으로서 국내에서 시판 중이다. 온실가루이가 많아 천적과 함께 농약을 사용할 때에는 천적에 영향이 적은 농약을 사용해야 한다.

피해

유충이 작물의 땅 부근 부위를 잘라 일부를 땅속으로 끌어들여 섭식한다. 갓 깬 유충은 지상부를, 3령 이후에는 땅속에 숨어 있다가 야간에만 가해하며 늦봄과 초여름에 걸쳐 피해가 심하다. 어린모의 경우에 피해가 잘 나타나며 식물 전체를 잘라 놓기 때문에 피해가 크다. 주간에는 피해받은 식물의 주위를 파보면 검은색의 유충을 볼 수 있다.

형태

거세미나방의 경우 성충의 날개를 편 길이는 38~45mm로 회갈색을 띠고 중앙부에 콩팥무늬, 고리무늬가 있다. 늙은 유충(노숙유충) 40mm 정도의 검정색 또는 검은 회색이다. 검거세미나방의 경우 성충의 날개 편 길이는 47~48mm이고, 몸은 진한 회갈색이며 앞날개에 콩팥무늬, 칼무늬, 고리무늬가 뚜렷하다. 유충은 다 자라면 40mm 정도이고 어릴 때는 녹색이지만 자라면서 갈색을 띤다. 숯검은밤나방은 성충의 날개 편 길이가 43~50mm이고 몸은 암회색을 띤다. 앞날개에 콩팥무늬, 고리무늬가 있고, 콩팥무늬옆에 두 갈래로 된 칼무늬가 있다. 다 자란 유충은 거세미류 중 가장 체색이 검다.

08 담배가루이

(*Bemisia tabaci* (Gennadius), Sweetpotato whitefly)

국내 발생 경위

담배가루이는 영명으로 'Sweet Potato Whitefly'라고 불리우는 열대 또는 아열대성 외래해충이다. 현재는 일본, 중국 등 아시아, 유럽, 북남미, 아프리카, 오세아니아 등 전 세계적으로 광범위하게 분포하고 있다. 담배가루이는 생물학적 특성에 따라 20여 가지의 생물형(Biotype)이 알려져 있는데, 우리나라에서는 1998년 6월 충북 진천군 시설장미에서 B-biotype, 2005년도에는 경남 마산의 토마토에서 Q-biotype이 처음 발견되었다. B-type의 담배가루이는 분포확산이나 추가유입이 없었으나 Q-biotype은 분포가 급격히 확산되어 현재는 시설재배 작물에서 거의 전국적으로 확인되고 있다.

피해

담배가루이는 온실가루이와 같이 작물의 즙액을 빨아 먹어 직접적인 피해를 준다. 간접적인 피해로서 감로를 배출해 그을음병을 유발하며, 가장 심각한 피해로 바이러스를 매개한다. 이 해충이 매개하는 대표적인 바이러스는 토마토황화잎말림바이러스(TYLCV, Tomato Yellow Leaf Curl Virus)이다. 우리나라에서 TYLCV는 2008년 6월 경남 통영에서 처음 발견되었으며 급격히 분포가 확산되어 현재는 충남, 전남북, 경남북 등의 시설재배 토마토에 심각한 피해를 주고 있다.

토마토의 바이러스 피해

형태

담배가루이의 알은 긴 타원형이다. 산란 직후에는 연한 황녹색이며 점차 연한 갈색으로 변하여 진한 갈색을 띠는 온실가루이와 구별된다. 1령충은 이동이 가능하나 2령충부터 고착생활을 한다. 약충은 보통 연황색 또는 진한 황색을 띠며 보통 흰색을 띠는 온실가루이와 구별된다. 마지막 4령 약충의 크기는 0.8~1.0mm이다.

담배가루이 약충은 온실가루이와 달리 납작하고 가장자리와 등면에 돌기가 거의 발달하지 않는다. 성충은 체장이 0.8mm 정도이며 체색은 짙은 황색이다. 잎에 앉아 있을 때에는 날개를 바닥쪽으로 좁게 펴고 있어서 위에서 볼 때 노란 몸색이 두드러져 보인다.

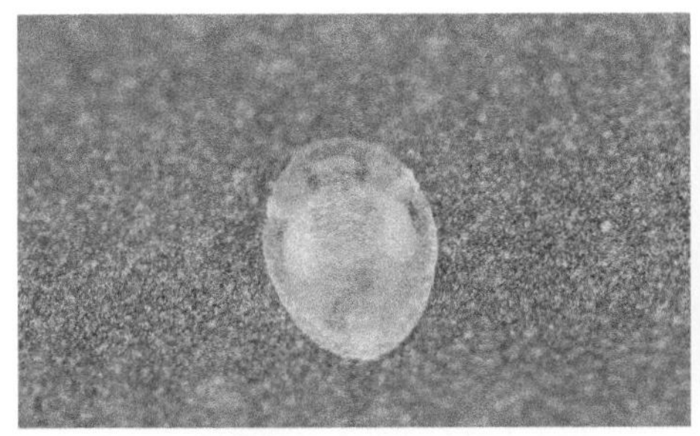

담배가루이 종령약충

담배가루이 성충

생태

담배가루이는 온실가루이와 같이 알-1령-2령-3령-4령(번데기)-성충의 단계를 거친다. 온실가루이보다 높은 27~30℃가 적정온도이며 알, 유충의 사충률의 경우 15℃에서 56.4%로 가장 높고, 30℃에서 3.6%로 가장 낮다. 발육기간도 15℃에서 76.5일로 가장 길고, 30℃는 13.1일로 가장 짧다. 성충 수명은 30℃에서 21.8일, 산란 수는 17.9개이다. 유성생식과 무성생식으로 번식하는데 교미한 유성생식 후대는 모두 암컷이 되지만, 교미하지 않은 무성생식 후대는 수컷이 된다. 성충의 이동거리는 4~5m로 짧지만 바람을 이용해 수 km 이상 장거리 이동이 가능하다.

방제법

많이 발생한 경우 약제 살포에도 불구하고 알과 번데기가 살아남을 수 있으므로 약제를 7~10일 간격으로 연속 살포해야 한다. 약액이 잎 뒷면에 골고루 묻도록 살포하는 것이 중요하다.

현재 토마토에서 담배가루이에 등록된 농약은 티아메톡삼입상수화제, 디노테퓨란입상수화제 등이 있다. 약제에 의한 방제 이외에도 천적이나 미생물을 이용한 방제도 효과적이다. 황온좀벌(*Eretmocerus erimicus*), 담배장님노린재(*Nesidiocoris tenuis*), 지중해이리응애(*Amblyseius swirskii*)는 널리 알려진 담배가루이의 천적으로서 국내에서 시판 중이다.

09 거세미류

- 거세미나방(*Agrotis segetum* (Denis et Schiffermuller), Turnip moth)
- 검거세미나방(*Agrotis ipsilon* (Hufnagel), Black cutworm)
- 숯검은밤나방(*Agrotis tokionis* Butler, Dark grey cutworm)

피해

거세미나방 피해

유충이 작물의 땅가 부위를 잘라 일부를 땅속으로 끌어들여 섭식한다. 갓 깬 유충은 지상부를 가해하며 3령 이후에는 땅속에 숨어 있다가 야간에만 가해한다. 늦봄과 초여름에 걸쳐 피해가 심하다. 어린 모의 경우에 피해가 잘 나타나며 식물 전체를 잘라 놓기 때문에 피해가 크다. 주간에는 피해받은 식물의 주위를 파보면 검은색의 유충을 볼 수 있다.

형태

거세미나방의 경우 성충의 날개 편 길이는 38~45mm로 회갈색을 띠고 중앙부에 콩팥무늬, 고리무늬가 있다. 늙은 유충(노숙유충)은 40mm 정도의 검정색 또는 검은 회색이다. 검거세미나방은 성충의 날개 편 길이는 47~48mm이고, 몸은 진한 회갈색이며 앞날개에 콩팥무늬, 칼무늬, 고리무늬가 뚜렷하다.

유충은 다 자라면 40mm 정도이고 어릴 때는 녹색이지만 자라면서 갈색을 띤다. 숯검은밤나방은 성충의 날개 편 길이는 43~50mm이고 몸은 암회색을 띤다. 앞날개에 콩팥무늬, 고리무늬가 있고 콩팥무늬 옆에 두 갈래로 된 칼무늬가 있다. 다 자란 유충은 거세미류 중 가장 체색이 검다.

<표 2-4> 3종 거세미나방의 구별법

특징 부위 / 해충명		숯검은밤나방	검거세미나방	거세미나방
성충	앞날개의 무늬	콩팥무늬 옆에 검은 반점이 있음	콩팥무늬, 칼무늬, 고리무늬가 뚜렷	콩팥무늬, 고리무늬가 있으나 칼무늬가 없음
	뒷날개 색깔	회색	회색 투명	유백색
	앞날개 길이	22mm	20~23mm	16~20mm
유충	활동상태	동작이 느리다	매우 빠르며 자극할 경우 공격태세를 취한다	동작이 빠르다
	제1배 마디 등면	반점이 없다	흰색의 망상 반점이 크다	흰색 망상 반점
	이빨 모양	둔하다	날카롭다	날카롭다

거세미나방 성충

검거세미나방 유충

숯검은밤나방 성충

생태

거세미나방은 연 2~3회 발생하며, 성충은 6월 중순, 8월 중순~10월 상순에 발생한다. 흙 속에서 유충으로 월동하며 알기간은 5~6일, 유충기간은 38일, 용기간은 27일 정도이다. 유충은 잡초와 재배작물의 땅가 부위의 오래된 잎에 1~2개씩 산란하며 등불에 잘 끌린다. 검거세미나방은 연 3회 발생하며 유충으로 땅속에서 월동한다. 성충 발생 최성기는 1화기는 6월 중순, 2화기는 8월 중순, 3화기는 9월 하순이다.

알기간은 4일, 유충기간은 30일, 용기간은 18일이다. 숯검은밤나방은 연 1회 발생하며 성충 발생 최성기는 9월 하순이다. 월동유충은 작물을 가해하다가 땅속에서 여름잠을 자며, 8월 하순~9월 상순에 흙고치를 짓고 번데기가 된다. 알기간은 6일, 번데기기간은 25일이다.

방제법

고추, 감자에서는 씨뿌리기(파종) 및 아주심기(정식) 전에 입제를 뿌리며, 작물이 크게 자랐을 때는 거세미나방 전용약제를 물에 타서 뿌리 근처에 물뿌리개로 흠뻑 뿌린다. 거세미류의 성충은 잎이 직립형으로 꼿꼿한 것보다는 수평상태로 축 늘어진 잎에 산란하기를 더 좋아하고, 같은 수평 잎에서도 잎 표면보다는 뒷면에 더 많이 산란한다. 따라서 약제방제 시 잎 뒷면에 약액이 충분히 닿도록 유의하여야 한다.

10 도둑나방

(*Mamestra brassicae* (Linnaeus), Cabbage armyworm)

피해

잡식성으로 배추, 양배추, 샐러리 등 채소 작물은 물론 장미, 백합 등과 같은 화훼 작물을 가해하기도 한다. 봄가을에 피해가 심하고 결구채소(잎이 여러 겹으로 겹쳐서 둥글게 속이 드는 채소)의 속으로 들어가 식해•하기도 한다.

Tip

식해(食害) •
해충이 식물의 잎이나 줄기 따위를 갉아 먹어 해치는 일

형태

성충의 날개 편 길이는 40~47mm이고 전체가 회갈색-흑갈색이며 앞날개에 흑백의 복잡한 무늬가 있다. 유충은 잎을 먹으면서 녹색 또는 흑록색이 된다. 다 자란 유충은 40mm로 머리는 담록-황갈색, 몸은 회흑색에 암갈색 반점이 많다. 기주식물 및 온도에 따라서 녹색을 띠는 경우도 있다. 봄과 여름에는 암갈색, 가을에는 회흑색 개체가 많다. 번데기는 18~25mm로 적갈색이다.

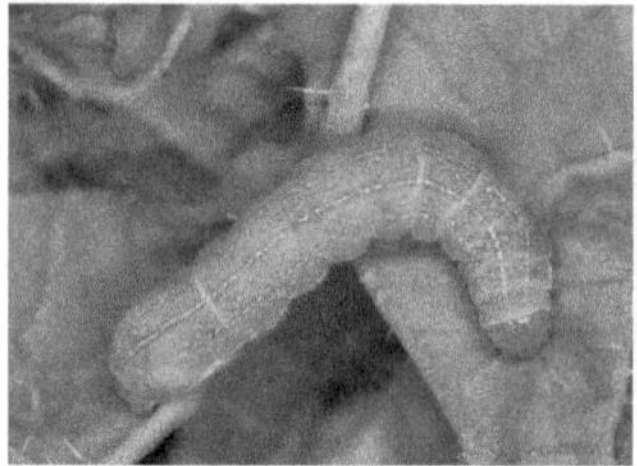
도둑나방 유충

도둑나방 성충

생태

연 2회 발생하며 번데기로 겨울을 난다. 1회 성충은 4~6월에 주로 발생하며 여름 고온기에는 번데기로 여름잠을 잔다. 2회 성충은 8~9월에 나타난다. 고랭지 저온지대에서는 한여름에 발생이 많다. 성충은 해질 무렵부터 활동을 시작하여 오전 7시경 알을 낳고 낮에는 마른 잎 사이에 숨는다. 3령까지는 무리지어 가해하다가 4령 이후 분산하여 생활하고, 다 자란 유충은 땅속에서 번데기가 된다. 어린 유충은 잎 뒷면에서 잎살만 갉아 먹지만 자라면서 잎 전체를 폭식하므로 피해 밭의 작물은 잎맥만 남는 경우도 있다. 유충기간은 40~45일이다.

방제법

유충이 자라면 살충제에 견디는 능력이 강해지고 배추, 양배추 포기 속으로 파고 들어가므로 발생 초기에 방제한다.

11 담배거세미나방

(*Spodoptera litura* (Fabricius), Tobacco cutworm)

기주 및 피해

담배거세미나방은 광식성(Polyphagous)으로 약 40과 100종 이상의 식물을 가해한다. 채소, 과수, 화훼, 특용작물, 사료작물, 정원수, 잡초, 가로수 등을 가해한다. 채소류에서는 배추, 고추, 파, 양파 등에서 피해가 많다. 고추에서는 담배나방과 같이 피해를 주며, 파에서는 파밤나방과 동시에 피해를 주는 경우가 많다. 이 해충은 아시아의 열대(한국, 일본, 대만, 인도 등) 및 아열대 지역, 하와이, 오스트레일리아, 솔로몬섬, 서사모아 등 태평양섬들에 주로 분포한다.

Tip
시맥 ●
날개에 무늬처럼 있는 맥

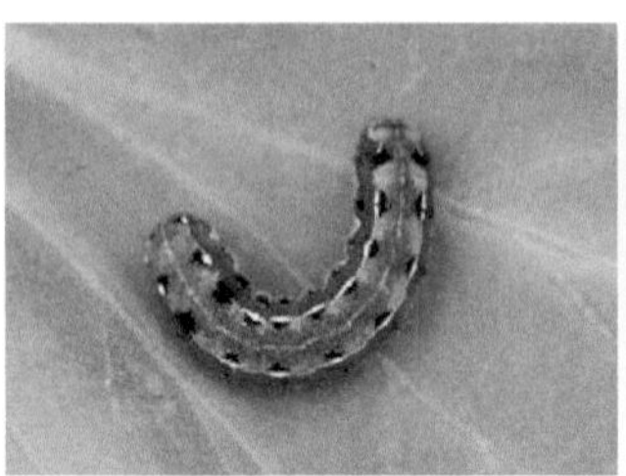
담배거세미나방 유충

담배거세미나방 성충(위 암컷, 아래 수컷)

형태

알은 구형으로 약간 납작하고 직경은 0.6mm, 난괴(알덩어리)는 연한 황갈색-분홍색이다. 유충은 길이 40~45mm, 몸색은 다양(흑회색~암녹색에서 점차 적갈색 또는 백황색)하고 몸의 양측면에 긴 띠가 있다. 앞가슴을 제외한 각 마디의 등면 양쪽에 두 개의 검은 반달점이 있으며 복부 첫째 마디와 여덟째 마디의 것이 다른 마디보다 크다. 등면을 따라 길게 나 있는 밝은 노란띠가 특징이다. 번데기는 길이 15~20mm이고 적갈색이며 복부 끝에 두 개의 작은 강모가 있다. 성충은 길이가 15~20mm이고 회갈색이며, 날개편 길이는 30~38mm이다. 앞날개는 갈색 또는 회갈색이며 매우 복잡한 무늬가 있다(수컷은 날개 끝과 밑부분이 푸른빛을 띰). 뒷날개는 회백색이고 가장자리는 회색이며 종종 시맥•이 짙은색을 띤다.

생태

성충은 우화 후 2~5일 동안 1,000~2,000개의 알을 100~300개의 난괴(알덩어리)로 잎 뒷면에 산란한다. 난괴는 암컷의 복부 끝에서 떨어진 털 모양의 인편으로 덮여 있다. 산란 수는 고온과 저습에 반비례(30℃, 90% RH에서 960개, 35℃, 30% RH에서 145개)하고 알은 상온에서 4일 후, 겨울에는 11~12일 후 부화한다.

방제법

약제 저항성 개체가 출현하여 방제에 어려움이 있고, 효과적인 생물적 방제인자도 없어 방제에 어려움이 가중되고 있다. 약제방제 시 가장 중요한 것은 어린 유충이 발생할 때 살포해야 한다는 것이다. 생물적 방제로는 기생천적인 고치벌, 맵시벌, 깡충좀벌과 같은 기생봉을 이용하고 미생물천적으로 핵다각체바이러스(NPV), 세균(Bt), 곰팡이, 선충 등을 이용한다.

12 파밤나방

(*Spodoptera exigua* (Hubner), Beet armyworm)

피해

성충이 20~50개씩의 알을 무더기로 산란한다. 부화한 어린 유충은 표피에서 잎살을 갉아 먹지만 2~3령으로 자라면서 4~5령이 되면 잎 전체에 큰 구멍을 뚫으며 가해한다.

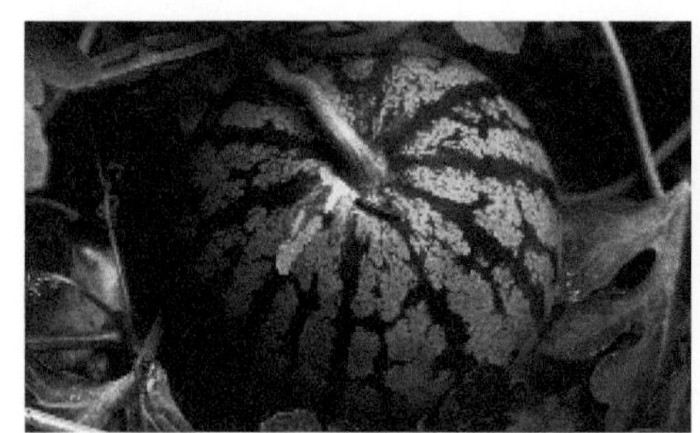

수박의 파밤나방 피해

파의 파밤나방 피해

형태

성충의 몸길이는 8~10mm, 날개편 길이는 11~12mm이다. 앞날개는 폭이 좁은 황갈색이며, 날개 중앙에 청백색 또는 황색점이 있고 옆에 콩팥무늬가 있다. 뒷날개는 희고 반투명하다. 다 자란 유충은 35mm 정도이며 체색변이가 심하여 황록색~흑갈색이다. 보통은 녹색인 것이 많다.

생태

노지에서 연 4~5회 발생하며 제주도 및 남부해안 지역의 따뜻한 지역에서는 1회이상 더 발생할 수 있다. 고온성 해충으로 25℃일 경우 알에서 성충까지 28일 정도 걸리고 1마리의 암컷이 1,000개 정도를 산란한다. 8월 이후 고온에서 계속 발생량이 많을 것으로 추정되며 특히 부산, 경남, 전남, 제주 지역의 시설채소 및 화훼단지에서는 연중 피해가 많을 것으로 예상된다. 제주 지역에서는 파밤나방이 월동채소 생육기간(10월 상순~12월 하순) 동안에 계속 발생되었고, 10월 하순부터 11월 중순까지 발생량이 많았으며 발생 최성기는 11월 상순이었다.

방제법

이 해충은 세계적으로 약제에 대한 저항성이 강한 해충으로 유명하며 국내에서도 농민들이 이들 해충 방제에 어려움을 겪고 있다. 비교적 1~2령의 어린 유충기간에는 약제에 대한 감수성이 있는 편이다. 그러나 3령 이후의 다 자란 유충이 되면 약제에 대한 내성이 증가한다. 수박에 파밤나방 약제로 크로르프루아주론(유), 테부페노자이드(수) 등이 등록되어 있으며 최근 일본 등지에서는 합성약제에 의한 방제와 더불어 페로몬(성유인물질)에 의한 방제가 큰 효과를 보고 있다.

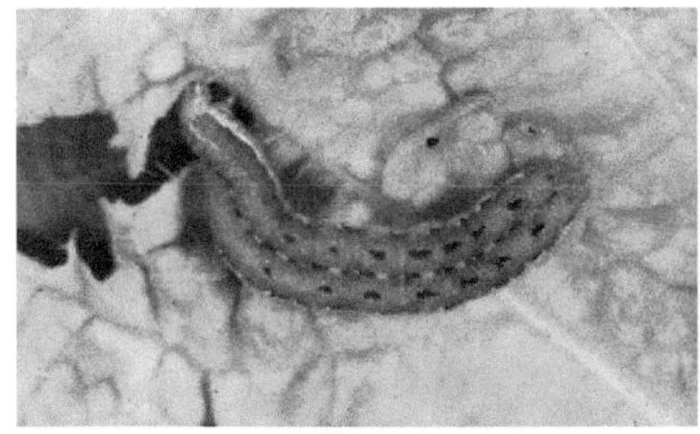

파밤나방 유충

파밤나방 성충(위 암컷, 아래 수컷)

13 아메리카잎굴파리

(*Liriomyza trifolii* (Burgess), American serpentine leaf miner)

국내 발생 경위

원래 북미의 아열대 지역이 원산지인 외래해충이다. 1970년대 중반 이후 화훼류, 특히 국화의 국가 간 수출입이 급증함에 따라 미국 전역은 물론 캐나다, 중남미, 아프리카, 유럽, 아시아 등 세계적으로 분포가 확산되었다. 우리나라에서는 1994년 광주 온실재배 거베라에서 처음 발견되었으며, 현재는 전국적으로 발생한다.

피해

성충은 기주식물의 잎에 작은 구멍을 내고 산란하며 부화 유충이 기주식물의 잎에 뱀처럼 구불구불한 갱도를 뚫고 다니면서 피해를 준다. 성충이 산란관으로 구멍을 뚫고 흡즙하여 피해를 주므로 피해식물의 잎 표면에 흰색의 작은 반점들을 많이 볼 수 있다. 성충은 주로 다 자란 아래쪽 잎에 산란하므로 시설재배지에서 자라는 국화, 토마토 등의 아래쪽 잎에서 위쪽 잎으로 피해가 진전된다.

또한 성충은 주광성이 강하므로 시설하우스의 남측 통로쪽 잎에 발생이 많고, 성충은 섭식 시 질소 함유량이 많은 식물을 선호하는 경향이 있다. 국내에서는 총 28과 88종의 작물 및 식물에 피해가 확인되었으며, 이 중 국화과 식물이 26종으로 가장 많았고, 십자화과 10종, 콩과 8종, 가짓과와 박과가 각각 7종씩이었다.

작물 중에서의 피해 정도는 국화과(국화, 상추), 가짓과(가지, 토마토), 박과(수박, 오이, 참외, 호박, 멜론), 미나릿과(셀러리) 및 취손이풀과(거베라)등 온실 내 작물의 피해가 심했으며 특히 거베라, 국화, 토마토, 수박에서 피해가 심했다.

형태

성충은 몸길이 2mm 정도로 머리, 가슴 측판 및 다리는 대부분 황색이며 그 이외는 검정색으로 광택이 있다. 암컷 성충은 수컷에 비해 약간 크고 복부 말단에 잘 발달된 산란관을 가지고 있다. 알은 반투명한 젤리상으로 장타원형이다. 유충은 황색 또는 담황색의 구더기 모양이고, 3령을 경과하면 3mm 정도의 다 자란 유충이 된다. 번데기는 2mm 정도의 장타원형으로 갈색을 띤다. 아메리카잎굴파리 유충은 3령을 경과하며, 영기별 입고리(Mouth Hook)의 크기는 평균 1령은 22.8μm, 2령은 42.6μm, 3령은 69.7μm이다.

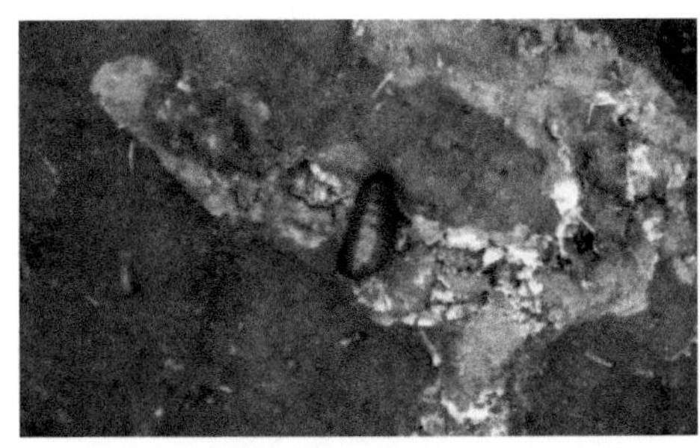

아메리카잎굴파리 번데기

아메리카잎굴파리 성충

생태

성충은 300~400개의 알을 산란한다. 알은 대부분 잎의 앞면에 산란하지만 뒷면에 산란하는 경우도 있다. 유충은 굴을 뚫고 다니면서 가해하다 다 자라면 구멍을 뚫고 나와 땅으로 떨어져 번데기가 된다. 발생이 많을 때는 잎에서 용화(유충이 번데기로 되는 것)되는 경우도 있다. 아메리카잎굴파리의 알부터 성충까지 발육기간은 15℃

에서 47~58일, 20℃에서 23~28일, 25℃에서 14~15일, 30℃에서 11~13일로 온도가 증가함에 따라 모든 기주에서 발육기간이 급격하게 짧아지는 양상을 보인다.

발육 영점온도는 알 7℃, 유충 8℃, 번데기 10℃이며 발육 상한온도는 약 35℃로 추정된다. 국내에서 노지 월동여부는 불확실하나, 시설 내에서는 휴면 없이 연중 발생하므로 15회 이상 발생할 수 있다.

방제법

이 해충은 모를 통하여 확산될 가능성이 크므로 육묘단계에서부터 해충관리에 특별히 신경을 써야 한다. 시설재배지에서는 한냉사를 설치하여 외부로부터 성충의 유입을 차단시킨다. 성충은 점착트랩(황색)으로 예찰할 수 있는데 트랩을 작물체 상위엽 근처에 위치하도록 지주대에 고정하거나 끈에 매단다.

발생여부는 다른 미소해충과 달리 피해 흔적이 확실하여 1~2마리의 피해가 나타나도 쉽게 발견할 수 있다. 약제방제를 할 때는 알과 유충은 잎 속에서, 번데기는 땅속에서 서식하는 특성으로 인해 살포약제를 회피할 수 있다는 점을 유의해야 한다. 다발생한 경우 약제를 7~10일 간격으로 2~3회 연속으로 살포하여 추가적으로 우화하는 성충을 잡아야 한다. 약액은 잎뒷면에 골고루 묻도록 살포하는 것이 좋다. 이 해충은 약제저항성 발달이 빠른 것으로 유명하기 때문에 계통이 서로 다른 약제를 번갈아 살포해야 한다.

14 달팽이류

(Slugs and snails)

육상에서 생활하는 달팽이들도 물속에서 생활하는 달팽이들과 마찬가지로 대부분이 습기가 높은 곳에서 생활을 한다. 물론 명주달팽이의 경우 건조한 곳에서 견딜 수 있는 능력이 뛰어나기 때문에 한여름 건조기에도 식물체에 가해를 하기도 한다. 그러나 껍데기가 없는 민달팽이류는 몸 표면을 항상 습하게 유지해야 하기 때문에 낮에는 주로 식물체 속이나 바위 밑 등에 숨어 있다가 밤이나 날씨가 흐린 날 지상부로 나와 가해한다.

민달팽이(*Incilaria confusa* Cockarell, Japanese native slug)

가. 피해

잡식성으로 하우스 내 안스리움, 몬스테라, 선인장 등 각종 관엽식물뿐만 아니라 절화용 화훼류, 채소류를 가해하며 습한 날 또는 밤에 지상부를 폭식한다. 몸 표면에 끈끈한 액을 분비하며 가해를 하므로 피해받은 부위는 이 분비물과 함께 지저분한 부정형의 구멍이 많이 뚫린다. 피해가 심한 잎은 잎맥만 남고 거친 그물 모양이 된다. 온실 내에서는 연중 피해가 많다.

민달팽이 성체 및 피해

나. 형태

성충의 길이는 약 60mm이며 몸색은 보통 담갈색을 띠나 변이가 많다. 등면에 3개의 흑갈색 세로줄이 있으며 양측에 2개의 세로줄이 뚜렷하다. 알은 투명한 계란형으로 여러 개가 목걸이처럼 연결되어 있는 경우가 많다.

다. 생태

연 1회 발생하며, 흙덩이 사이나 낙엽 밑의 습기가 있는 곳에서 성체로 월동을 한다. 월동 후 이듬해 3월경에 활동을 시작하며, 6월까지 산란한다. 알은 작은 가지나 잡초에 30~40개의 알덩어리(난괴)로 산란하고, 부화한 어린 것은 가을에 성체가 된다. 낮에는 주로 하우스 내의 어두운 곳, 즉 화분 밑이나 바닥에 덮은 멀칭비닐 밑에서 숨어 있다가 밤에 나와서 가해한다.

라. 방제법

발생이 많은 곳에서는 은신처가 되는 작물, 잡초 등을 제거하고 토양 표면을 건조하게 하는 것이 좋다. 민간요법으로 맥주를 컵에 담아 땅 표면과 같은 깊이로 묻으면 달팽이들이 유인되어 빠져 죽는다. 오이를 썰어 하우스 내 지표면에 깔아놓고 유인된 달팽이를 모아서 죽일 수도 있다.

들민달팽이(*Deroceras varians* Adams, Variable field slug)

가. 피해

민달팽이와 습성이 거의 비슷하여 온실 내의 습한 장소에서 가해하지만 노지에서도 장마기나 흐린 날에 딸기, 배추 등과 같은 식물에 피해가 많이 나타난다. 달팽이의 분비물로 인해 기어 다닌 자리는 광택이 나며, 가늘고 구불구불한 검정색 배설물이 있다. 피해가 심한 잎은 줄기만 남으며 그물 모양으로 도둑나방 유충의 식흔과 비슷하다. 주로 잎을 가해하지만 딸기 등의 경우 열매를, 화훼류(거베라, 백합, 등)의 경우 개화 후 꽃을 가해하는 경우도 있다.

들민달팽이 성체 및 피해

나. 형태

민달팽이와 같이 껍질이 없는 달팽이로 성체의 크기가 3~4cm로 작고 어디에서나 흔히 볼 수 있다. 몸색은 흑갈색이며 민달팽이에 있는 세로줄이 없다. 알은 계란형으로 초기에는 투명하나 점차 유백색으로 변화한다.

다. 생태

연 2회 발생하며 겨울에는 토양 속이나 낙엽 밑 등 습기가 있는 장소에서 월동한다. 온실에서는 연중 가해하며 낮에는 화분 밑이나 멀칭비닐 속에 숨어 있다가 밤이나 흐린 날 식물체 위로 올라와 가해한다. 봄과 가을에 지표면 또는 낙엽 밑에 산란한다. 1마리당 산란 수는 약 300개 내외이며, 봄에 산란한 알은 가을에 성체가 되어 알을 낳는다.

라. 방제법

민달팽이의 방제법과 동일하며 습기가 있는 장소, 화분 밑, 낙엽 밑에 잠복하므로 온실을 너무 습하게 하지 않게 관리하고 잠복처가 될 만한 곳을 깨끗이 한다. 또한 석회를 사용하여 산도를 조정하거나 유인살충제(메타알데하이드)를 사용하여 유살한다. 구리성분을 기피하므로 동선을 이용하여 방어선을 치는 경우도 있다.

명주달팽이(*Acusta despecta* (Grey), Land snail)

가. 피해

노지에서 각종 농작물에 피해가 많다. 봄과 가을에 피해가 많으며, 발아 후의 어린모 시기에 크게 발생하면 하룻밤만 가해를 받아도 피해가 크기 때문에 주의해야 한다. 식물이 성장하면 어린잎과 꽃을 식해하며, 피해 증상은 나비목 해충의 유충 피해와 비슷하나 달팽이가 지나간 자리에 점액이 말라붙어 있어 햇빛에 반사되기 때문에 구별이 용이하다. 낮에는 지제부(땅과 지상부의 경계 부위)나 땅속에 잠복하고 주로 야간에 식물체 위로 올라와 잎과 꽃을 가해하지만, 흐린 날에는 주야를 가리지 않고 식해한다.

나. 형태

어린 개체의 껍질은 3~4층이며, 껍질의 직경은 0.7~0.8mm이다. 성체는 5층으로 껍질의 직경은 20mm 정도이며, 얇아서 누르면 쉽게 부서진다. 껍질의 색깔은 담황색 바탕에 흑갈색 무늬를 띠는 개체가 많으나 지역 시기에 따라 변이가 많다. 특히 제주도에서 발생하는 종류는 밝은색이 강한데 분류학적인 재검토가 필요하다. 알은 2mm 정도로 구형이며 유백색을 띤다.

무의 명주달팽이 피해

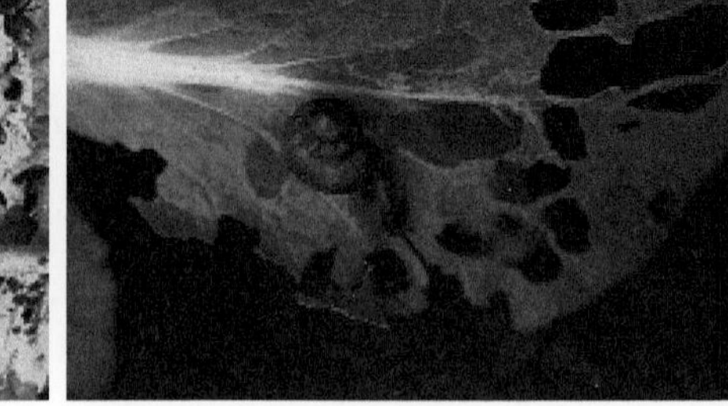

명주달팽이 성체

다. 생태

연 1회 발생하는 것이 보통이지만 2회 발생하기도 한다. 월동은 성체 또는 유체로 몸체를 껍질 안에 넣고 반 매몰된 상태로 땅속에서 한다. 3~4월경부터 활동을 시작하며, 성체는 4월경부터 교미를 하는데 자웅동체로 교미에 의해 정자낭을 교환한다. 교미 약 7일 후부터 습한 토양의 2~3cm 깊이에 3~5개씩 산란하며, 1마리당 100개 내외를 낳는다. 알은 15~20일 만에 부화하며 부화한 어린 달팽이는 가을까지 식해한다.

라. 방제법

토양 중에 석회가 결핍되면 발생이 많으므로 석회를 사용한다. 온실 내의 채광과 통풍을 조절하여 습기를 적게 해 발생을 억제한다. 발생이 많을 때에는 유인제를 사용하여 유살한다.

MEMO

<해충편>

제3장 십자화과 채소의 해충 (배추, 무, 양배추)

배춧과 또는 겨잣과라고도 하는 십자화과 채소에는 배추, 무, 양배추, 냉이 등이 있다. 십자화과 채소에는 배추좀나방, 배추흰나비, 배추순나방, 무테두리진딧물, 양배추가루진딧물, 벼룩잎벌레, 좁은가슴잎벌레, 무고자리파리, 무잎벌 등의 해충의 피해를 입기 쉽다. 이번 장에서는 십자화과 채소를 공격하는 해충의 종류와 생태, 방제법에 대해 살펴본다.

1. 배추좀나방
2. 배추흰나비
3. 배추순나방
4. 무테두리진딧물
5. 양배추가루진딧물
6. 벼룩잎벌레
7. 좁은가슴잎벌레
8. 무고자리파리
9. 무잎벌

01 배추좀나방

(*Plutella xylostella* (Linnaeus), Diamond-back moth)

가해 작물

배추, 양배추, 무, 냉이 등 십자화과 식물

발생 상황

배추좀나방은 배추, 무, 양배추 등 십자화과 채소에 많이 발생하며 일부 농가에 서는 낙하산벌레로 부르기도 한다. 우리나라에서 이 해충이 문제되기 시작한 것은 1980년대 이후로, 과거에는 약제방제가 잘 되어 별로 문제가 되지 않았으나 최근에는 제주도에서부터 강원도 고랭지 채소재배단지에 이르기까지 전국적으로 발생하고 있다. 또한 시설재배는 물론 노지재배에서도 매년 많이 발생하여 피해를 주고 있다.

피해

유충이 배추, 무 등 십자화과 채소와 냉이 같은 잡초의 잎을 가해한다. 크기가 작아 한 마리의 섭식량은 적으나 1주당 기생개체 수가 많으면 피해가 심하다. 알에서 갓 깨어난 어린 벌레가 초기에는 잎살 속으로 굴을 파고 들어가 표피만 남기고 식해하다가 자라면서 잎 뒷면에서 잎살을 식해하여 흰색의 표피를 남긴다. 심하면 엽맥만 남기고 잎 전체를 식해하기도 한다. 배추의 경우 어린모 시기(유묘기)에 발생이 많으며, 잎 전체를 식해하여 생육을 저해하거나 말라 죽게 한다.

배추의 배추좀나방 피해

3~4령의 유충이 주당 30마리 정도 발생되었을 때는 외부잎을 심하게 식해하고 결구(잎이 여러 겹으로 겹쳐서 둥글게 속이 드는 것)된 부분까지 침입하여 상품 가치를 떨어뜨린다.

형태

성충은 몸길이가 6mm 정도로 다른 나방류 해충들에 비해 작다. 앞날개는 흑회갈색 또는 담회갈색이고 날개를 접었을 때 등쪽 중앙에 유황백색의 다이아몬드형 무늬가 있는데 수컷은 이 무늬가 암컷에 비해 더욱 뚜렷하다. 알은 타원형으로 길이가 0.5mm 정도이며 담황색이다. 알에서 갓 깨어난 어린 벌레는 담황갈색을 띠지만 자라면서 점차 녹색으로 변하고 다 자란 유충은 선녹색의 방추형이다. 머리 부분은 담갈색이고 몸길이는 10mm 내외이다. 번데기의 크기는 6mm 내외로 몸색은 담황색 또는 흑색을 띠며 그물형상의 고치 속에 들어 있다.

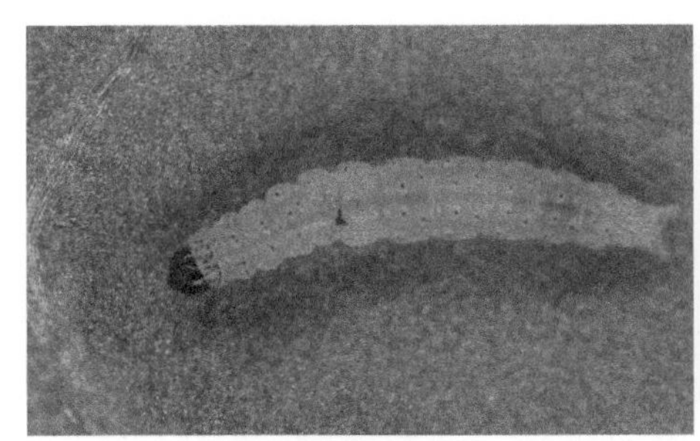

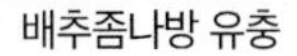
배추좀나방 유충

배추좀나방 성충

생태

배추좀나방은 겨울철 월평균 기온이 0℃ 이상이 되는 지역에서 월동하며, 7℃ 이상의 온도에서 발육 및 성장이 가능하다. 우리나라의 남부 지방에서는 노지에서 월동이 가능하며 연간 발생 세대 수는 남부 지방에서는 10~12세대, 중부 지방은 8~9회 정도로 추정된다.

발생량이 많은 늦봄과 초여름 사이에는 1세대 기간이 20~25일로 발육속도가 빨라 재배지 내에서 알, 애벌레, 번데기, 성충이 섞여 발생한다. 남부 지방에서는 봄에서 초여름까지 발생 최성기를 보이고 여름에는 밀도가 낮아져 가을까지 적게 발생되는 것이 일반적이나 해에 따라 가을에도 발생이 많은 경우가 있다.

또한 고랭지 채소재배 지역에서는 평야지보다 1~2개월 늦은 8월 하순~9월 상순에 발생 최성기를 보인다. 성충은 100~200개의 알을 낳으며, 애벌레는 4령을 경과한다. 배추좀나방은 휴면성이 없고, 온도가 높을수록 각 충태의 발육이 빠르다. 20℃와 25℃ 범위에서는 16~23일 만에 한 세대를 지난다. 발육 최저온도는 8.5℃ 내외, 1세대를 지나는 데 필요한 유효 적산온도는 274일도(日度)로 추정되지만 지역에 따라 다르다.

방제법

배추좀나방은 연간 발생 세대 수가 많고 채소 재배지에서는 1주 간격으로 약제를 살포하기 때문에 약제에 대한 저항성이 쉽게 유발된다. 약제방제 이외에 피복재료를 이용하여 해충을 차단하는 방법, 기생봉 등 천적류를 이용한 생물적 방제, 성페로몬을 이용하여 교미교란을 시켜 발생밀도를 줄이는 등 여러 가지 방법이 시도되고 있다.

가. 약제선택

약제에 대한 저항성이 쉽게 발달되므로 효과적인 방제를 위해서는 약종 선택이 무엇보다도 중요하다. 약제를 선택할 때에는 반드시 동일계통인 약제보다 약제의 작용 특성이 다른 계통을 선택해야 하며, 동일 약종을 2~3회 이상 계속 사용하지 않는다. 또한 과다한 약제 살포를 피하고 적정약제를 사용해 약제저항성 발달을 사전에 예방하고 지연시켜 방제효과를 높일 수 있게 한다.

나. 방제시기 및 방법

배추좀나방 유충은 발육 정도에 따라 살충률의 차이가 심하게 나타난다. 3~4령의 유충과 번데기는 살충제에 대한 감수성이 크게 떨어져 효과가 낮다. 일반재배지에서는 알, 유충, 성충이 혼재되어 발생되기 때문에 많은 발생 시에는 7~10일 간격으로 2~3회의 약제 살포를 실시해야 한다. 어린 유충은 잎살 내에 잠입해 있고 3~4령 유충은 잎 뒷면에서 식해하므로 약액이 작물 전체에 고루 묻도록 뿌려주어야 방제효과를 높일 수 있다. 약제에 대한 저항성이 유발되면 오랜 기간 지속되기 때문에 약제 선택, 방제시기 및 방제횟수 등에 세심한 주의를 기울여 저항성이 유발되지 않도록 한다.

02 배추흰나비

(*Pieris rapae* (Linnaeus), Common cabbage worm)

가해 작물

배추, 무, 양배추, 꽃양배추, 겨자무, 냉이 등 십자화과 작물과 개갓냉이 등 십자화과 잡초 및 양미나리 등 화훼류

피해

배추나 무밭에서 흔히 볼 수 있는 해충으로 유충이 어릴 때는 십자화과 식물 잎을 표피를 남기고 잎살을 가해하나 다 자란 유충은 잎맥만 남기고 폭식한다. 특히 가을과 봄에 피해가 많다.

형태

성충은 발생기와 암컷과 수컷에 따라 모양이 다르다. 암컷은 몸 전체가 백색이며, 몸의 길이가 20mm이고, 날개를 편 길이가 50~60mm이다. 앞날개 앞쪽에는 검은 반점이 2개 있고, 뒷날개는 1개가 있다. 수컷은 암컷보다 몸이 가늘고 검은 반점이 작으며, 암컷보다 더 희다. 봄에 나오는 것은 빛이 나고 여름에 나오는 것은 희고 작은 편이다.

알은 황색이고, 원추형이며 알에서 깨어난 애벌레는 2mm 정도이다. 크게 자라면 30mm 정도이며 몸에는 잔털이 많이 나 있고 몸 전체가 초록색이다. 숨구멍 주위에는 검은 고리가 있으며, 숨구멍 선에는 노란 점이 늘어서 있다. 번데기의 몸은 회황갈색으로 머리와 가슴에 1개씩의 돌기가 있다.

배추흰나비 유충

배추흰나비 번데기

배추흰나비 성충

생태

1년에 4~5회 발생하며, 가해 식물이나 근처의 수목 또는 민가의 담벽이나 처마에 붙어 번데기 상태로 겨울을 지낸다. 이른 봄부터 성충이 되어 무, 배추, 양배추 또는 냉이와 같은 야생십자화과 식물의 잎 뒷면에 알을 낳는데 배추흰나비는 가을 김장무, 배추까지 계속 세대를 되풀이하기 때문에 봄부터 가을까지 각 충태를 볼 수 있다. 알에서 깨어난 애벌레는 바로 잎을 가해하기 시작하고 다 자란 애벌레는 잎 뒷면이나 근처의 적당한 장소를 찾아서 번데기가 되며, 이어 날개돋이하여 세대를 되풀이한다. 가을에 마지막 세대의 애벌레는 월동장소를 찾아 상당한 거리를 이동하는데 주택 근방의 채소원에서는 가옥의 벽으로 기어 올라가 번데기가 되는 것을 볼 수 있다.

방제법

유충은 일반 살충제에 잘 죽으므로 발생 정도를 보아 피해가 우려되면 약제를 1~2회 살포하거나 피해가 있는 포기를 잘 살펴보아 유충을 잡아 죽인다.

03 배추순나방

(*Hellula undalis* (Fabricius), Cabbage webworm)

가해 작물

무, 배추, 양배추 등 십자화과 채소, 담배, 유채 등

피해

유충이 십자화과 채소와 담배가 싹이 튼 후 생장점 부근을 갉아 먹어 피해를 준다. 성장하면서 잎 가장자리나 속고갱이를 먹으므로 배추는 포기가 차지 않고 누렇게 되어 말라 죽는다. 남부 지방에서 주로 발생한다.

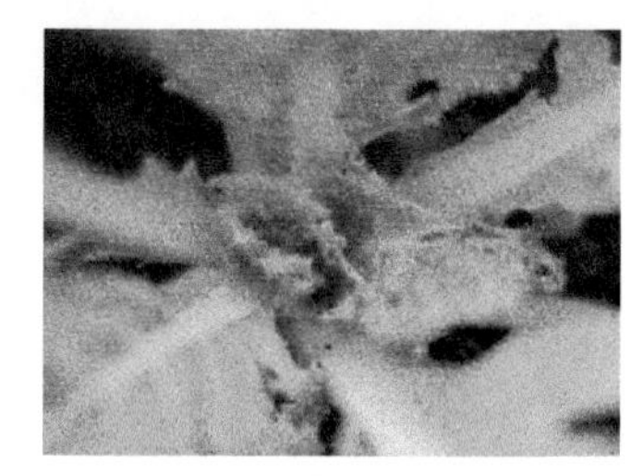

배추의 배추순나방 피해

형태

성충의 몸길이는 7mm 내외이고, 날개를 편 길이는 14mm이다. 전체가 회색인 작은 나방이며 앞날개는 약간 황색이다. 중앙에 흑색의 콩팥 무늬가 있으며 1/3 위치에 2개의 물결무늬가 있다. 뒷날개는 회백색이며 끝으로 갈수록 약간 갈색을 띤다.

뒷다리는 길며, 마디에 긴 털이 나 있다. 머리는 흑색이며, 2개의 불분명한 점무늬가 있다. 알은 타원형으로 긴 쪽 지름이 1mm 이내이고, 세로로 주름이 있으며 엷은 황백색이나 알에서 깨어나기 전에는 등황색이 된다. 유충은 12mm가량, 머리 부분이 흑갈색이며 가로줄이 있으며 각 마디에 작은 흑점과 가는 털이 있다. 번데기는 잎을 말은 속에서 번데기가 되며 갈색으로 10mm 정도이다.

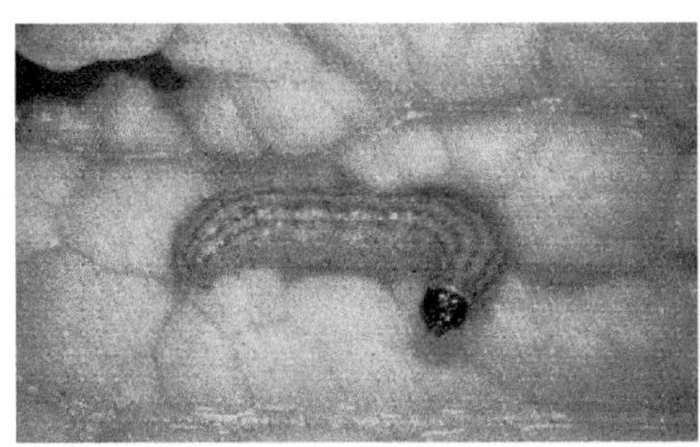

배추순나방 유충

배추순나방 성충

생태

1년에 2~3회 발생하며 번데기로 겨울을 지낸다. 제1회 발생은 4월이며 십자화과 채소와 담배의 순에 알을 낳는다. 알에서 깨어난 유충은 잎의 표면을 기어 다니며 갉아 먹지만 2령부터 잎을 실로 묶고 그 속에서 갉아 먹는데 낮에는 속에서 먹고, 밤에는 기어 나와서 갉아 먹는다. 5령이 되면 가해하지 않고 실로 묶은 속에 들어 있으며 황색으로 변하여 번데기가 된다. 제2회 발생은 6월, 제3회 발생은 8월에 한다. 고온에 비가 많이 오면 발생이 많아 피해가 심하며 성충의 수명은 10일 정도이다.

방제법

온도가 높거나 비가 많이 올 때 많이 발생하므로 본잎이 나올 때 대량 발생하는 지역에서는 1주 간격으로 적용약제를 2~3회 뿌려준다.

04 무테두리진딧물

(*Lipaphis eryismi* (Kaltenbach), Turnip aphid)

가해 작물

십자화과 식물(무, 배추, 쇠냉이, 황새냉이)

피해

기주식물의 밑에 있는 잎 뒷면에서 떼를 지어 즙액을 빨아 먹으며 10여 종의 바이러스병을 옮긴다.

형태

날개 있는 벌레(有翅蟲)는 몸길이가 2.2mm로 몸 색깔은 녹색 또는 흑록색이다. 엷은 흰색 가루를 뒤집어쓰고 있고, 광택은 없다. 옆 무늬의 등 쪽에 조그만 검은 무늬가 줄지어 있다. 뿔관은 거무스름하거나 거의 검고 끝 쪽이 약간 볼록한 원기둥 모양으로 비늘무늬가 있으며, 끝에 테두리와 테두리 띠가 있다. 날개 없는 벌레(無翅蟲)는 몸길이가 2.6mm로 몸 색깔은 허여스름한 녹색 또는 짙은 녹색이며 등에 흰가루를 뒤집어쓰고 있다. 제7배 마디 등판 위에 거무스름한 띠무늬가 있으며 가슴의 각 마디 양쪽에 점무늬가 있다.

무테두리진딧물 약충과 성충

배의 등판 양쪽에 가슴의 옆 무늬와 나란히 무늬가 있으며, 제3~5배 마디 등판 위에 띠무늬가 있다. 뿔관은 황갈색이나 끝이 검거나 거무스름한 원기둥 모양으로 뒤쪽이 약간 볼록하다. 끝에 테두리가 발달하여 나팔 모양이며, 테두리가 있다.

생태

쇠냉이와 황새냉이 등에서 알로 겨울을 지낸다. 4월 하순~5월 상순에 알 깨기를 하고, 알에서 깨어난 간모는 단위생식을 하며, 겨울기주에서 생활을 하다가 날개 있는 벌레가 되어 여름 기주로 이동한다. 여름 기주에서 10수대를 경과하는데 날개 있는 벌레로 6월 중순, 8월 하순, 10월 상순에 발생 최성기를 보인다. 10월 말이 되면 다시 겨울 기주로 이동하여 월동 알을 낳고 이것이 그대로 월동한다. 이 종(種)은 무와 배추에 많이 발생하는데 봄가을 모든 작물이 재배지에 보이기 시작하면 날개 있는 벌레가 날아와 알을 낳으며, 장마와 같은 발생억제요인이 없는 한 계속 밀도가 증가한다.

방제법

복숭아혹진딧물 참조

05 양배추가루진딧물

(*Brevicoryne brassicae* (Linnaeus), Cabbage ahpid)

가해 작물

양배추, 배추, 유채, 샐러리 등

피해

기주식물의 잎 뒷면이나 어린싹에서 즙액을 빨아 먹으며, 각종 바이러스병을 매개시킨다.

형태

날개 있는 벌레(有翅蟲)는 몸길이가 2.2mm로 몸 색깔은 암록색이며 몸 표면에 흰가루를 뒤집어쓰고 있어 하얗게 보인다. 등쪽에 6개의 흑색 띠가 있고 옆피부판은 검다. 뿔관은 중앙부가 볼록하며 테두리가 있다. 날개 없는 벌레(無翅蟲)는 몸 색깔이 회록색이다.

검은 무늬가 앞가슴 등에서 배끝까지 2줄씩, 뒤쪽 3개의 마디에서는 좌우의 것이 한데 모여서 한 덩이를 이루고 있다. 뿔관은 짧고, 중앙부가 약간 볼록하며 끝부분 가까이에 몇 개의 가로줄과 테두리가 있다.

무의 양배추가루진딧물 피해

양배추가루진딧물 약충과 성충

생태

배춧과 작물 특히 양배추, 배추 등 잎이 넓은 식물과 유채, 무 등에서 연중 생활한다. 봄철에 발생이 많으며, 기생당한 식물은 밀가루를 뒤집어쓴 것처럼 하얗게 보인다.

방제법

복숭아혹진딧물 참조

06 벼룩잎벌레

(*Phyllotreta striolata* (Fabricius) Striped cabbage fleabeetle)

가해 작물

무, 배추, 기타 십자화과 채소, 박과 작물

피해

배추의 벼룩잎벌레 피해

성충은 주로 십자화과 채소의 잎을 식해한다. 배추나 무에서는 어린모에 피해가 많고 생육 초기에 피해를 받은 구멍은 식물체가 자라면서 커져 상품가치가 떨어진다. 유충은 무, 순무의 뿌리 표면을 불규칙하게 식해하며 흑부병•(黑腐病)을 유발하는 원인이 되기도 한다. 늦은 봄부터 여름까지 피해가 심하다.

Tip
흑부병 •
많은 작물의 잎, 그 밖의 부분에 흑색의 반점이 생기는 병

형태

성충은 2~3mm의 알 모양으로 흑색을 띤다. 성충의 날개딱지에는 굽은 모양의 황색 세로띠 무늬가 있으며, 잘 튄다. 다 자란 유충은 8mm 정도로 유백색이며 머리는 갈색이다. 땅속의 흙집 속에서 번데기가 되며, 크기는 2~3mm이다.

생태

성충으로 월동하고 연 3~5회 발생한다. 낙엽, 풀뿌리, 흙덩이 틈에서 월동한 성충은 3월 중하순부터 출현한다. 4월에 성충이 작물의 뿌리나 얕은 흙 속에 1개씩 산란하여 30여 일간 한 마리가 150~200개의 알을 낳는다. 성충은 5~6월경에 증가하며 여름철에는 다소 줄어든다.

방제법

생육 초기의 방제가 중요하다. 씨뿌리기 전에 토양살충제를 처리하여 땅속의 유충을 방제하고 싹 튼 후 또는 아주심기 후(정식 후)에 희석제를 뿌려 방제한다.

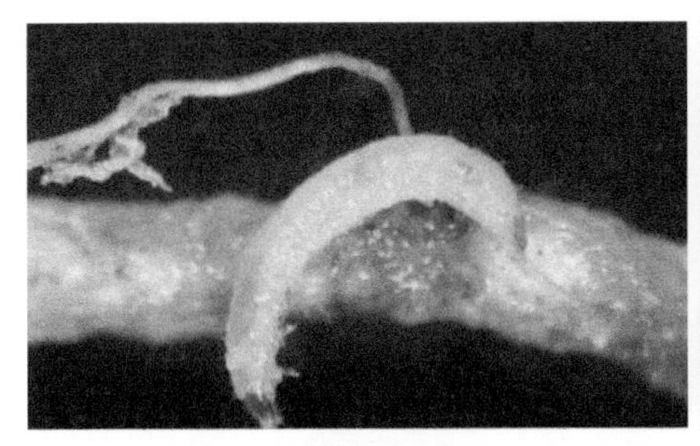

벼룩잎벌레 유충

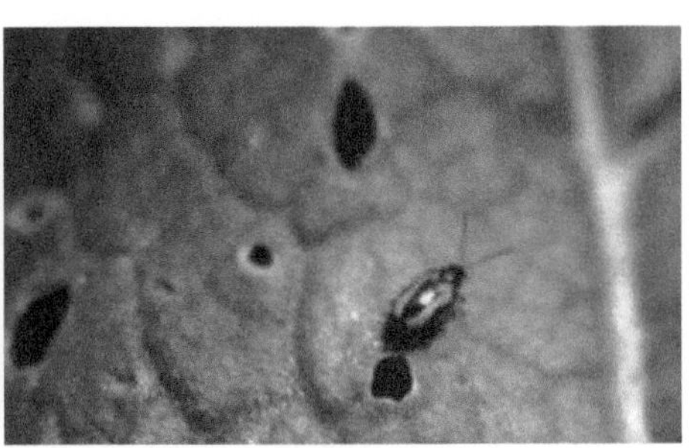

벼룩잎벌레 성충

07 좁은가슴잎벌레

(*Phaedon brassicae* Baly, Brassica leaf beetle)

가해 작물

무, 배추 및 기타 십자화과 작물

피해

일반적으로 가을에 파종하는 무, 배추 등 십자화과 채소에 피해가 심하다. 성충과 유충이 잎을 갉아 먹어 잎에 작은 구멍이 뚫려 그물구멍처럼 된다. 심한 경우에는 잎의 줄기와 잎자루의 연한 부분까지 먹으며, 어린 식물은 전부 먹어 버리는 경우도 있다. 유충은 무나 순무 등의 뿌리 표면에 불규칙한 홈을 만들어 식해하는데 이것은 흑부병을 발생시킨다. 피해는 늦은 봄부터 여름까지 특히 심하다.

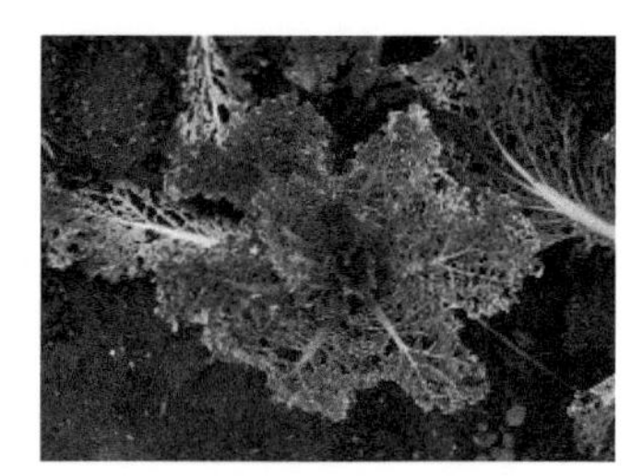

배추의 좁은가슴잎벌레 피해

형태

성충은 몸길이가 4mm 내외로 광택이 있는 흑남색 또는 청남색의 타원형이다. 등쪽으로 볼록하여 옆에서 보면 반달 모양을 하고 있다. 알은 2mm 정도의 타원형이고 황색 또는 황갈색을 띠며 작물이 어릴 때에는 잎자루나 어린 줄기의 윗부분에 알을 낳고 작물이 성장함에 따라 잎의 양면에 홈을 만들어 그 속에 산란한다. 유충은 방추형으로 알에서 깨어난 직후에는 엷은 황록색이었다가 점차 검은색의 띠를 형성한다. 각 마디마다 육질돌기와 강한 털이 나 있다. 유충은 번데기가 되기 전에 땅속에 흙집을 만들고 그 속에서 황색의 반구형 번데기가 된다.

생태

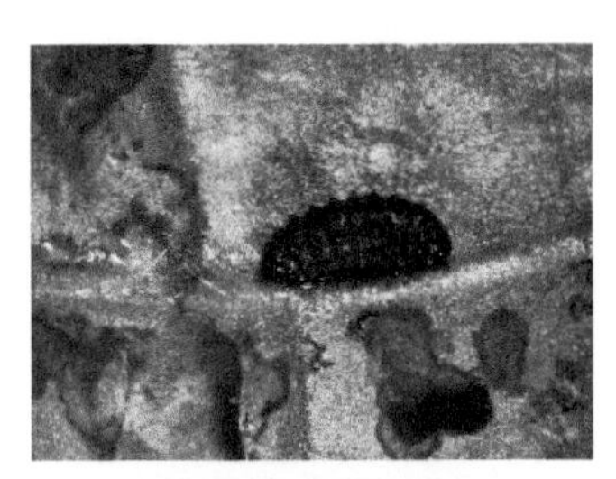
좁은가슴잎벌레 유충

성충으로 재배지 근처의 잡초, 채소, 돌담 사이 등에 숨어 겨울을 나며 봄에 십자화과 채소를 재배하는 지역에서는 4월경부터 가해하기 시작하지만 보통은 봄, 여름을 지나 늦은 여름이나 가을에 출현한다. 봄에 출현한 개체는 연 1~2세대를 포함, 연 2~3세대를 거치며 가을에 출현한 개체는 연 1~2세대를 거친다. 성충은 상당히 긴 기간 동안 산란하며 알기간은 이른 가을에는 5~7일, 기온이 떨어지면 10일 정도 된다. 유충기간은 2~3주, 번데기기간은 4~8일 정도로, 1세대는 1개월 정도 걸린다.

성충은 수명이 길어 1~2년간 살며 그사이 암컷은 1,000~2,000개의 알을 낳는다. 성충은 날지 못하고 기어서 이동한다. 성충과 유충은 모두 손으로 건드리거나 식물체를 움직이면 더듬이나 다리를 움츠리고 잎에서 떨어진다.

방제법

전년에 많이 발생하였던 지역에서는 씨 뿌린 후 식물체가 싹트기 전부터 방제하여야 하며 기타 다른 해충과 동시방제를 한다.

08 무고자리파리

(*Delia floralis* (Fallen), Turnip maggot)

가해 작물

무, 배추, 양배추 등 배춧과 채소의 뿌리

피해

유충에 의한 피해를 받은 무는 뿌리가 검게 썩어서 먹을 수 없게 되고, 배추나 양배추는 시들어 지상부의 생육이 크게 불량해진다.

무의 무고자리파리 피해

형태

성충의 몸길이는 7mm 정도이고, 집파리와 비슷하지만 약간 작다. 전체적으로 암회색을 띠며 가슴 등쪽에 세 줄의 검은 선이 있다. 날개는 투명하고, 밑부분은 황색을 띤다. 알은 기주식물의 뿌리 부근에 낳으며, 유백색의 바나나형이다.

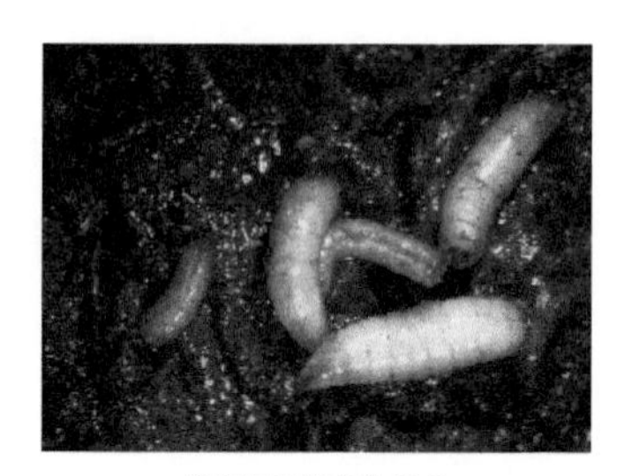

무고자리파리 유충

다 자란 유충은 길이가 8~10mm로 전체가 유백색이고, 머리 부분은 뾰족하다. 번데기는 타원형으로 적갈색을 띠며 길이는 6mm 정도이다.

생태

연 1회 발생하고, 번데기 상태로 땅속에서 겨울을 지낸 후 성충은 8월 중하순에 나타나 기주식물의 뿌리 근처에 알을 낳는다. 성충은 메밀이나 기타 잡초의 꽃에 모여 꿀을 빨아 먹으므로 자연히 이와 같은 장소의 재배지에서 피해가 심하다. 알기간은 10일 전후이고, 유충기간은 한 달 정도이며, 다 자란 애벌레는 10월 상순에 땅속으로 들어가 번데기가 된다.

방제법

현재 국내에서 무고자리파리 방제약제로 등록된 것은 없다. 씨뿌리기 전에 다수진분제(3~6kg/10a)를 재배지 전면에 골고루 뿌리고 흙과 잘 섞어준다. 이어짓기(연작)를 하는 지역에서는 피해가 심하므로 매년 발생하는 지역에서는 돌려짓기(윤작)를 한다.

09 무잎벌

(*Athalia rosae ruficornis* Jakovlev, Cabbage sawfly)

가해 작물

무, 순무, 양배추 등 십자화과 채소, 유채 등

피해

유충은 십자화과 채소 등의 잎을 갉아 먹으며, 피해 받은 흔적은 배추흰나비와 밤나방 유충의 것과 비슷하지만 큰 잎줄기만을 남기며 가장자리부터 갉아 먹는 점이 다르다. 봄에서 가을까지 발생하며, 특히 가을에 피해가 심하다.

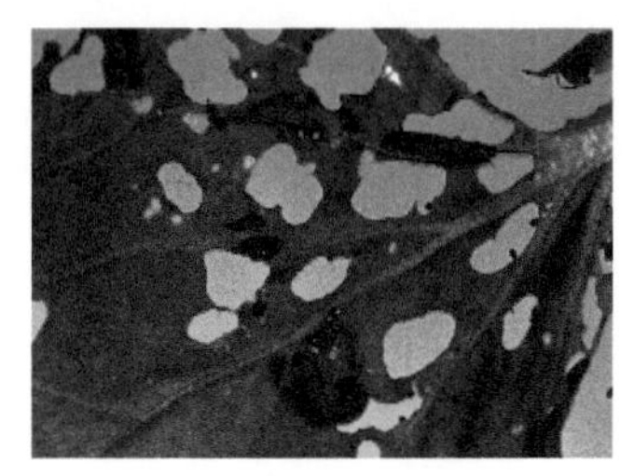

무의 무잎벌 피해

형태

성충은 몸길이가 7mm 내외, 날개를 편 길이는 12mm 내외이다. 머리는 흑색이고, 가슴은 배 부분이 등황색이며 날개는 약간 검은 회색이고, 특히 앞날개의 기부는 진하다. 알은 원형으로 담록색이며 직경이 0.7mm이고 잎의 조직 속에 산란한다. 유충은 전체가 자흑색에 가는 가로주름이 많이 있고, 검은 벨벳의 광택이 있다. 가슴은 약간 부풀어 있고 성장하면 15~20mm에 달한다.

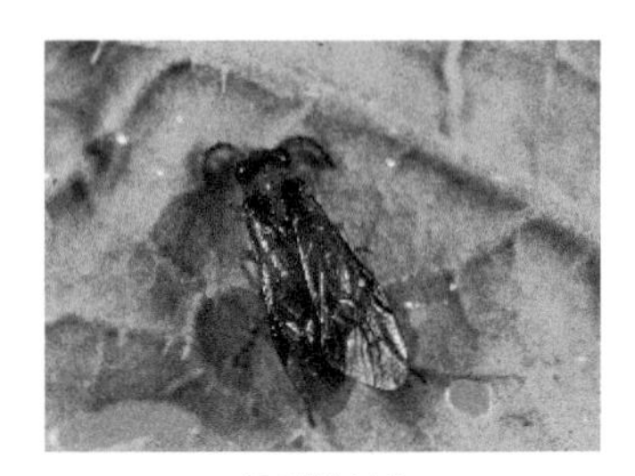

무잎벌 성충

생태

1년에 2~3회 발생하며, 다 자란 유충은 땅속에 들어가 흙 사이에 고치를 짓고 그대로 월동한다. 월동한 유충은 4월 하순부터 번데기가 된다. 번데기기간은 극히 짧고 제1회 성충은 5월 상순부터 나타난다. 성충이 된 후 수일 내에 교미하여 산란한다.

알은 십자화과 채소의 잎 조직 중에 하나씩 낳고, 산란된 부위는 약간 부풀어 오르며 1~2주일 후 유충이 된다. 처음에는 잎에 작은 구멍을 뚫어 갉아 먹으며, 성장하면 잎의 자장자리부터 불규칙적으로 갉아 먹는다. 10~20일 만에 완전히 자라며 땅에 들어가 번데기가 된다. 제2회 성충은 6월 중순~7월 상순에 나타나고, 제3회 성충은 10월 하순에 나타난다. 가을까지 세대를 살며 피해는 통풍이 안 되는 곳이나 솎아주기가 안되어 연약하게 생육한 작물에 많다. 유충은 놀라면 몸을 둥글게 하여 지상으로 떨어지는 성질을 가지고 있다. 이른 아침과 흐린 날에는 잎 뒤에 숨고, 맑은 날에는 잎 위에 나타나 가해한다.

방제법

통풍을 양호하게 하고, 솎아주어 작물을 연약하지 않게 하는 것이 중요하다. 애벌레의 피해가 보이면 적용약제를 살포한다.

<해충편>

제4장 가짓과 채소의 해충 (고추, 피망, 토마토, 가지, 감자)

가짓과 채소로는 고추, 피망, 토마토, 가지, 감자 등을 들 수 있다. 가짓과 채소의 주요 해충은 담배나방, 감자뿔나방, 감자수염진딧물, 조팝나무진딧물, 큰이십팔점박이무당벌레, 방아벌레류, 가지벼룩잎벌레, 가지벼룩잎벌레, 차먼지응애 등이 있다. 이들 해충의 특징과 방제법에 대해 소개한다.

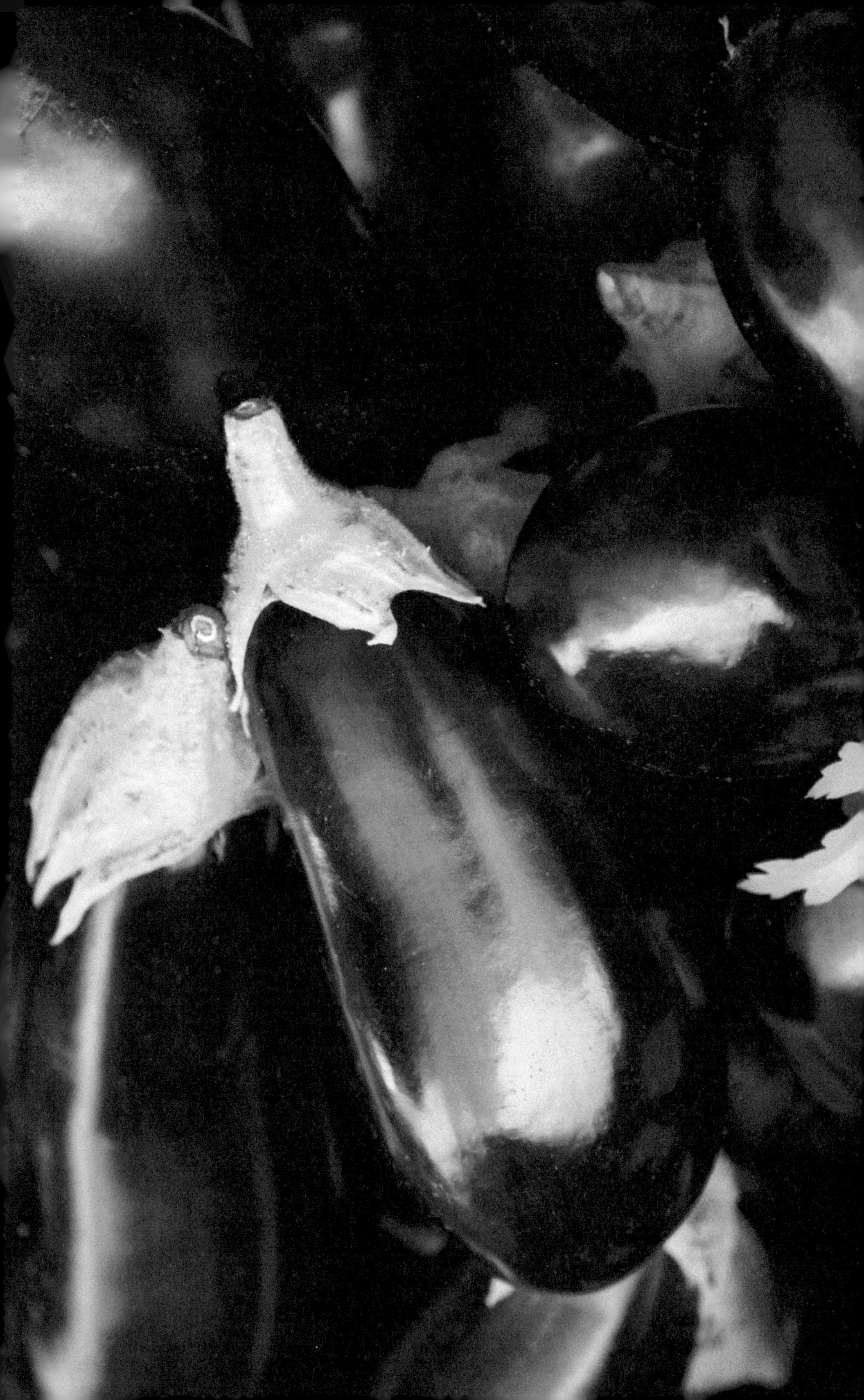

01 담배나방

(*Helicoverpa assulta* (Guenee), Oriental tobacco budworm)

피해

주로 고추와 담배를 가해하나 토마토, 목화, 옥수수, 피망, 가지, 호박, 대마 등도 가해한다. 담배나방은 고추의 경우 잎, 꽃봉오리 등을 가해하기도 하지만 주로 애벌레가 과실 속으로 들어가 씨알(종구)을 가해해 피해를 주고 피해를 받은 과실은 연부병•에 걸리거나 부패하여 대부분 낙과된다.

고추 열매의 담배나방 피해

Tip

연부병 •
세균 또는 곰팡이에 의해서 식물조직이 연화, 부패하여 악취를 발하는 병

또한 애벌레는 하나의 고추만을 가해하는 것이 아니고 다 자랄 때까지 계속 다른 과실로 옮겨가면서 가해하는데 유충 1마리가 10개 정도의 과실을 가해하기도 하며, 평균 3~4개의 고추를 가해하는 것으로 알려져 있다. 피해 정도는 해에 따라 다르지만 방제를 소홀히 할 경우 20~30%의 감수를 초래하기도 한다.

형태

성충은 날개를 편 길이가 35mm 정도이고 황갈색으로 앞날개는 갈색의 파상무늬가 있으며, 몸길이는 17mm 정도이다. 알은 유백색이나 알에서 유충이 깨어날 시기에는 검은색으로 변한다. 다 자란 유충은 담녹색이며, 등과 숨구멍 주위에 백색무늬와 회흑색의 반점이 있고, 몸길이는 40mm 정도이다. 번데기는 25mm 정도로 적갈색이며 타원형 모양이다.

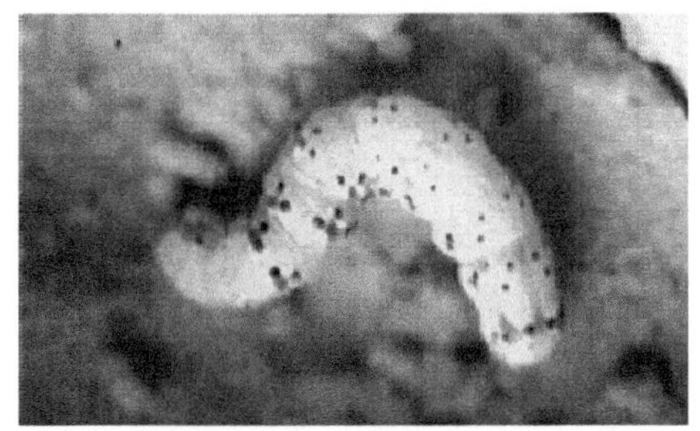

담배나방 유충

담배나방 성충

생태

우리나라에서 담배나방은 연 3회 발생한다. 번데기로 땅속에서 월동하며, 6월 상순부터 제1회 성충이 우화하기 시작하여 6월 중하순이 발생 최성기가 된다. 제2회 성충은 7월 하순~8월 상순, 제3회 성충은 9월 상순이 발생 최성기이다. 성충의 수명은 약 10일 내외로 성충이 된 후 3일부터 약 5일간 산란을 한다. 성충 1마리당 보통 300~400개를 산란하지만 산란 수는 개체에 따라 큰 차이가 있어 많이 낳는 개체는 약 700개까지도 산란을 한다. 성충은 낮에는 거의 활동을 하지 않고 잎의 뒷면이나 잡초 등에 붙어 있다가 야간에만 산란을 한다.

산란장소는 잎, 열매, 줄기, 꽃 등이지만 70% 이상을 잎에 산란하며 잎 중에서도 어린잎, 잎 표면보다는 뒷면에 많은 알을 낳는 습성이 있다. 담배나방 유충은 먹이 조건에 따라 다르나 보통 4~5회 탈피 후 번데기가 되는데 다 자란 유충이 되면 고추 속에서 나와 땅속에서 번데기가 된다. 번데기기간은 9~27일 정도이며 유충과 마찬가지로 저온에서는 그 기간이 길어진다. 제3세대 유충은 가을에 땅속으로 들어가 월동하기도 한다.

방제법

담배나방은 개체에 따라 월동에서 깨어나는 시기와 생육 및 우화기간이 다르고, 재배지에서 각 충태가 중첩되어 발생될 뿐 아니라 알에서 깨어난 어린 유충은 곧바로 과실 속으로 들어가기 때문에 효과적인 약제 살포적기를 포착하기가 매우 어렵다. 일반적으로 담배나방의 약제 살포는 알에서 깨어난 어린 유충이 고추의 과실 속으로 파고 들어가기 이전에 하는 것이 효과적이며 일단 유충이 과실 속으로 파고 들어가면 방제효과가 떨어진다.

담배나방의 성충은 6월 상순부터 10월 상중순까지 발생하나 6월 상순부터 6월 하순까지는 발생량이 적고, 기온이 낮아 발육기간이 길기 때문에 발생 및 피해가 많지 않다. 그래서 실제 약제 살포는 6월 하순부터 8월 중순까지 10일 간격으로 6회 정도 살포하거나 7월 상순부터 8월 중순까지 10일 간격으로 5회 살포하는 것이 가장 효과적이다.

9월 이후에는 이미 많은 고추가 수확되어 피해가 크지 않은 것으로 생각된다. 풋고추를 수확하고자 할 때에는 약제의 안전사용기준을 고려하여 약제 살포횟수 및 수확 전 최종 약제 살포시기 등을 지켜 살포한다.

<표 4-1> 약제처리에 의한 고추 피해과의 감소효과

살포시기(횟수)	방제가(%)			
	7월 20일	8월 6일	8월 13일	8월 20일
7월 상순~하순(3)	75	47	22	34
7월 상순~8월 상순(4)	79	68	59	52
7월 상순~8월 중순(5)	79	71	70	70
6월 하순~8월 중순(6)	92	73	75	76

02 감자뿔나방

(*Phthorimaea operculella* (Zeller), Potato tuberworm)

가해 작물

감자, 토마토, 가지, 담배, 흰독말풀, 까마중, 꽈리 등

피해

가짓과 작물의 세계적인 중요 해충으로 유충이 가짓과 작물의 잎, 줄기, 덩이줄기 등을 가해한다. 작물이 어릴 때에는 생장점을 파고들기도 하며, 발육기간 중에는 잎의 표피를 파고 들어가 굴나방처럼 표피만 남기고 엽육을 먹어 버리므로 피해 부위는 투명해져 발견하기 쉽다. 저장 중인 감자 속으로 파고 들어가면서 배설물을 밖으로 배출하기도 한다.

감자 잎의 감자뿔나방 피해

감자의 덩이줄기에는 주로 눈이 있는 곳에 산란하므로 부화유충이 파먹고 들어가면 그곳에서 그을음 같은 똥이 배출된다. 유충이 커지면 배출되는 똥이 커지고 덩이줄기의 표면에 주름이 생긴다. 다른 곳에서 옮겨온 유충은 덩이줄기의 아무 곳이나 뚫고 들어간다.

형태

성충은 회색을 띠고, 몸 길이는 8mm 내외이며 날개를 편 길이는 16~20mm이다. 애벌레는 몸의 길이가 10~14mm로 황백색 또는 분홍색을 띤 것도 있다. 잎살 속에 들어 있는 애벌레는 담황색 또는 녹색이고, 번데기는 8mm 내외이며 갈색이다.

감자뿔나방 유충

감자뿔나방 성충

생태

1년에 5~7회 발생하며 휴면은 없고 월동은 주로 애벌레 상태로 하지만 각 태 모두 월동할 가능성이 있다. 4월부터 활동이 활발해지며, 밀도가 높아지는 것은 6월 이후이고 고온과 건조 상태에서 증식이 잘 된다. 성충은 극히 행동이 민첩한데 낮에는 그늘에서 쉬고 주로 밤에만 활동한다. 활동은 일몰 후 4시간 정도가 가장 활발하고 산란도 이때에 가장 많이 한다. 마리당 산란 수는 평균 50~60개이며 한 개씩 거친 면이나 패인 곳에 낳는다. 알에서 깨어난 애벌레는 행동이 몹시 빠르며 산란된 장소에서 가까운 곳부터 가해하는 것이 보통이나 실을 토하여 먹이를 찾아 이동하기도 한다. 다 자란 애벌레는 번데기가 될 장소를 찾아 이동하는데 식물체나 감자 표면의 패인 곳 또는 흙 표면의 바로 밑이나 낙엽 같은 곳에 고치를 만들고, 그 위를 모래알 또는 똥 등으로 덮으며 그 속에서 며칠 뒤에 번데기가 된다.

방제법

수확한 감자를 가해해 피해가 생기나 감자에 직접 약제를 살포할 수는 없다. 따라서 수확 전 밀도를 저하시키거나 산란을 방지하는 방법이 바람직하지만 현재 감자나방용으로 등록된 살충제는 없다. 그러나 외국에서는 작물 생육 중에는 저독성 농약으로 방제하며 저장 중에는 훈증을 한다.

03 감자수염진딧물

(*Macrosiphum euphorbiae* Thomas, Potato aphid)

가해 작물

감자, 가지 등

피해

기주식물 잎의 뒷면에서 즙액을 빨아 먹으며 50여 종의 각종 바이러스병을 옮긴다.

형태

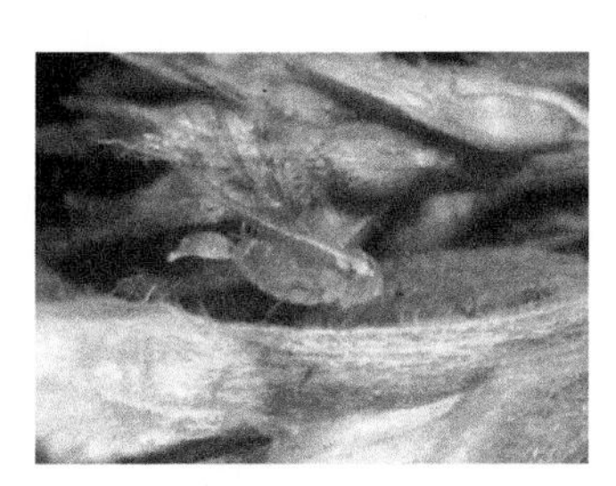
감자수염진딧물

유시충은 몸길이가 3mm로 몸 색깔은 청녹색이고 머리에는 이마 혹이 뚜렷하며 입틀은 가운데 다리의 밑 마디에 이른다. 뿔관은 비늘무늬가 있으며 끝부분에 그물무늬가 있고 끝에 테두리가 있는 원기둥 모양이다. 무시충은 몸길이가 3.2mm로 몸 색깔은 녹색 내지 연한 녹색이다. 광택이 없으며 어린 애벌레의 등에는 짙은색의 세로줄이 있다. 뿔관은 끝부분으로 갈수록 약간 가늘어지는 원기둥이다. 비늘무늬가 있으나 끝부분에는 그물무늬가 있고 끝에 테두리가 발달되어 있다.

생태

감자, 가지, 튤립, 레드클로버 등에서 기생하는데 월동처는 확실하게 알려져 있지 않다. 10수대를 여름 기주에서 생활하는데 감자와 가지에서 많이 기생하고 있다. 유시충은 5월 하순~6월에 발생 최성기를 보인다.

방제법

복숭아혹진딧물 참조

04 조팝나무진딧물

(*Aphis spiraecola* Patch, Spiraea aphid)

가해 작물

감자, 토마토, 사과나무, 배나무, 귤나무, 치자나무, 조팝나무, 국화, 장미 등

피해

잎 뒷면과 햇가지의 선단부에 있는 어린잎에 기생한다. 심한 경우에는 잎과 햇가지에 빽빽하게 발생하여 피해가지의 생육을 나쁘게 하며 배설물을 분비하여 잎과 어린 과실에 그을음을 생기게 하여 오염시킨다.

형태

유시충의 몸은 황색 또는 녹색을 띠고 머리와 가슴의 중앙부는 암갈색이다. 뿔관은 0.12mm로 뒷다리의 제2발목마디 길이와 거의 같고 흑갈색이다. 끝편은 0.12mm로서 황색이며 뭉뚱한 원뿔 모양이다. 몸의 색깔은 계절에 따라서 변화가 다양하다.

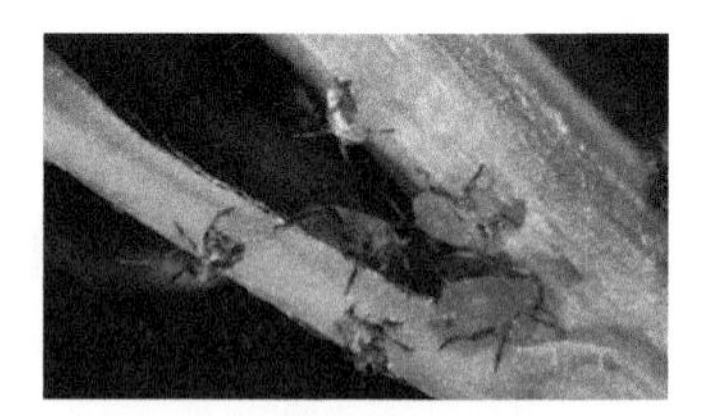

조팝나무진딧물

무시충의 몸길이는 1.2~1.7mm로 황색이나 녹색을 띤다. 머리는 거무스름하며, 배는 둥그스름하고 홍록색이다. 끝쪽은 넓은 원뿔 모양으로 옆에는 몇 개의 거센 털이 있다. 뿔관은 유시충과 같고 길이는 0.3mm이다.

생태

1년에 10세대 정도 발생하며 조팝나무에서 알 상태로 월동한다. 4월경에 알에서 깨어나 5월 중순에 날개가 있는 벌레가 되며 사과나무, 배나무, 귤나무에 무시충을 많이 낳아 피해를 준다. 6월까지는 발생이 많다가 7월 장마철에 밀도가 급격히 떨어지고 그 후 다시 밀도를 회복하여 8월부터 9월까지 발생이 늘어난다. 10월 말이 되면 겨울 기주로 이동하는데 알을 낳는 암컷이 생겨 월동 알을 낳는다.

방제법

복숭아혹진딧물 참조

05 큰이십팔점박이무당벌레

(*Henosepilachna vigintioctomaculata* (Motchulsky), Large potato lady beetle)

가해 작물

감자, 가지, 토마토, 고추, 구기자나무 등

피해

이른 봄부터 늦가을까지 성충과 애벌레가 기주식물의 잎을 갉아 먹는데 잎 뒷면에서 잎살을 먹고 표피만 남긴다. 잎맥을 따라 그물 모양의 먹은 흔적이 남는다. 색깔은 회백색을 띠지만 시일이 경과하면 잎이 갈색으로 변한다. 또한 심하면 잎에 구멍이 뚫리게 된다.

형태

성충 암컷은 7.5mm, 수컷은 6mm 정도이고 몸의 폭이 암컷은 6mm, 수컷은 5mm 정도이다. 형태는 반구형으로 적갈색이며 회갈색의 미세한 털로 덮여 있다. 작은 머리는 앞가슴 밑에 숨겨져 있으며 1개의 흑색무늬가 있다. 겹눈은 흑색이고 더듬이는 11마디이다. 앞가슴에 삼각형의 흑색무늬가 있고 그 양쪽에 조그마한 무늬가 있다. 날개에는 28개의 흑색무늬가 있고 몸의 배 쪽은 흑색이다.

알은 길이가 1.5mm 정도의 긴 타원형으로, 황색이며 30~40개씩 무더기로 낳는다. 애벌레는 길이가 9mm, 몸의 폭이 4mm 정도인 방추형으로 담황녹색이며 눈은 흑색이고 머리의 양쪽과 중앙에 4개의 갈색무늬가 있다. 앞가슴에는 말굽 모양의 큰 흑색무늬가 있고 가슴의 각 마디에 센 털이 6개씩 나 있으며 배에도 마디마다 6개의 센 털이 나 있다. 숨구멍은 돌출되어 있고 약간 흑색이다. 다리는 회황색이고 발톱은 적갈색이다.

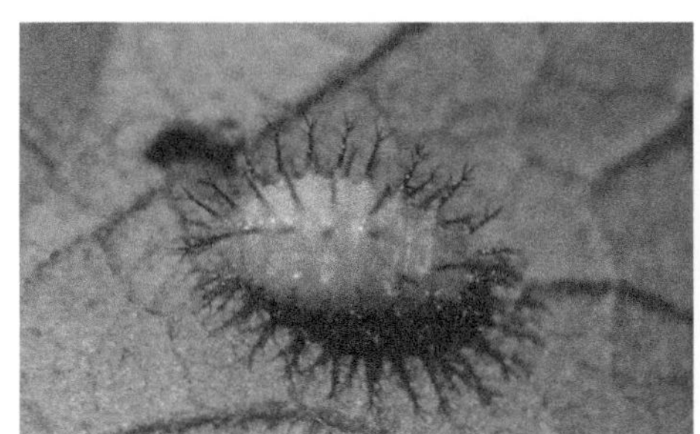

큰이십팔점박이무당벌레 유충

큰이십팔점박이무당벌레 성충

생태

1년에 3회 발생하며 월동한 성충은 이른 봄부터 활동하는데 낮에 나와서는 감자의 잎을 갉아 먹고 밤에는 월동장소에 숨는다. 5월이 되면 밤낮없이 재배지에서 산다. 월동한 성충은 7월 중순까지 살고 늦은 것은 9월에도 볼 수 있다. 제1회 성충은 6월 하순부터 나타나기 시작하며 7월이 최성기이다.

제2회 성충은 7월 하순~8월 상순에 우화하며, 제3회 성충은 9월 상중순에 우화한다. 잎의 뒷면에 알을 낳으며 1개씩 세워서 규칙적으로 붙여 놓는다. 산란 수는 제1회 성충이 450개 정도이고 하루에 20~30개를 낳는다. 알기간은 4일이며 애벌레 기간은 여름의 경우 2주일, 기온이 낮을 경우에는 3주일 이상이다. 여름에는 각 충태를 볼 수 있다. 성충의 수명은 제1회 성충의 경우 40~50일, 제2회의 경우 30~50일이며 제3회 성충은 70일 정도이다.

방제법

국내에는 등록된 약제가 없으나 외국에서는 성충 및 애벌레를 대상으로 스미치온, 엘산, 디프록스유제 1,000배액, 디프록스수화제 1,000~1,500배, 세빈수화제 800~1,500배액을 살포하여 방제한다. 약제를 살포할 때는 잎의 뒷면에 약액이 충분히 잘 묻도록 하는 것이 중요하다.

06 방아벌레류

(Click beetle)
- 청동방아벌레(*Selatosomus puncticollis* Motschulsky)
- 빗살방아벌레(*Melanotus legatus* Candeze)

가해 작물

감자

피해

감자의 방아벌레 피해

애벌레(철사벌레)가 씨뿌림(파종)된 종자감자와 새로 형성된 어린 감자에 구멍을 뚫고 갉아 먹는다. 종자감자에는 파종 후 모여들어 1개의 감자에 10개 이상의 애벌레가 침입하여 가해하므로 감자가 싹이 튼 후 생육이 불량해진다. 새로 형성된 어린 감자에는 표면에 흔적을 남기며 갉아 먹다가 감자가 커짐에 따라 감자의 중앙으로 들어가서 갉아 먹는다. 피해 흔적은 방아벌레의 종류에 따라 다른데 빗살방아벌레는 피해 흔적의 직경이 2mm 정도이고, 청동방아벌레의 경우는 대체로 그보다 크다.

1개의 감자에 10개 이상의 구멍을 뚫으며 가해하는 경우가 있으므로 감자의 상품 가치가 없어지고 발생이 많은 재배지에는 50% 이상의 감자가 피해를 받아 품질이 저하되므로 수량이 감소된다. 대관령 등지의 감자 재배지에서는 청동방아벌레의 발생이 많다.

형태
황갈색 내지 적갈색의 광택이 있는 가늘고 긴 철사모양의 벌레이다. 성충은 길쭉한 타원형의 딱정벌레로 빗살방아벌레는 16mm 정도로 적갈색이 나며 청동방아벌레는 15mm 정도로 청동색 광택이 강하게 난다. 방아벌레의 성충은 제1가슴 배 쪽에 1개의 긴 돌기가 나 있고 제2가슴 마디의 등쪽에 이 돌기를 받아들일 수 있는 홈이 있어 이 두 개 기관의 작용으로 벼룩과 같이 높이 뛸 수 있다. 성충의 경우 건드리면 다리와 더듬이를 움츠리고 죽은 척한다.

생태
빗살방아벌레의 경우 1세대를 경과하는데 만 3년이 걸리며 애벌레는 토양 중에서 생활한다. 알에서 깨어난 지 1년째에는 중령의 애벌레로, 2년째에는 다 자란 애벌레로 토양 깊은 곳에서 월동한다. 애벌레는 봄과 가을에 지표면으로 올라와 작물을 가해한다. 월동한 다 자란 벌레는 여름에 땅속에서 번데기가 되는데 번데기기간은 10일 정도이고 그 후 성충이 되며 그 상태로 겨울을 나고 봄에 지상에 나타난다. 성충은 낮에 교미하여 땅속에 산란한다. 어린 애벌레의 피해는 적지만 중령 이후의 피해는 크므로 주의를 요한다.

방제법
감자에 등록된 약제를 적절히 사용하여 방제한다.

청동방아벌레 유충

청동방아벌레 성충

07 가지벼룩잎벌레

(*Psylliodes angusticollis* Baly, Eggplant flea beetle)

가해 작물

가지, 토마토, 감자, 담배 등 가짓과 작물

피해

기주식물의 잎에 원형의 피해 흔적을 남기며 가해한다. 기온이 추운 지방에 많이 발생한다.

가지의 가지벼룩잎벌레 피해

생태

1년에 1회 발생하며 재배지의 농작물 부스러기나 지표 가까이 잠복하여 성충으로 겨울을 지낸다. 겨울을 지낸 성충은 5~6월부터 활동을 시작해서 가지나 감자의 어린모에 날아와 잎을 가해한다. 성충은 따뜻하고 맑은 날에 활동이 왕성하고 밤이나 흐린 날에는 별로 활동하지 않는다. 월동하는 성충은 6월 중순에 가장 많이 활동하고 7월에는 발생이 조금 줄어드나 8월에 새로운 애벌레가 나타나서 더욱 발생밀도가 높아진다. 성충은 땅속의 얕은 곳에서 5~6개씩 산란하고 애벌레는 땅속에서 생활하지만 아직 그 생태에 관해서는 알려져 있지 않다. 7~8월에 나타난 성충은 기주식물을 가해하다가 월동에 들어간다.

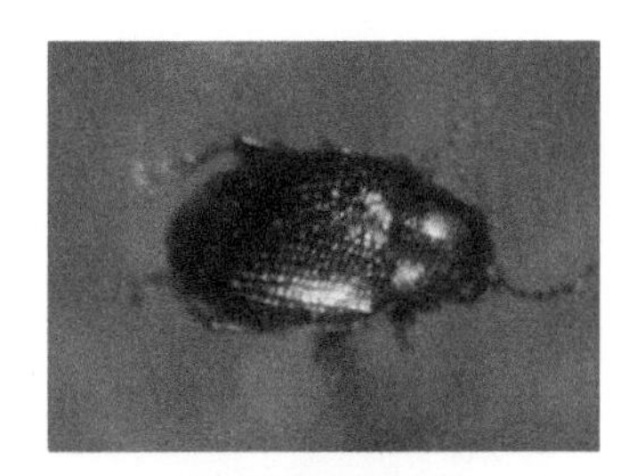

가지벼룩잎벌레 성충

형태

성충의 몸은 긴 타원형으로 흑남색의 광택이 있는 작은 곤충이다. 촉각과 다리의 끝은 암갈색이고 뒷다리의 퇴절이 잘 발달되어 벼룩과 같이 잘 뛴다. 알은 긴 타원형으로 담황색이다. 알, 애벌레, 번데기는 땅속에 있는데, 이들에 관해서는 잘 알려져 있지 않다.

방제법

발생 초기에 나크수화제(세빈)를 물 20L에 25g을 타서 약액이 충분히 묻도록 뿌린다.

08 차면지응애

(Polypagotarsonemus latus (Banks), Broad mite)

발생 상황

국내에는 1985년 용인 지역의 아프리칸바이올렛에서 처음으로 발견된 이후로 거베라, 고추, 베고니아, 아이비 등의 시설하우스 내 채소나 화훼 작물과 노지의 가지 등에서 피해가 많이 나타난다. 시설 내에서의 연중 발생하나 2~5월 사이에 피해가 많이 나타나며 노지에서는 9월경 피해가 심하다.

피해

차면지응애는 대부분의 기주작물에서 주로 생장점 부근의 눈과 전개 직후의 어린잎 그리고 꽃과 어린 과일을 선호하여 가해한다. 고추의 경우 초기에는 생장점 부위의 어린잎에 주름이 생기고 잎의 가장자리가 안쪽으로 오그라들며 기형이 된다. 이때 잎의 뒷면은 기름을 바른 것처럼 광택이 나며 갈색이 짙어진다. 심하게 피해를 받으면 생장점 부근의 잎이 말라 떨어지고 그 옆에 새잎이 나면 새잎으로 이동하여 피해를 주어 다시 잎을 떨어뜨린다. 이러한 과정이 계속되면 생장점 부근은 칼루스(Callus) 모양으로 뭉툭하게 되고 잎눈과 꽃눈이 정상적으로 자라지 못한다.

고추의 차면지응애 피해

수박, 참외, 오이, 멜론, 거베라, 베고니아 등에서는 어린잎과 꽃에 피해가 많이 발생한다. 잎에서는 주로 뒷면에 기생하여 새로 나는 어린잎이 뒤쪽으로 말려 기형이 되며 피해받은 뒷면이 갈색으로 변하며 광택이 난다. 경화(코르크화)되어 있어 어린잎을 건드리면 쉽게 부러지므로 일명 플라스틱병으로 알려져 있다. 꽃이 필 무렵에는 꽃 속에 기생하여 꽃잎이 말리고 탈색되어 지저분한 기형의 꽃이 된다. 아이비의 경우, 순을 집중적으로 가해하여 전개된 잎이 오그라드는 피해가 나타나며 심하면 잎이 정상적으로 전개되지 않고 줄기만 자라는 기현상이 나타난다.

<표 4-2> 고추의 차먼지응애 접종밀도별 피해

처리별	생장률(%)			수확량 (kg/10a)	감수율(%)
	처리 전	8주 후	10주 후		
5♀/주	100	176	177	103.4	92.4
2♀/주	100	245	256	230.5	80.8
1♀/주	100	247	264	443.9	62.9
무처리	100	307	337	1,197.5	-

<표 4-3> 기주작물별 차먼지응애의 피해 부위 및 피해 양상

작물명	피해 부위	피해 양상
고추, 가지, 감자, 수박, 오이, 참외, 멜론	잎	잎 뒷면이 갈색으로 변하고 전체가 오그라들며 앞면은 윤기가 남
	순	잎이 정상적으로 펴지지 않으며 다발생 시 순 끝이 말라 죽음 → 피해가 진전되면 칼루스가 형성되고 줄기가 무리지어 남(고추)
	열매	어린 열매 → 기형, 큰 열매 → 표피에 긁힌 상처

형태

발육단계는 알, 유충, 정지기, 성충으로 나눌 수 있다. 알은 흰색으로 신초 부위나 잎 뒷면, 잎자루(엽병) 부위에 무질서하게 붙어 있다. 유충은 0.13mm의 반투명한 유백색이고 세 쌍의 다리가 있다. 초기에는 주름살이 많지만 자라면서 몸이 팽창하여 암컷 성충과 비슷한 모양을 한다. 정지기의 차먼지응애는 길이가 0.23mm로 유충보다 훨씬 크고 몸의 뒤쪽이 길게 돌출되어 있으며 거의 움직이지 않고 유충보다도 더 투명하다.

정지기에서 한 번 더 탈피하면 4쌍의 다리를 가진 성충이 된다. 암컷 성충은 0.23~0.26mm의 납작한 긴 타원형의 담갈색이며, 수컷은 0.17~0.21mm의 육각형 모양으로 황갈색이다.

생태

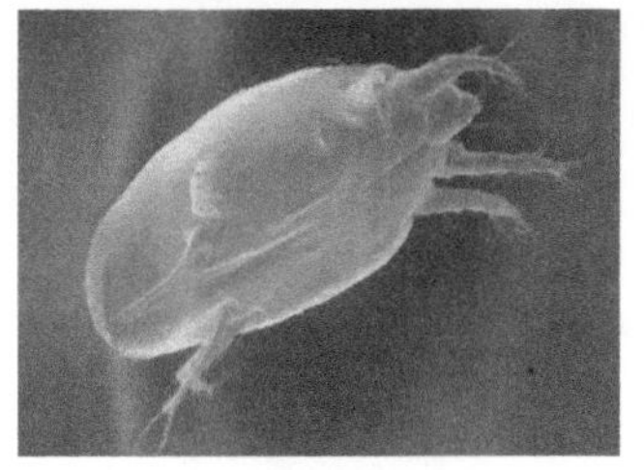
차먼지응애 성충

온도가 높아짐에 따라 발육기간이 짧아져 25℃와 20℃에서는 각각 4.5일, 3.5일이다. 온실이나 비닐하우스 내에서는 월 6세대 이상 경과할 수 있다. 그러나 15~20℃가 발육적온으로 25~30℃에서는 사망률이 높고 산란률이 떨어지므로 실제 생육에 25℃ 이상의 고온은 적합지 않다.

현재 국내에서 차먼지응애의 발생이 심한 시기는 2~5월 사이로 주로 하우스 내의 다습한 조건에서 잘 발생하며, 5월 이후 시설 내의 온도가 올라가고 환기를 자주 시켜 고온 건조한 상태가 되면 차먼지응애의 밀도는 자연적으로 떨어진다.

방제법

이 해충은 한 세대 기간이 짧아 일단 발생 시 피해가 급속도로 진전되므로 재배지 안으로의 유입을 막는 것이 최선책이다. 주변의 차나무는 물론 잡초 등 기주가 될 만한 것들을 제거한다. 또한 육묘기간 중에 발생할 경우 모를 통해 전파됨은 물론 이후 생육에 큰 영향을 주므로 묘상관리에 유의하여야 한다. 보통 진딧물 약제 및 점박이응애 등 일반 응애약제를 살포하는 경우에는 발생이 적다.

이 해충은 순 부위를 집중적으로 가해하므로 순 부위의 어린잎에 피해가 나타나는 초기에 약제 살포를 해야 한다. 비교적 약제에 대한 감수성이 높으므로 약제의 선택보다는 살포량과 살포 간격을 잘 조절하여 살포한다. 약제 살포 후 전개되는 잎이 정상적으로 자라면 약효가 있는 것으로 보면 되나 밀도가 높을 경우 일부 살아 남는 개체가 재발생의 원인이 되므로 7~10일 간격으로 2~3회 연속 살포하는 것이 좋다.

<해충편>

제5장 박과 채소의 해충

(오이, 수박, 참외, 멜론, 호박)

오이, 수박, 참외, 멜론, 호박 등 박과 채소 또한 해충의 피해를 입는다. 잎벌레류, 목화바둑명나방, 싸리수염진딧물, 호박과실파리, 뿌리혹선충류, 작은뿌리파리 등 박과 채소에 해를 입히는 해충의 종류와 방제방법에 대해 알아보자.

01 잎벌레류

- 오이잎벌레(*Aulacophora indica* (Gmelin), Cucurbit leaf beetle)
- 검정오이잎벌레
  (*A. nigripennis* Mutschulsky, Black cucurbit leaf beetle)

피해

성충이 박과 작물의 잎을 갉아 먹어 잎이 마르고 초기 생육이 나빠진다. 유충은 뿌리를 가해하므로 건전한 포기가 갑자기 시들어 죽기도 하며, 지면에 닿은 과일을 갉아 먹기도 한다. 남부 지방 노지에서 발생이 많다. 검정오이잎벌레는 주로 봄철에 박과 작물, 카네이션 등의 절화식물의 어린잎을 식해하며 잎살이 희게 되거나 말라 죽어(고사) 상품성이 떨어진다.

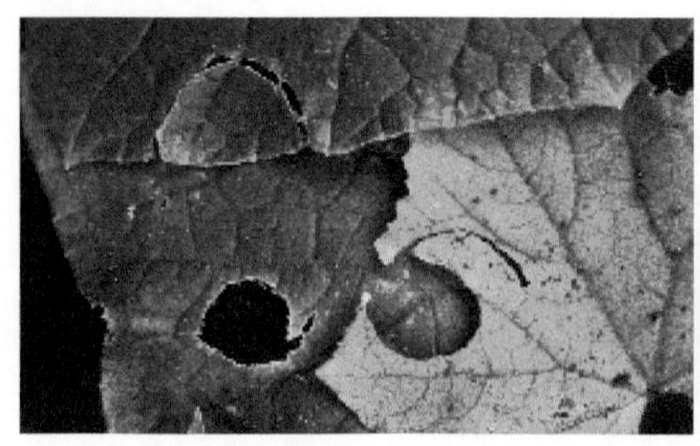

오이의 오이잎벌레 피해

오이의 검정오이잎벌레 피해

형태

성충은 7~8mm로 몸 전체가 황색이지만 겹눈, 다리, 몸 아랫면은 흑색이다. 다 자란 유충은 10mm 정도의 원통형이다. 머리는 갈색, 가슴은 황색이고 각 마디에는 작고 검은 점 위에 가는 털이 나 있다. 검정오이잎벌레의 성충은 6~7mm로 등황색이지만 윗날개, 더듬이 다리가 검은색으로 오이잎벌레와 쉽게 구분된다.

생태

성충은 풀뿌리 사이, 흙덩이, 판자 틈에서 월동하고 4~5월부터 모의 잎을 갉아 먹는다. 암컷 성충은 작물의 주변 10~20cm 내의 얕은 땅속에 50~60개의 알을 무더기로 낳는데, 1개월간 500개를 낳는다. 10일 후 부화한 유충은 처음에는 잔뿌리를, 나중에는 본뿌리를 갉아 먹는다. 유충기간은 1개월 정도이며 흙고치 속에서 번데기가 된다. 10일 후 새로운 성충이 출현하는데 7월 하순부터 시작하여 8월 상중순이 발생 최성기이다. 검정오이잎벌레는 연 1회 발생하며 성충으로 수피 아래에서 월동하고, 4월 하순부터 출현한다. 성충은 5월 상순~6월 중순에 가장 많고 한여름에는 거의 볼 수 없다.

방제법

방제를 할 정도로 발생이 심한 경우는 거의 없다. 간혹 돌발적으로 다발생할 수도 있으나 수확에 지장을 줄 정도의 피해는 아니므로 약제를 살포할 필요는 없다.

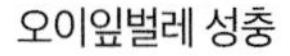

오이잎벌레 성충

검정오이잎벌레 성충

02 목화바둑명나방

(*Diaphania indica* (Saunder), Cotton caterpillar)

피해

유충이 수박, 오이, 참외, 수세미, 호박 등과 같은 박과 작물, 목화, 아욱, 뽕나무 등의 잎 뒷면을 갉아 먹어 지저분한 구멍을 낸다. 심하면 잎줄기만 남기고 포식하며 열매를 가해하여 상품 가치를 저하시키기도 한다. 최근 들어 하우스 수박, 멜론, 참외 호박 등의 여름철 피해가 늘고 있다.

오이 잎의 목화바둑명나방 피해

형태

성충은 몸길이 10mm, 날개 편 길이는 22~25mm이다. 머리, 가슴, 배 끝은 흑색, 배와 다리는 흰색이며 꼬리 끝에는 황갈색 털 뭉치가 있다. 앞날개 위 가장자리, 옆 가장자리, 뒷날개 가장자리는 검은색을 띠고 나머지 부분이 흰색 반투명한 긴 삼각형을 이룬다.

유충이 다 자라면 23~25mm 정도이다. 머리는 옅은 갈색, 몸은 연녹색이고 등면 좌우에 2줄의 흰색 세로줄이 선명하다.

생태

건물, 나무줄기의 틈에 고치를 짓고 번데기로 월동하며 1회 성충은 6월 말경 발생하고 2회 성충은 7월경부터 발생하며 그 이후의 발생은 일정치 않다. 연 3세대 이상 발생하는 것으로 생각된다. 암컷 성충은 잎 뒷면에 점점이 산란하며, 유충은 표피만 남기고 잎살을 갉아 먹지만 자라면서 잎을 말고 그 속에서 살면서 잎맥만 남기고 식해한다. 번데기는 말린 잎 속에서 된다.

방제법

초기에 발견하여 방제하는 것이 무엇보다도 중요하다. 유충이 잎을 말고 그 속에서 가해하므로 약액이 충분히 묻도록 살포하여야 한다.

목화바둑명나방 유충

목화바둑명나방 성충

03 싸리수염진딧물

(*Aulacorthum solani* (Kaltenbach), Glasshouse tomato aphid)

피해

상추, 가지, 고추, 오이, 참외는 물론 콩 등 잎 작물까지 가해를 하는 기주 범위가 넓은 해충으로 전 세계적으로 유명하다. 약충, 성충이 모두 주로 잎 뒷면에서 무리를 지어 흡즙하는 것은 물론 바이러스를 매개한다.

형태

유시충은 2.4mm 정도의 녹색-연녹색이다. 배에 5개의 검은 띠무늬가 있는데 3·4배마디의 무늬가 하나로 합쳐 보이기도 한다. 더듬이는 몸길이의 1.5배이고 뿔관도 목화진딧물이나 복숭아혹진딧물보다 길다. 무시충은 2~3mm의 연황색, 녹황색 또는 녹색으로 더듬이는 몸길이의 1.8배로 길다.

생태

노지의 경우 싸리나무에서 알로 월동하고 4월 하순경 부화하여 간모가 된다. 간모는 단위생식을 하며, 유시충이 출현하면 여름 기주로 이동하여 10여 세대를 경과한다. 유시충은 6월 상순과 8월 하순에 겨울 기주로 이동하여 알을 낳는다. 오이에서는 5~6월에 적은 양이 발생하나 9~10월에 발생량이 증가한다.

방제법

방제는 유시충이 날아와 증식하기 시작했을 초기에 방제하는 것이 중요하며 약제저항성 발현을 억제하기 위해 다른 계통의 진딧물 약제를 번갈아 가며 살포한다. 살포 시 약액이 잎 뒷면에 충분히 묻도록 뿌린다.

가지의 싸리수염진딧물 피해

싸리수염진딧물 성충

04 호박과실파리

(*Bactrocera depressus* (Shiraki), Pumpkin fruit fly)

피해

성충은 어린 수박 또는 호박 등 박과류에 산란관을 이용해 알을 낳고 부화한 유충이 수박 내부를 가해한다. 유충이 과일 내부를 식해하기 때문에 결국 과일이 낙과 또는 부패하게 된다. 대만, 일본에도 분포하며 주로 산간지 계곡의 마을 또는 고랭지 수박재배 지역에서 발생이 많다.

수박의 호박과실파리 피해

우리나라에서는 1990년 전남 곡성 지역의 고지대 억제재배 수박에서 큰 피해를 준 적이 있으며 그 후 우리나라 전역의 중산간 지역에서 수박, 호박, 박 등 박과 작물 및 하늘타리 등 자생 식물에서 피해가 확인되었다.

호박, 수박 등이 어린 시기에 집중 피해를 받으면 낙과하여 썩게 되나 유충의 밀도가 높지 않은 경우는 외부로 보아서는 표가 나지 않을 정도로 정상적으로 과일이 자라게 되어 발견이 어렵다. 그러나 성충의 산란 부위가 배꼽 모양으로 들어가고 피해받은 과일을 손으로 두들겨 보면 속이 빈소리가 나기 때문에 구별할 수 있다.

심하게 피해를 받아 썩은 경우 일반 파리목 곤충의 유충이 함께 발견되는데 과실파리는 건드리거나 수박이 깨져 햇볕을 보게 되면 몸을 움츠렸다 펴면서 튀어 달아나는 습성이 있으므로 쉽게 구별할 수 있다. 고랭지 노지 수박에 발생하며 온실에서 재배되는 수박에는 발생된 적이 없다.

형태

성충은 몸길이가 10mm 정도이고 날개 길이는 9mm 정도인 대형 과실파리로 황갈색을 띤다. 유충은 어릴 때는 백색이나 자라면서 황색빛이 감도는 11~13mm의 크기의 구더기가 된다.

호박과실파리 유충

호박과실파리 성충

<표 5-1> 표고별 호박과실파리의 피해 정도

표고(m)	피해 발생 지역	피해과율(%)			
		<10	11~30	31~49	90<
100~199	1(1.9%)	0	0	1	0
200~299	12(23.1%)	7	2	2	1
300~399	16(30.8%)	9	5	0	2
400~499	8(15.4%)	2	3	1	2
500~599	11(21.1%)	3	3	1	4
600<	4(7.7%)	2	0	1	1
계	52(100.0%)	23(44.2)	13(25.0)	6(11.6)	10(19.2)

생태

생태에 대해 별로 알려진 바가 없으나 1년 1세대 발생하는 것으로 알려져 있다. 다 자란 유충으로 박과 식물의 과일 내 또는 땅속에서 월동한다. 성충은 7월부터 9월까지 출현하며 피해는 8월 하순부터 9월까지 많이 나타난다.

주로 중산간지 계곡 지역에서 발생이 많다. 특히 해발 300~400mm 사이에 피해가 많다. 국내에서 재배되는 대부분의 수박이 8월 이전에 수확이 끝나지만 산간지에서 억제재배되는 경우 8월 이후에 피해를 볼 수 있다.

방제법

개화 후 인공수분을 하고 종이봉지를 씌우면 산란방지 효과를 거둘 수 있다. 피해과가 부패하면 그 부분의 토양에 입제나 분제를 집중 살포토록 한다. 수확 완료 후에는 잔존물을 모아 태우고 토양살충제를 전면 살포한 뒤 갈아엎어 잘 섞어 준다.

05 작은뿌리파리

(*Bradysia agrestis* Sasakawa, Fungus gnat)

피해

유충이 뿌리를 스폰지상으로 가해하여 작물이 시들어 죽는다. 토마토, 박과 작물, 가지, 카네이션 등에서 피해가 나타나며 특히 시설원예작물에 발생이 많다. 피해는 11~5월경에 많고 유기물을 다량 시용한 경우 피해가 많다.

형태

성충은 1.8mm의 소형 흑파리로 날개는 암회색이다. 유충은 4mm 정도로 머리는 흑색이고 가슴과 배 부분은 반투명하며, 다리는 없다. 몸은 12~13마디이다.

생태

온실 내에서 성충은 4월 중순에 증가하고, 5월 하순에 가장 많이 발생한다. 여름에는 적어졌다가 가을에 다시 증가하여 9~10월에 발생이 많고 20~25℃의 시설하우스에서는 월 2회 발생이 가능하다.

작은뿌리파리에 의한 오이 시들음 현상

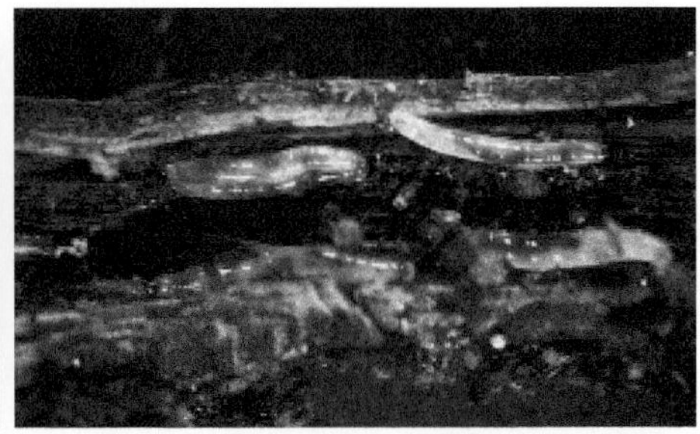
작은뿌리파리 유충

방제

씨뿌리기(파종), 아주심기(정식) 전에 약제를 토양 시용하고 생육 중 피해가 나타나면 유제 등을 뿌리에 포기별 물주기(관주)한다.

06 뿌리혹선충류

(*Meloidogyne* spp., Root-knot nematodes)

피해

토마토, 수박, 오이, 참외 등은 물론 고추, 당근, 배추 등 300여 종의 식물을 가해한다. 식물의 뿌리에 혹을 만들고 그 속에서 생활하므로 양분과 수분의 흡수가 저해되어 생장이 부진케 되고, 시들거나 일찍 말라 죽는다(고사).

오이의 뿌리혹선충 피해

오이의 뿌리혹선충 피해

형태

뿌리에 작고 둥근 혹 또는 큰 염주 모양의 혹을 만들며 그 혹 속에서 잔뿌리가 많이 생긴다. 혹 속의 선충은 암수가 모양이 다른데 암컷은 서양배 모양이고 길이 0.4~0.8mm, 폭 0.3~0.5mm이며 수컷은 길이 1.0~1.9mm의 실 모양이고 구침이 17~32μm이다.

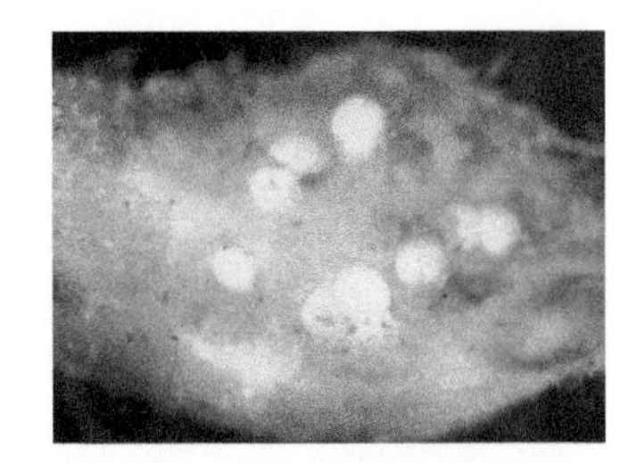

뿌리혹속의 뿌리혹선충

생태

종에 따라 발육조건은 다르나 비슷한 생활습성을 가진다. 알에서 깨어난 제2령 유충이 뿌리 속에 침입하여 세 번 탈피한 후 성충이 된다. 뿌리 속에서 양분을 흡즙하면 그 주위 세포가 비대해져 혹을 형성하고 이곳이 선충의 양분 공급처가 된다. 암컷은 몸 뒷부분을 뿌리 겉쪽으로 향하고 음문 옆의 분비선에서 젤라틴 같은 물질을 뿌리 겉으로 분비하여 알주머니를 만든 뒤 100~500개의 알을 낳는다. 24~30℃에서 1세대 기간은 4~5주, 온도가 낮을 때는 50여 일 걸린다.

> **Tip**
> **담수처리** •
> 어떤 목적으로 논이나 밭에 물을 가두어 처리하는 것

방제

작물의 파종 3~4주 전에 훈증제를 처리하고 비닐로 덮거나 물을 뿌려 5~7일간 밀봉시켜 선충을 죽인 다음, 땅을 갈아엎어 토양 내 가스를 제거한다. 여름철 작물이 없는 비닐하우스에서는 밀폐된 비닐터널을 만들고 하우스 문을 꼭 닫아 4주 정도 처리하면 토양의 온도가 40℃ 이상 올라가 뿌리혹선충과 토양병균을 동시에 죽일 수 있다.

<표 5-2> 태양열소독에 의한 소독효과

처리내용	처리량	선충밀도(마리/mL)				생충률	방제가
		처리 전 (1994. 8. 1)	처리 후(1995. 8. 4)				
			A	B	평균		
태양열소독	비닐 이중피복	657	15	60	38	5.8	96.3
무처리	-	713	1,080	1,115	1,118	156.8	-

<표 5-3> 논밭돌려짓기(답전윤환)에 의한 뿌리혹선충 방제효과

처리내용	선충밀도(마리/300mL)		생충률(%)	밀도억제 효과(%)
	처리 전(1994. 8. 1)	처리 후(1995. 8. 4)		
참외 후작 벼재배	702	111	15.8	89.6
무처리	713	1,080	151.5	-

노지에서 상토용 비닐에 10~15cm 두께로 흙을 넣고 10~15일간 방치하여 햇볕에 소독해도 효과적이다. 벼를 재배할 수 있는 밭에는 1~2년간 벼를 재배하는 것이 좋으며 여름철에는 논농사를, 가을 이후에는 채소를 재배하면 뿌리혹선충을 막을 수 있다. 새흙넣기(객토)를 하여 선충 발생을 떨어뜨릴 수 있다.

지중가온시설이 보급된 농가에서는 담수처리•를 할 경우 지온 40℃에서 5일간 가온 시 100% 방제할 수 있으며 무담수처리의 경우 지온이 50℃에서 5일간 가온 시 100% 방제 가능하다.

<표 5-4> 지중가온에 의한 뿌리혹선충 방제효과

처리내용		생충률(%)	방제가(%)	선충밀도(마리/300mL)	
				처리 전(8. 1)	처리 후(8. 5)
무가온	담수 무담수	68 100	32 0	97 97	66 97
30℃	담수 무담수	12 38	88 62	97 97	66 12 37
40℃	담수 무담수	0 6	100 94	97 97	0 6
50℃	담수 무담수	0 0	100 100	97 97	0 0

<해충편>

제6장 백합과 채소의 해충 (파, 마늘, 양파, 부추, 달래)

백합과 채소에는 파, 마늘, 양파, 부추, 달래 등이 속한다. 백합과 채소의 주요 해충은 뿌리응애, 고자리파리, 씨고자리파리, 파좀나방, 파굴파리, 마늘줄기선충, 파총채벌레 등이 있다. 이번 장에서는 백합과 채소의 해충과 방제 방법을 소개한다.

1. 뿌리응애
2. 고자리파리
3. 씨고자리파리
4. 파좀나방
5. 파굴파리
6. 파총채벌레
7. 마늘줄기선충

01 뿌리응애
(*Rhizoglyphus robini* Claparede, Bulb mite)

피해

뿌리응애는 마늘 종구나 이어짓기(연작)지 토양에서 생존해 있다가 종구의 상처나 병해 피해 부위 및 고자리파리, 선충 등 가해 부위에 모여들어 급격히 증식된다. 비늘줄기(인경)를 썩게 만들며 특히 재배토양에 미숙퇴구비 살포나 사질토양일 경우 발육환경이 알맞아 피해사례가 빈번하다.

마늘의 뿌리응애 피해

뿌리응애는 비늘줄기(인경)의 인피(껍질), 비늘줄기(인경)의 바깥 부위, 비늘줄기(인경)와 뿌리 사이에서 주로 생존하다가 고온 다습한 환경 조건에서 선충, 고자리파리 유충, 병원균들이 복합 발생 시 급격히 증식되어 심한 피해를 주는 것으로 알려져 있다. 지상부의 잎이 누렇게 변하는 피해 증상은 고자리파리 피해와 유사하여 지상부 증상만으로는 구분이 곤란하나 뽑아보면 비늘줄기(인경) 기부에서 뿌리가 쉽게 떨어져 나가는 것을 볼 수 있다.

뿌리응애는 잡식성으로 비늘줄기(인경)와 채소, 생강, 구근 화훼류 등 각종 농작물의 뿌리에 번식하여 뿌리가 부패한다. 피해받은 작물을 뽑아보면 비늘줄기(인경) 또는 뿌리 부분이 쉽게 떨어져 나가고 가해 부위는 대부분 썩어 있으며 수백 마리의 유백색 응애들이 흡즙 가해하고 있음을 볼 수 있다.

저장 중 피해는 수확 마늘의 피해 부위나 인피 사이에 다수 생존하고 있다가 병원균 침입구나 상처 입은 부위에 집중 다발생한다. 피해 마늘을 손으로 만져보면 비늘줄기(인경)가 소실되어 껍질만 남아 있고 응애의 사체들로 다수 들어차 있음을 볼 수 있다.

형태

뿌리응애는 유백색의 반투명한 타원형이고 입틀과 다리는 갈색이다. 성충의 크기는 0.6~0.7mm로 매우 작아 발생밀도가 적을 때에는 육안식별이 어려우나 군집 발생 시 발견하기 쉽다. 발육단계는 알-부화약충-제1약충-제3약충-성충의 5단계 발육에 부적합한 환경에서는 제1약충과 제3약충과의 사이에 두꺼운 키틴질의 피부를 가진 휴면 약충이 출현된다.

생태

마늘 생육 중 발생은 가을에 씨뿌리기(파종)와 동시에 종구와 토양 중 잠복해 있던 충이 마늘에 피해를 주기 시작한다. 겨울에는 각 태별로 인경과 토양에서 월동하고 봄에 기온상승과 더불어 밀도가 증가되며 고온기인 여름에는 감소되는 경향이 있다. 저장 중 발생은 수확 직후 마늘 저장 중 장마철 같은 고온 다습한 환경에서 생존이 가능하여 6~7월의 저장 초기에 밀도가 높고 저장 후기의 고온 건조한 환경에서는 점차 밀도가 낮아진다.

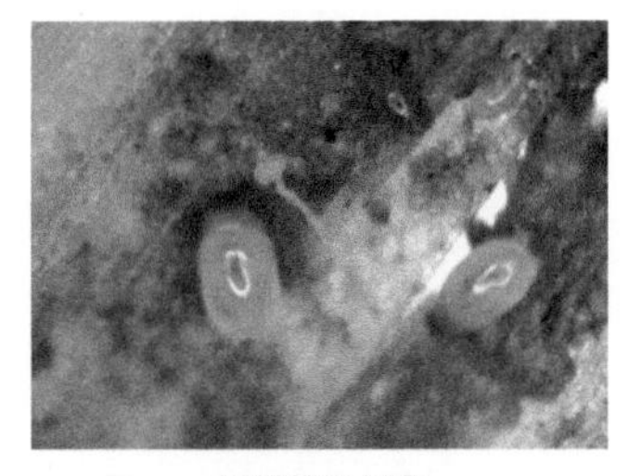

뿌리응애 성충

유백색의 타원형 모양의 뿌리응애가 비늘줄기(인경) 바깥쪽의 부패된 부위에 집단적으로 생존하면서 비늘줄기(인경)의 부패를 촉진시킨다. 뿌리응애는 좁쌀 모양 또는 서양배 모양으로 성충의 몸길이는 0.7mm 정도로 아주 작으며 몸은 유백색이고 반투명하지만 다리와 털은 암갈색을 띤다.

성충과 약충이 작물체의 뿌리에서 월동한다. 연간 수십여 회 발생하는데 성충은 뿌리 표면에 낱개로 또는 몇 개씩 점점이 산란하여 하루에 10개 정도의 알을 낳는다. 일생동안 160개 정도의 알을 낳는다. 유기물이 풍부한 산성의 모래토양에 발생이 많고 비닐멀칭 재배 시 고온 다습한 조건이 되어 발생이 많아진다. 마늘에서는 재배가 시작되는 10월 중하순부터 12월 상순까지 밀도가 증가하다가 월동에 들어간다. 3월 상중순부터 증식이 되다가 5월 상순이후 급격히 증가하며 이어짓기(연작)을 하면 밀도가 높아진다.

방제법

뿌리응애는 종구의 껍질(인피) 사이나 토양 중에 널리 분포하기 때문에 방제하기 어려우나 건전한 종구를 심거나 재배토양에 미숙퇴구비를 사용하지 않는다면 생육 중 피해는 크지 않다. 수확 직후 건조를 잘 시키고 상처 입지 않은 건전한 마늘을 통풍이 잘 되는 곳에 저장하면 응애 발생이 적다. 약제방제법으로 종구 파종 전에 종구를 디메토유제 1,000배액에 30분간 침지•소독하고 또는 디설폰입제를 살포한 다음에 종구를 파종하면 밀도를 줄일 수 있다. 생육기에 피해가 심할 경우에는 디메토유제 1,000배액을 10a당 1,000L 기준으로 마늘 지저부에 관주처리하거나 카보입제를 전면 처리한 후 토양 표면을 긁어주거나

Tip

침지•
식물섬유의 줄기를 물, 온탕, 약품 등에 적시는 일

관수처리하여 약액이 마늘 지저부까지 침투하게 하면 방제효과가 높다. 응애의 크기는 매우 작아 밀도가 낮을 때에는 육안 식별이 어렵고 작물 지하부에 살고 있기 때문에 예찰 및 방제하기가 어려운 해충 중의 하나이다. 따라서 약제를 사용하여 침입경로를 차단하고 여러 가지 증식 조건을 배제시켜 방제효과를 높일 수 있다.

가. 종구 파종 전 약제방제

뿌리응애 발생은 저장 구근에 남아 있는 충에 의한 종구 전파, 기주작물을 심었던 토양에서의 토양전파 등 크게 두 가지이다. 따라서 종구 파종 전에 효과적인 방제약제로 종구 소독과 토양 소독을 실시하여 응애의 전파 및 발생을 효과적으로 방지하도록 하여야 한다.

마늘처럼 쪽(인편)으로 파종하는 작물은 파종 전에 외인 피를 벗겨내고 병해충 피해나 상처를 받지 않은 건전한 쪽(인편)만을 골라서 망사자루나 천 등에 싸서 디메토유제 1,000배액에 15~30분 정도 침지시킨 다음 파종하는데, 이때 쪽(인편)에 상처가 생기지 않도록 주의한다. 한편 작물 재배가 단지화되면서 한 지역에 같은 작물을 계속해서 재배하는 것이 불가피할 경우가 많아 이어짓기(연작)에 의한 뿌리응애 피해가 증가하고 있는 실정이다. 뿌리응애의 피해를 받았던 재배지나 기주작물을 이어짓기(연작)한 토양에는 응애가 살아 있을 가능성이 높기 때문에 종구와 토양을 병행 소독하여 초기 발생을 억제시키는 것이 중요하다.

나. 물리적 방제

뿌리응애 다발생 지역에서는 마늘, 파, 양파 등의 이어짓기(연작)를 피하고 산성토양은 석회를 시용하여 토양산도를 교정하여 주며 응애 증식을 조장하는 미숙퇴구비를 시용하지 말아야 한다. 또한 종구를 파종할 때 부패 또는 상처난 불량 종구를 제거하고 건전한 종구만을 골라서 심고 뿌리응애 잠복 부위인 인피를 제거하고 파종하기도 한다. 한편 저장용 구근은 수확 직후 햇볕에 잘 건조시켜 응애를 구근에 잔류되는 응애 밀도를 줄여주고 습도가 낮고 통풍이 잘 되는 곳에 보관하여 저장 중의 피해를 방지한다.

02 고자리파리

(*Delia antiqua* (Meigen), Onion fly)

가해 작물

마늘, 양파, 쪽파, 대파, 부추 등 백합과 작물과 기타 이어짓기(연작)작물

피해

마늘의 고자리파리 피해

애벌레는 작물의 뿌리가 난 부분에서부터 파먹어 들어가 지하부의 비늘줄기(인경)에 피해를 입히는데 밀도가 높을 때는 줄기 속까지도 가해한다. 피해를 받은 포기는 아랫잎부터 노랗게 색깔이 변하며, 피해가 심하면 전체가 말라 죽는다. 피해 입은 포기를 뽑아보면 뿌리의 중간이 잘린 채 잘 뽑아지며, 그 속에서 애벌레(구더기)를 쉽게 관찰할 수 있다. 주로 인가 근처의 재배지에서 피해가 심하며, 가을에는 쪽파에 피해가 심하고, 양파 모판이나 마늘에서 피해가 나타나기도 한다. 봄에는 파모판과 마늘 및 양파의 본밭에서 피해가 많이 나타나며, 모든 작물이 말라 죽는 수도 있다.

형태

노지에서는 고자리파리와 함께 씨고자리파리도 많이 채집되는데 이들 두 종은 형태가 서로 비슷하여 혼동되는 경우가 있다. 고자리파리의 성충은 집파리보다 약간 작으며, 전체적으로 연한 회색을 띤다. 씨고자리파리는 일반적으로 고자리파리보다 작으나 색깔은 거의 같다.

고자리파리의 알은 백색으로 타원형이며, 한쪽은 오목하고, 다른 한쪽은 볼록하다. 알의 길이는 1.2mm 내외이고, 종자파리는 1mm를 넘는 것이 없다. 애벌레는 유백색의 구더기이며 앞쪽의 숨구멍의 숫자로 이 두 종을 구별할 수 있는데 고자리파리는 11~12개 내외이고, 씨고자리파리는 6~8개 내외이다.

번데기는 긴 타원형으로 적갈색이다. 고자리파리 번데기의 길이는 6~7mm이며, 종자파리는 이보다 작다. 종자파리 암컷의 배는 회색이고, 등쪽 중앙에 선명한 검은 선이 있지만 고자리파리는 없고 그 부분이 약간 짙은 색이다.

또한 씨고자리파리 암컷의 아측안 겹눈과 입 사이는 각 제3절보다는 좁지만 고자리파리는 같거나 더 넓다. 종자파리 수컷의 뒷다리 마디(跗節)에는 전체에 걸쳐 빗살 모양의 작은 털이 고르게 나 있으나 고자리파리는 일부에만 작은 털이 있다. 성충의 몸길이는 5~7mm로 암수는 배 끝에 있는 외부생식기의 모양이나 양쪽겹눈(複眼)의 간격으로 구별될 수 있다. 수컷은 겹눈이 서로 밀접해 있고, 암컷은 서로 떨어져 있다.

생태

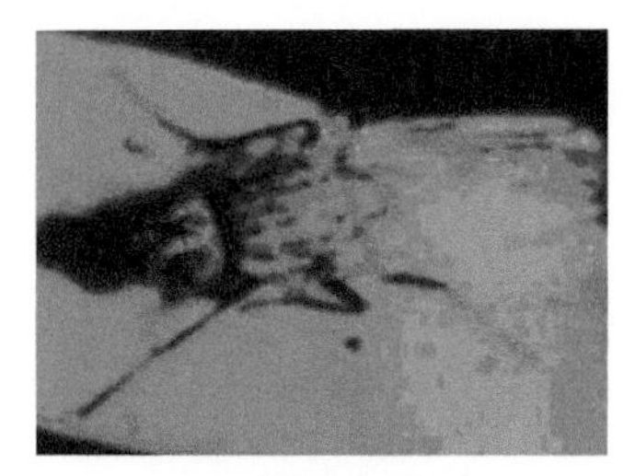
고자리파리 성충

연 3회 발생하며 경남 진주 지방에서의 발생 최성기는 1화기가 4월 중순, 2화기가 6월 상순, 3화기가 9월 하순~10월 상순이다. 중부 지방에서는 이보다 1주일 정도 늦어진다. 가을에 발생하는 애벌레는 번데기 상태로 모두 월동에 들어간다. 월동 번데기 날개가 돋기 전인 3월에 피해 받는 포기 주위의 흙을 파보면 쉽게 번데기를 찾을 수 있다. 월동 후 날개가 돋은 성충은 기주식물의 잎집 틈새나 주위의 흙 틈에 알을 낳는다. 산란 수는 보통 50~70개이며, 알기간은 3~4일, 애벌레기간은 14일 정도이다.

제1세대 번데기는 곧 날개가 돋아 한 세대를 더 지난 후 여름잠(夏眠)에 들어가거나 혹은 그대로 땅속에서 번데기 상태로 여름잠에 들어간다. 여름잠에 들어간 번데기는 7~8월의 고온기에는 날개가 돋아나지 않고 그대로 여름을 보낸 후 가을에 온도가 낮아지면 날개가 돋아서 쪽파, 양파모판, 마늘 본밭 등에 알을 낳는다.

방제법

가을에 씨 뿌린 후 싹이 나는 시기나 옮겨 심는 시기가 발생 최성기 이전일 경우에는 토양살충제를 뿌린 후 흙과 잘 섞어 준다. 이른 봄에는 성충이 발생하기 전에 침투성 입제를 살포한다. 그러나 최근에는 마늘, 양파의 비닐피복재배가 늘어나기 때문에 침투성 입제를 살포하기 어렵다.

이러한 경우에는 성충을 방제하기 위하여 가스독을 나타내는 입제를 살포하거나 약제가 토양으로 스며들 수 있는 수화제나 유제를 살포하는 것이 좋다. 고자리파리 방제약제로서 입제는 다수진, 그로포, 카보, 다이포 등이 있고 그 외에 폭심분제가 있다. 분제나 입제는 10a당 4~6kg, 유제는 1,000배로 물에 타서 10a당 100~120L를 뿌린다.

03 씨고자리파리
(*Delia platura* (Meigen), Seed corn maggot)

가해작물

마늘, 양파, 파 등

피해

쪽파의 씨고자리파리 피해

알에서 깨어난 애벌레는 뿌리 부위인 땅속을 향해 이동해 뿌리와 잎집(엽초) 기부 및 비늘줄기(인경) 부위를 가해하는데 피해를 심하게 받은 기주식물은 아랫잎부터 노랗게 변하면서 기주가 시들고 쓰러지며 말라 죽는다. 특히 3월 상중순에 인경이 형성되기 전 자구 상태에서 피해를 받을 경우 기주식물이 줄어 빈 포기(결주)가 생기게 된다. 남부 지방 마늘 재배지 씨고자리파리의 피해주율은 평균 25~30%이나 심한 경우는 50%가 넘는 재배지도 있다. 실질적으로 재배지에서는 피해를 받은 인경이나 자구 부분은 병원균 때문에 썩게 되어 씨고자리파리, 뿌리응애 및 기타 병해와 함께 발생한다.

형태

씨고자리파리는 고자리파리와 형태가 비슷하여 혼동하기 쉬우나 대개 크기로써 두 종의 구별이 가능하다. 씨고자리파리가 고자리파리보다 작다. 성충은 몸길이가 4.5~5.7mm, 날개편 길이가 8.25~10.0mm이고 전체적으로 연한 회색을 띠고 있다. 애벌레는 백색의 구더기인데 다 자란 3령충의 크기는 4.6~5.4mm 정도이다. 알은 흰색이며 크기는 0.8~1.0mm 정도의 긴 타원형이고 번데기의 크기는 4.3~5.0mm 정도이다.

씨고자리파리 유충

<표 6-1> 씨고자리파리의 각 태별 충체 크기 (단위: mm)

충태 및 령기		길이	넓이
알		0.8~1.0	0.2~0.4
애벌레	1령충	1.0~1.4	-
	2령충	1.8~2.3	-
	3령충	4.6~5.4	-
용		4.3~5.0	1.5~2.4
성충	암컷	5.3~5.7	*8.2~10.0
	수컷	4.5~5.2	8.2~9.3

생태

문헌에 의하면 씨고자리파리는 우리나라에서 번데기 상태로 월동하는 것으로 보고되었다. 호남농업시험장에서 1995~1997년에 걸쳐서 전남 무안 및 고흥 마늘 재배지를 조사한 결과 알, 애벌레, 번데기, 성충 모두 월동 가능한 것으로 조사되었다. 따라서 피해를 주는 애벌레는 마늘이 파종된 10월 상순부터 이듬해 수확기 때까지 계속적으로 발생했는데 특히 3월 상중순에 발생이 많았다. 성충이 가장 많이 발생하는 시기는 3월 하순과 5월 상순이다. 각 태별 기간은 23℃에서 실내사육의 경우 알 1.8일, 애벌레 10.4일 번데기 10.6일 및 성충(암/수) 49.8일/36.1일이었고, 산란 수는 247개였다.

유기물이 썩거나 가축의 분비물이 많은 축사 부근의 밭에 냄새를 맡고 성충이 모여들어 뿌리 부분의 땅속 틈이나 엽초 기부 등에 알을 낳는다. 알에서 깨어난 애벌레는 자구 및 비늘줄기(인경) 부위에 피해를 주며 다 자란 애벌레는 땅속에서 번데기가 된다.

방제법

마늘, 양파, 파 등은 유기질 비료의 사용효과가 큰 작물이지만 잘 썩지 않은 퇴비나 축비를 사용하면 토양 속에서 썩을(부숙) 때 발생하는 냄새 때문에 성충이 유인되어 많은 산란을 하게 되므로 완전히 썩은(부숙) 것을 사용하는 것이 중요하다. 씨고자리파리는 토양해충이기 때문에 약제방제에서 가장 중요한 것은 적기에 약제를 살포하는 것이다. 마늘이 씨뿌림(파종) 된 후 월동 전에도 애벌레가 계속적으로 식물체에 피해를 주기 때문에 씨뿌리기(파종) 전 토양처리에 의한 방제가 꼭 필요하다.

월동 후에는 애벌레 발생량이 3월 중순에 가장 많으므로 애벌레가 식물체를 가해하기 전인 3월 상순에 약효가 긴 적용약제를 처리하는 것이 바람직하다. 따라서 남부지방 마늘 재배지에 발생하는 씨고자리파리를 방제하기 위해서 카보입제를 씨뿌리기(파종) 전인 3월 상순에 체계처리하면 효과적인 방제(85.7%)가 가능하다.

04 파좀나방

(*Acrolepiopsis sapporensis* Matsumura, Allium leafminer)

피해

파좀나방 유충은 백합과 채소류에 속하는 파, 마늘, 양파, 부추 등에 발생하여 피해를 주는 해충이다. 재배지에서의 피해 최성기는 8월 상순과 9월 중순이다. 부화유충이 파의 표피를 뚫고 표피 속으로 들어가 잎의 표피만을 남기고 잎살을 갉아 먹는데 잎 끝부터 희게 되어 마르거나, 잎에 불규칙한 짧은 흰줄 또는 희거나 누런 반점이 생긴다. 심하면 황백색으로 시들다가 말라 죽는다.

형태

파좀나방 성충의 몸길이는 4.5mm 내외이며 회흑색인 작은 나방이다. 알은 유백색이며 긴 타원형이고 지름은 0.5mm이다. 유충은 머리가 담갈색이고 몸은 담록색이나 다 자라면 몸길이가 7~8mm이고 몸 색은 붉은 줄무늬가 있는 황색으로 변한다. 번데기는 4~5mm이며 황색을 띠다가 점점 진한 황색 또는 적갈색으로 변하고 잎 표면에 부착된 긴 타원형 그물 모양의 고치 속에 들어 있다.

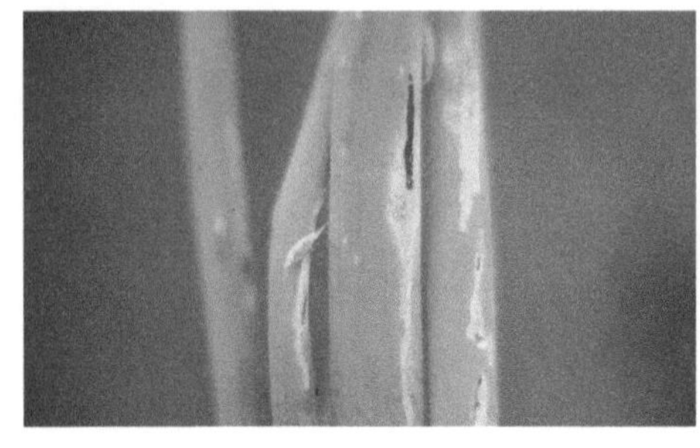

파의 파좀나방 피해

파좀나방 유충

생태

파좀나방은 번데기로 월동하나 다 자란 유충으로도 일부 월동하고 발육이 진전된 경우에는 겨울에도 우화하는 개체가 있다. 1991년 화성에서 성페로몬을 이용한 발생소장을 조사한 결과 월동 성충이 3월 2일 처음 채집되었고 4월 중순에 발생 최성기를 보였으며, 제1화기 성충은 6월 하순, 제2화기 성충은 8월 하순, 제3화기 성충은 10월 상순에 발생 최성기를 보였다. 파좀나방을 실내 항온기에서 사육하며 조사한 각 태별 발육기간은 알기간이 3.9일, 유충기간이 10.3일, 번데기기간이 5.9일이었다.

방제법

연간 발생횟수가 많아 부화유충이 파의 잎 속으로 들어가기 전인 발생 초기에 방제하는 것이 효과적이다. 그러나 재배지에서는 발생 세대가 중첩되어 각 태가 혼재하므로 작물의 재배시기를 고려하여 방제하는 것이 현실적이다.

05 파굴파리

(*Liriomyza chinensis* (Kato) Stone leek leafminer)

형태 및 가해 특성

양파 및 대파를 가해하는 해충으로 50여 종이 알려져 있고 그중 파굴파리는 고자리파리, 총채벌레, 파밤나방, 파좀나방과 더불어 주의해야 할 해충으로 인식되고 있다. 성충은 2mm 정도의 작은 파리로 몸의 측면과 다리가 황색이고, 가슴과 배는 검은색을 나타내며 양파의 잎 조직 속에 점점이 산란한다. 알은 백색으로 장타원형이 크기는 0.2mm이다.

유충은 황백색의 작은 구더기로 다 자라면 크기가 4mm 정도 된다. 동작은 둔하지만 양파나 파잎의 껍질 밑에서 굴을 뚫어 가면서 잎살을 가해하거나 잎의 내벽에 붙어서 잎살을 가해하기도 하는데 피해를 받은 부분은 백색으로 변하게 된다.

묘에서는 잎집(엽초)부에 유충이 기생하고 이 부분부터 마르기 때문에 치명적인 피해를 받는데 봄에 묘판에서는 고사하는 개체를 많이 발견할 수 있다. 생육 중인 양파는 고사하지는 않지만 잎의 기능이 저하되어 생육이 나빠진다. 다 자란 유충은 잎의 표피를 뚫고 나와 땅에 떨어져 토양 중에서 용화한다.

파의 파굴파리 피해

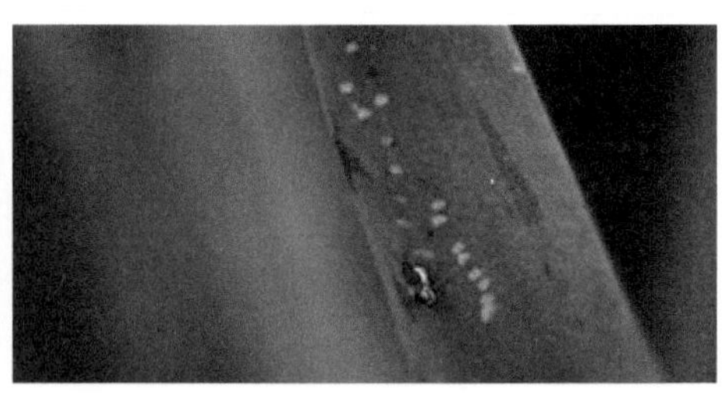

파굴파리 성충

생태

토양 중에서 번데기로 월동하고 성충은 4월부터 나타나는데 10월까지 4~5세대를 경과한다. 발생 최성기는 7월 상순, 8월 상순, 9월 하순이다. 교미한 성충이 양파의 잎 조직에 점점이 산란하는데 알은 백색으로 장타원형이며 알기간은 20℃, 25℃, 30℃에서 각각 4.5일, 2.9일, 1.9일이다. 유충은 잎 안에서 표피를 남겨 놓고 잎살을 식해하다가 노숙하면 그곳으로부터 탈출하여 땅에 떨어져서 번데기가 된다. 유충기간은 20℃, 25℃에서 각각 7.9일, 5.8일이다. 번데기기간은 각각 20.1일, 16.3일이고 발육영점온도는 알이 13.0℃, 유충이 11℃, 번데기가 7.2℃이다. 암컷의 수명은 8.5일, 수컷은 5.0일로 암컷보다 3.5일이 짧으며, 산란 수는 165.8개, 흡즙흔 수는 983.8개이다.

방제법

이식 전 또는 발생 초기에 카보입제를 10a당 5kg을 1회 이내로 뿌리거나 발생 초기에 칼탑수용제를 물 20L에 약 20g을 타서 약액이 충분히 묻도록 골고루 뿌리되 6회 이내로 제한하여 사용한다.

06 파총채벌레

(*Thrips tabaci* Lindeman, Onion thrips)

가해작물

파, 양파, 양배추, 담배, 감자, 가지, 오이, 수박, 토마토, 콩, 카네이션 등

피해

성충과 애벌레가 즙액을 빨아 먹으므로 그 부분이 군데군데 황백색으로 변하며, 발생이 심할 때에는 작물 전체의 색깔이 변하며 말라 죽는다. 가뭄 시에 번식이 왕성하고, 그 피해가 심하다.

파의 파총채벌레 피해

형 태

성충은 길이가 1.3mm 정도이고 몸은 담황색이며, 겹눈은 적색이다. 2쌍의 날개는 가는 막대기 모양으로 날개맥이 작고 날개의 둘레에는 긴 털이 규칙적으로 배열되어 있다. 날개를 사용하지 않을 때 나란히 접어 넣는다. 알은 길이가 0.3mm 정도이고 짧은 바나나 모양으로서 작물의 조직 속에 들어 있다.

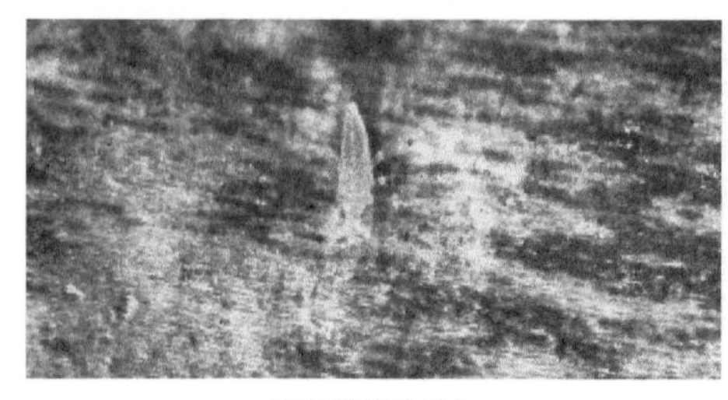

파총채벌레 약충

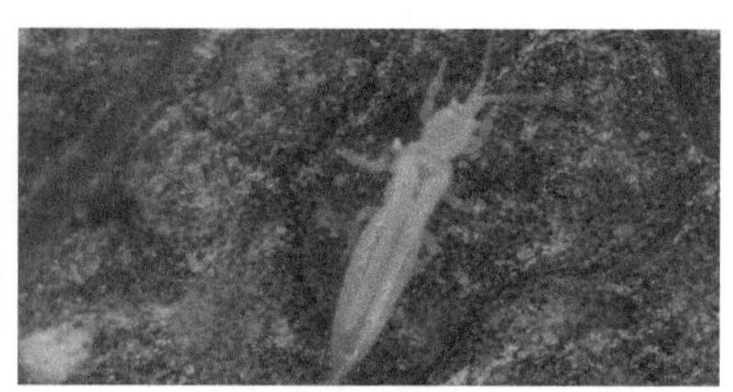

파총채벌레 성충

생태

성충은 가해작물의 지표 가까운 지하부 또는 잡초 사이에서 월동하여 봄에서 가을에 이르기까지 불규칙하게 계속 발생하지만 여름에 번식력이 왕성하여 1년에 10회 이상 발생한다. 암컷은 작물의 표피조직 속에서 20~170개의 알을 낳고, 5~7일 후에는 알에서 깨어난다. 애벌레는 식물의 겉껍질을 갉아 먹고 자라며, 6~7일 성장한 후 뿌리 근처에 내려와 번데기가 된다. 번데기는 1주일 후에 성충이 된다.

방제법

해당 작물에 등록된 농약을 적절히 사용하여 방제한다.

07 마늘줄기선충

(*Ditylenchus dipsaci* (Kuhn), Bulb and stem nematode)

가해 작물

마늘, 양파, 담배, 백합 등 450여 종

피해

마늘의 마늘줄기선충 피해

기주에 따라 다르나 마늘의 경우 애벌레와 성충이 비늘줄기(인경)의 껍질과 껍질 사이에 침입하여 즙액을 빨아 먹음으로써 영양결핍을 일으키고, 심하면 말라 썩는 현상을 일으킨다. 지상부 생육은 물론 인경의 발육이 극히 불량하게 되며, 저장 중에도 계속 가해하여 많은 피해를 준다. 양파의 경우에는 밑부분(기부)이 굵어지고, 모가 옆으로 넘어지며, 말라 죽게 된다. 수선화나 히야신스는 잎이 구부러지고 잎에 황색반점이 생기며, 구근을 횡단해 보면 갈색으로 변화된 윤문(輪紋)이 보인다.

마늘줄기선충의 접종 시험에서 생육 초기의 선충 밀도가 마늘 1구당 12마리일 때는 생육에 영향이 없었고, 30마리 정도에서부터 차이가 있었다. 수량의 경우 선충 수가 증가할수록 적어져 무접종구 35g에 비하여 23.4~27.1g으로 33~23%가 감수되었다. 그러므로 마늘 생육 초기인 4월에 1구당 선충이 30마리 정도 있으면 방제를 하여야 한다.

형태

암수 모두 실 모양의 비교적 큰 선충으로(1.0~1.5mm) 꼬리가 뾰쪽하다. 암컷 음문의 위치는 꼬리 근처(80%)에 있으며, 수컷은 교접낭을 갖고 있다. 애벌레의 크기는 0.3~0.5mm이다.

생태

사질토로서 습기가 많은 곳에서 잘 번식하므로 비가 올 때 활동을 많이 하며 피해도 이때에 심하다. 마늘이나 양파의 경우 4령 애벌레 상태로 껍질과 껍질 사이에서 월동 또는 휴면하여 주 전염원이 된다. 암컷 성충은 반드시 교미하여야만 알을 낳으며, 1마리가 207~498개의 알을 약 1개월 동안에 걸쳐 낳는다.

알기간은 5~6일, 애벌레기간은 7~11일, 성충기간은 40일 정도이다. 1세대 경과기간은 15℃에서 20~25일이며, 마늘생육 기간 동안 3회 정도 발생할 수 있다. 마늘에 있어서의 발생상황은 서산, 단양, 제천, 의성, 남해 등 주산단지의 검출률이 81%로서 거의 모든 재배지에서 선충이 발생하고 있다. 마늘 1구당 30마리 이상 기생하고 있는 곳이 조사 재배지의 54%, 줄기선충 발생 재배지의 67%에 달하고 있고 양파의 경우도 밀도는 높지 않지만 34%의 재배지에서 발생하고 있다.

방제법

마늘줄기선충 방제 농약으로 등록된 것은 없으나 방제효과가 있는 카보입제 또는 모캡입제를 성분량으로 300평당 300g(제품으로 카보 9.9kg, 모캡은 6.0kg)씩 4월에 살포하면 효과적이다. 한편 씨알(종구) 소독은 25℃의 물에 2시간 담갔다가 49℃의 온탕에 20분간 담그면 매우 효과적이다.

<해충편>

제7장 딸기의 해충

장미과에 속하는 여러해살이 열매채소인 딸기는 딸기잎벌레, 딸기꽃바구미, 딸기잎선충, 뿌리썩이선충류, 딸기뿌리진딧물 등의 해충 피해를 입을 수 있다. 이들 해충으로 인한 피해상황과 해충의 생김새, 생태 그리고 방제법에 대해 알아보자.

01 딸기잎벌레

(*Galerucella grisescens* (Joannis), Strawberry leaf beetle)

가해작물

딸기, 대황 등

피해

봄과 가을에 딸기 잎을 뒤에서부터 갉아 먹어 구멍이 뚫리거나 윗면 표피막만 남긴다. 애벌레와 성충 모두 가해하나 애벌레가 무리지어 가해하므로 피해가 크다.

딸기의 딸기잎벌레 피해

형태

성충의 몸길이는 4mm 정도이고, 황갈색을 띤다. 등쪽에 황색의 작은 털이 빽빽하게 나 있고, 배 아랫면은 검은색이지만 배 끝은 색이 엷다. 겹눈, 더듬이 및 다리는 흑갈색 내지 흑색이며 더듬이는 길어서 몸길이의 1/3 정도나 된다.

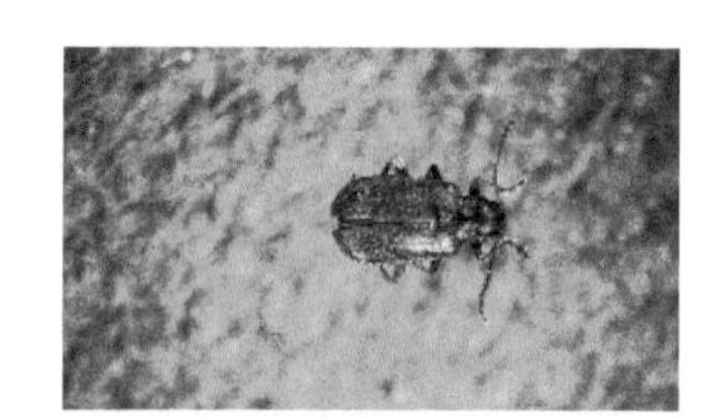
딸기잎벌레 성충

앞가슴, 등의 가운데에 거꾸로 된 삼각형 모양의 융기된 부분이 있고 중앙부는 흑갈색을 띤다. 날개딱지는 앞가슴 등쪽보다 폭이 넓고 점각이 많으며, 어깨 부분에 검은 무늬가 있다. 한 마리가 10~20개씩 무더기로 산란한다. 노란색 알은 길이 0.5mm의 타원형으로 표면에 그물무늬 모양이 솟아올라 있다. 유충은 원통형으로 머리는 어두운 갈색이고 몸 빛깔은 노란색이며 털이 많고 옅은 갈색무늬가 많다.

생태

성충은 딸기의 마른 포기, 마른 잎, 지피물 등의 아래에서 잠복하여 월동을 하며 봄에 기온이 7~8℃가 되면 활동을 시작하여 딸기 잎을 갉아 먹는다. 4월 중순부터 알을 낳기 시작하여 2개월 정도까지도 계속된다.

알은 1~2주면 깨어나며, 애벌레는 잎 뒷면에서 갉아 먹지만 나중에는 표면까지 먹어 치워 구멍이 뚫린다. 1개월 정도면 다 자란 애벌레가 되고 잎 뒷면에서 번데기가 되어 5일 후 새로운 성충이 나온다. 빠른 새 성충은 5월부터 발생하고, 월동 성충은 7~8월까지 살아남으므로 늦봄 이후의 경과는 일정하지 않다. 따뜻한 곳에서는 3~4세대를 경과한다.

방제법

등록된 약제는 없지만 디디브이피유제 1,000배액을 개화 초기부터 5~7일 간격으로 2~3회 살포하기도 한다.

02 딸기꽃바구미

(*Anthonomus bisignifer* Schenkling, Strawberry blossom weevil)

가해작물

딸기, 장미류 등

피해

야외의 딸기가 꽃이 피기 시작할 때 꽃대가 잘리거나 꺾이며, 잎자루가 꺾이기도 한다. 겨울을 지낸 성충이 밭에 몰려들어 꽃봉오리에 작은 구멍을 내고 알을 낳고, 꽃줄기를 반쯤 잘라 봉오리가 피지 않고 떨어져 버린다.

형태

성충의 몸길이는 2mm 정도의 작은 바구미로서 전체적으로 흑색이며, 회백색의 작은 털이 빽빽이 나 있다. 머리는 작지만 주둥이가 길게 나와 있고, 겹눈은 약간 크다. 가슴은 양쪽이 둥근 모양으로 사다리꼴이며, 앞날개에는 각각 10개의 점 모양의 열이 있다. 날개딱지는 다른 부분보다 붉은색을 띠고, 날개 뒤쪽에 삼각형 모양의 무늬가 있다. 애벌레는 떨어진 꽃 속에 있는데 통통하며, 배 쪽으로 구부러져 있고, 몸에는 옆주름이 많다. 알은 타원형이고, 길이가 0.5mm 정도이다.

생태

성충으로 마른 풀 포기나 낙엽 아래에서 월동하고, 야외 딸기 개화 초기부터 나타나 가해한다. 월동 성충은 개화 말기까지 계속 알을 낳지만 산란 최성기는 4월 하순~5월 중순이며, 온도가 높고 햇빛이 강할 때 산란이 활발하다. 애벌레는 꽃봉오리 내에서 꽃밥을 먹고 2~3주간 성장하며, 다 자라면 꽃봉오리 속에서 번데기가 되어 10일 정도 후면 성충이 된다. 새로운 성충은 여러 가지 과일과 어린싹을 갉아 먹지만 한여름이 되기 전에 풀 포기 사이의 낙엽 아래에 잠복했다가 월동한다.

방제법

등록된 약제는 없지만 디디브이피 유제 1,000배액을 개화 초기부터 5~7일 간격으로 2~3회 살포한다.

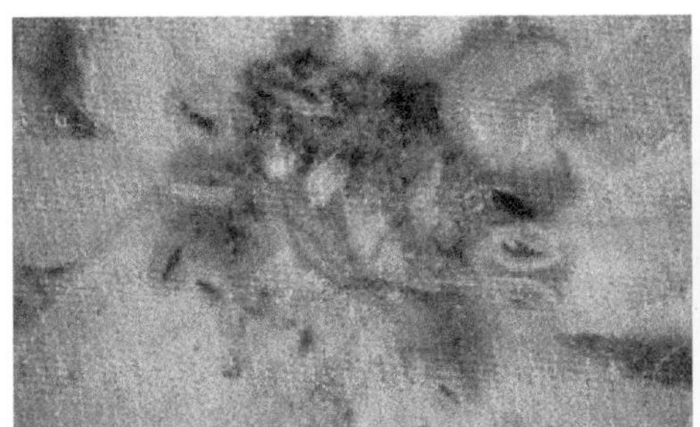

딸기꽃바구미 유충

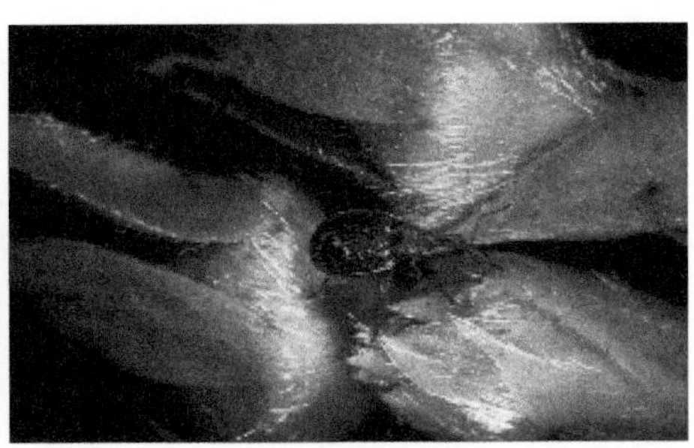

딸기꽃바구미 성충

03 딸기뿌리진딧물

(*Aphis forbesi* Weed, Strawberry root aphid)

피해

땅 부위의 줄기와 뿌리의 상부를 가해하는 진딧물로서 개미로 덮여 있는 경우가 많다. 초여름과 가을에 많이 보이며, 생육이 불량해지거나 말라 죽는다.

딸기의 딸기뿌리진딧물 피해

형태

성충의 몸길이는 1.5mm 정도이며 목화진딧물과 비슷한 체색과 형태를 하고 있다. 몸 표면이 광택이 없는 암녹색이지만 약충은 녹색을 많이 띠고, 목화진딧물에서 보여지는 황색계통은 없다.

생태

연중 딸기에서 생활하며 야외에서는 알로 월동한다. 3월에 부화한 간모가 날개 없는 태생암컷을 낳고 포기 밑부에 살다가 6월에 날개 달린 태생암컷이 출현하여 이동하기도 한다. 9~10월경 묘판에서 뿌리에 해를 입히는 것을 흔히 볼 수 있고 추워지기 직전에 암수가 모두 출현하여 산란한다.

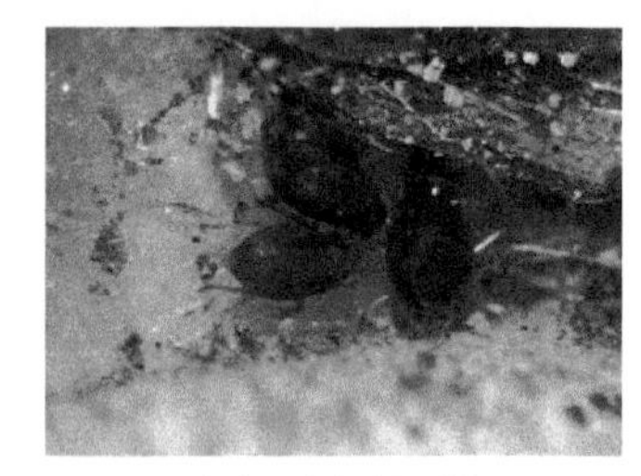

딸기뿌리진딧물 성충

겨울을 지낸 알은 잎 뒷면에 날개로 한 마리가 2~4개씩 1주일 내에 산란한다. 시설재배 시 겨울에도 태생암컷이 보이며 촉성재배에서는 1~2월에도 다발생하는 수가 있다.

방제법

흙으로 덮여 있거나 뿌리에서 살기 때문에 발견이 늦은 경향이다. 방제는 다른 진딧물류의 방제에 준하며, 보통 다른 해충 방제 시 잘 구제가 된다.

04 딸기잎선충

(*Aphelenchoides fragariae* Ritzema Bos, Spring crimp nematode)

피해

전국의 주요 딸기 재배단지인 충북 옥천, 충남 논산, 전남 담양, 경북 고령, 경남 진양 등에서 108개 하우스를 조사한 결과, 조사 지역 모두에서 딸기잎선충이 발견되었으며, 발생포장률은 17.6~50%였다. 지역별 발생률을 보면 전남 담양 지방이 50%로 가장 높았고, 포기당 선충 밀도는 경남 진양 수곡면의 여봉 재배지에서 포기당 28,000마리로 가장 높게 나타났는데, 이곳은 수확이 전혀 불가능하였다. 피해는 주로 재배지 관리가 불량한 곳에서 심했으며, 농민들은 대부분 바이러스 피해 또는 생리적인 장해로 알고 있었고 심는(작부)형태나 품종에 따른 차이는 없었다.

딸기의 생장점 부분에 기생하며 잎눈으로 분화되고 있는 세포를 구침으로 찔러서 세포 내용물을 빨아 먹으므로 세포가 죽는다. 딸기에 나타나는 피해 증상을 요약하면 다음과 같다.

① 잎이 비틀리거나 주름이 진다.
② 잎 표면이 거칠어지고 농록색으로 변한다.
③ 잎이 펼쳐지지 못하고 가장자리가 꼬부라진다(고사리병).
④ 잎자루가 붉은색을 띤다(보교조생).
⑤ 정아가 죽고 옆에 측아가 다발생한다(미나리병).
⑥ 꽃대가 나오지 못하거나 꽃 수가 감소한다(멍텅구리병).

심한 피해를 받은 경우는 생장점이 말라 죽어 결눈이 많이 발생한다. 농민들은 딸기잎선충의 피해를 여러 가지 이름으로 부르고 있는데 전남 담양 지방에서는 잎 모양이 미나리와 비슷하다고 미나리병, 경상도 지방에서는 꽃대가 나오지 않는다고 하여 멍텅구리병, 전남 영암 지방에서는 잎이 펼쳐지지 못하고 고사리 잎 모양으로 된다고 하여 고사리병, 전남 곡성 지방에서는 생장점 부위가 무처럼 생겼다고 해서 무시병이라고 부르고 있다. 이와 같이 피해 증상이 여러 가지로 나타나는 것은 선충이 분화하는 세포에 피해를 입히는 가해시기가 각각 다르기 때문이다. 농가 재배지의 피해 포기에서 발견된 선충은 딸기잎선충임이 확인되었고, 또한 건전 포기에서는 선충이 발견되지 않았다.

피해의 정확한 원인을 규명하기 위하여 대량 증식한 딸기잎선충을 처리하여 시험한 결과 선충 처리구에서는 모두 재배지에서와 같은 피해 증상이 나타났는데 선충 처리밀도가 높아질수록 피해 포기율은 높았고, 착과 수 및 수량은 감소되었다.

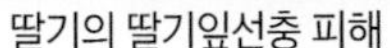
딸기의 딸기잎선충 피해

딸기잎선충 피해 재배지

딸기잎선충의 전파 및 이동

노지에서 월동한 어미포기를 4월에 조사한 결과 본 재배지의 피해 증상과 비슷한 증상이 나타났다. 감염된 어미포기에서 발생한 포복지의 감염률은 95.6%였고, 새끼모(자묘)는 77.3%였다. 어린모 중에서 외부에 뚜렷한 피해 증상을 나타내는 것은 26.7%였고, 나머지 50%는 겉으로는 깨끗하지만 그 속에는 딸기잎선충이 들어 있었다. 물에 의한 이동은 1% 정도로 재배지에서는 거의 이동되지 않았다. 잡초 기주 및 토양에 대해서 조사한 결과 토양에서는 이동이 불가능하였고 잡초에서도 선충이 발견되지 않았다.

방제법

① 건전한 모주에서 생산된 새끼모(자묘)를 사용한다. 감염모주에서 새끼모(자묘)로 전파되는 것이 딸기잎선충의 주전파 요인으로 밝혀졌다. 따라서 건전모주로부터 새끼모(자묘)를 생산한다면 이 선충에 의한 피해를 상당히 줄일 수 있을 것이다. 조직배양묘 또는 지금까지 전혀 피해가 없었던 농가의 모주를 건전모주라 할 수 있다. 또한 선충조사로도 건전모주 판별이 가능하기 때문에 농업기술센터나 농업과학기술원에 의뢰할 때는 비교적 생육이 불량한 모주는 비닐봉지에 넣어서 수분이 증발되지 않도록 보내야 한다. 조사 결과는 즉시 통보된다.

② 감염모주는 뽑아서 땅속에 묻거나 태워버린다. 봄에 개화하지 않거나 피해 증상이 조금이라도 나타난 모주는 철저히 제거해야 한다. 4월 중순경 주의 깊게 살펴보면 쉽게 알 수 있다.

③ 온탕침지법으로 45~47℃의 물에 10~15분간 물에 담근다(침지). 원칙적으로 모주를 온탕에 침지한 후에 이식하여 월동시키는 것이 바람직하다. 새끼모(자묘)를 물에 담그는(침지) 것은 아주심기(정식) 전에 실시한다. 그 전에 피해를 받았다면 늦기 때문이며 또한 모주는 양이 적고 새끼모(자묘)는 양이 많기 때문에 정확한 온도 유지가 어렵기 때문이다. 온탕에 담근(침지)한 후에는 바로 냉수에 담가 냉각시킨 후 이식한다.

④ 묘 재배지 주위의 잡초를 철저히 방제한다. 이 선충의 기주는 250여 종으로 이 중에는 잡초도 많이 포함되어 있다. 특히 잡초의 겨울눈에서 월동하여 다음 해 전염원이 되므로 모주 재배지는 제초 작업을 철저히 하여야 한다.

⑤ 묘 재배지는 침수되지 않도록 한다. 일반적으로 침수된 재배지에서 피해가 심하였고, 물에 의한 이동이 실험적으로 확인되었기 때문에 묘 재배지는 높은 지역을 선정하여 장마기에도 침수되지 않도록 한다.

⑥ 살선충제를 살포한다. 이 선충은 생장점의 가장 깊숙한 부분에 살고 있기 때문에 좀처럼 농약이 도달하지 않아 방제가 어렵다. 국내에 등록된 농약을 아주심기(정식) 전 토양에 골고루 살포한다. 살선충제의 살포 또는 물에 담그기(침지) 처리 시 생장점 깊은 부분까지 농약이 들어갈 수 있도록 세심한 주의가 필요하다.

05 뿌리썩이선충류

(*Pratylenchus* spp. Root lesion nematodes)

Tip

환상박피 ●
과수 등에서 원줄기의 수피(樹皮)를 인피(靭皮) 부위에 달하는 깊이까지 너비 6mm 정도로 고리 모양으로 벗겨내는 일

가해 작물

딸기, 고추, 상추, 감자, 콩 등 350여 종에 기생하는데 딸기, 감자, 상추, 사과에 많이 기생한다.

피해

딸기 뿌리썩이선충(*P. penetrans*)의 경우는 뿌리의 피층(皮層)에 기생하지만 어떤 식물에는 물관조직까지 침입하고, 베고니아에서는 줄기에도 침입한다. 복숭아 나무에서는 접종 후 9시간 만에 뿌리 색깔이 변화되며, 24시간 이내에 괴사증상(Necrotic Lesion)을 볼 수 있다. 지상부에서는 일반적으로 위축되고 변색되며, 오래된 잎은 일찍 죽게 되고 목본류의 경우에는 가지 끝부터 말라 죽게 된다.

딸기의 뿌리썩이선충의 피해

기주식물의 위축 증상을 일으키는 선충 밀도는 토양 및 기후조건에 따라 차이가 있지만 참흙에서 감자는 토양 100g당 20마리 정도이며, 토양 100g당 60마리의 선충을 접종했을 때 감자는 35%, 상추, 양배추, 양파는 20% 정도의 감수를 가져왔다. 한편 사과 뿌리썩이선충은 세포를

파괴하고 괴저현상(Necrosis)을 일으키며 때로는 목질부까지 침입한다. 흑색의 상해가 뿌리의 표면에 나타나며 나중에는 뿌리가 길게 찢어지고 때로는 환상박피● 현상이 나타나 뿌리가 죽게 된다.

형태

암수 모두 지렁이 모양으로 길게 생겼으며 몸길이는 암컷이 0.4~0.9mm, 수컷이 0.3~0.7mm이다. 입술 부위는 몸통과 구분되어 있고, 머리는 강하고 뚜렷한 골격을 가지고 있다. 식도는 장과 배 쪽으로 몸통 넓이의 2배 정도 중첩되어 있고, 꼬리는 일반적으로 둥글다. 음문의 위치는 꼬리 근처에 있다.

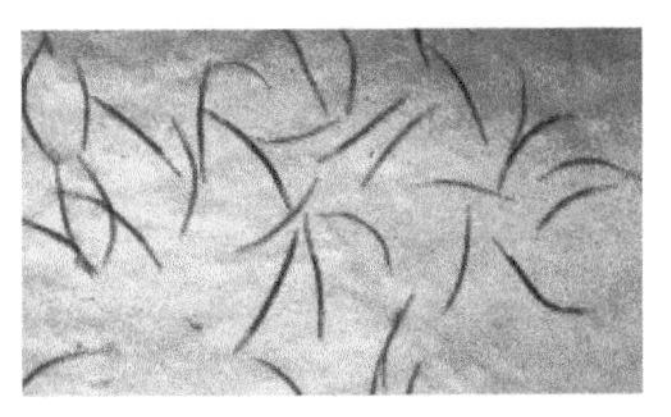

뿌리썩이선충 성충

생태

점질토양보다 사질토양에서 잘 증식한다. 내부기생종으로 암컷은 기주식물의 뿌리 속이나 토양 중에 산란한다. 애벌레는 4회 탈피하여 성충이 되는데 알 속에서 제1회 탈피를 한다. 알 껍질을 뚫고 나온 선충을 2기 애벌레라고 하는데 이때부터 성충이 될 때까지는 기주식물의 뿌리 속에서 서식한다. 1세대에 요하는 기간은 선충 종류, 온도와 기주식물에 따라 다르나 짧은 것은 35~40일, 긴 것은 54~65일이 걸린다.

방제법

뿌리혹선충 참조

 농업인 업무상 재해의 개념과 발생 현황

농업인도 산업근로자와 마찬가지로 열악한 농업노동환경에서 장기간 작업할 경우 질병과 사고를 겪을 수 있다. 산업안전보건법에 따르면 업무상 재해란 근로자가 업무에 관계되는 건설물, 설비, 원재료, 가스, 증기, 분진 등에 의한 작업 또는 그 밖의 업무로 인해 사망, 부상, 질병에 걸리는 것을 일컫는다. 농업인의 업무상 재해는 농업노동환경에서 마주치는 인간공학적 위험요인, 분진, 가스, 진동, 소음 및 농기자재 사용으로 인한 부상, 질병, 사망 등을 일컬으며 작업 준비, 작업 중, 이동 등 농업활동과 관련되어 발생하는 인적재해를 말한다.

2004년 시행된 「농림어업인의 삶의 질 향상 및 농산어촌 지역개발 촉진에 관한 특별법」에서 농업인 업무상 재해의 개념이 처음 도입되었으며, 2016년 1월부터 시행된 「농어업인 안전보험 및 안전재해 예방에 관한 법률」에서는 농업활동과 관련하여 발생한 인적재해를 '농업인 안전재해'라고 정의하며 이를 관리하기 위한 보험과 예방사업을 명시하였다.

국제노동기구 분류에 따르면 농업은 전 세계적으로 건설업, 광업과 함께 가장 위험한 업종 중 하나다. 우리나라 역시 산업재해보상보험 가입 사업장을 기준으로 전체 산업 근로자와 비교하면, 농업인 재해율이 2배 이상 높은 것으로 나타났다(그림1).

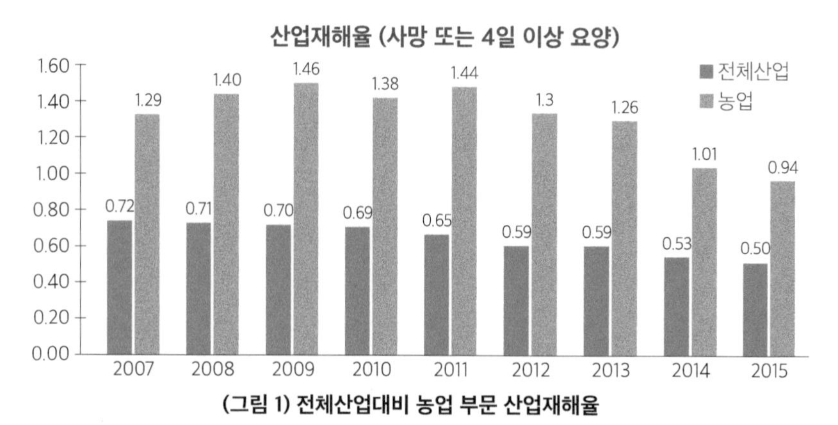

(그림 1) 전체산업대비 농업 부문 산업재해율

그러나 여성, 고령자, 소규모 사업장일수록 산업재해가 빈번하게 발생하는 경향을 고려해 볼 때 산재보상보험에 가입하지 못한 소규모 자영 농업인(농업인구의 약 98%)의 재해율은 산재보상보험에 가입된 농산업 근로자의 재해율보다 높을 것으로 추정된다.

농촌진흥청에서 2009년부터 실시하고 있는 '농업인의 업무상 질병 및 손상 조사(국가승인통계 143003호)'에 따르면 농업인의 업무상 질병 유병률은 5% 내외이며, 이 중 70~80%는 근골격계 질환으로 농업환경의 인간공학적 위험요인 개선이 시급한 것으로 나타났다. 또한 업무상 손상은 3% 내외, 미끄러지거나 넘어지는 전도사고가 30~40%로 전도사고를 예방하기 위한 조치가 필요한 것으로 나타났다. 이 외의 농업인 중대 사고로는 생강굴 질식사, 양돈 분뇨장의 가스 질식사, 고온작업으로 인한 열중증으로 인한 사망사고 등이 있다. 이러한 현황을 고려해 볼 때 농업인의 업무상 재해예방과 보상, 재활 등 국가관리체계 구축 및 농업인의 안전보건관리에 대한 적극적인 참여가 시급하다.

더욱이 업무상 손상이 발생하게 되면 약 30일 이상 일을 못 한다고 응답하는 농업인이 40% 이상이며[1] 심한 경우 농업활동을 아예 하지 못하는 경우도 발생한다. 점차 고령화되어 가고 있는 농업노동력의 특성을 고려할 때 건강한 농업노동력의 유지를 위해 안전한 농업노동환경을 조성하고 작업환경을 개선하기 위한 농업인 산재예방 관리는 매우 중요하다. 또한 이를 위하여 정부, 전문가, 관련 단체, 농업인의 협력 및 자발적인 참여가 절실하다.

2절 농업환경 유해요인의 종류와 건강에 미치는 영향

농작업자는 각 작목특성에 따라 재배지 관리, 병해충 방제, 생육 관리, 수확 및 선별 등의 작업을 수행하면서 농업노동환경의 다양한 건강 유해요인에 노출된다. 노동시간 면에서도 연간 균일한 노동력을 투여하는 것이 아니라, 작목별 농번기와 농한기에 따라 특정 기간 동안에 일의 부담이 집중되는 특성이 있다. 또한 농업인력 고령화와 노동 인력 부족으로 인해 농기계, 농약 등 농기자재의 사용이 증가되고 있다. 따라서 농업노동의 유해요인은 더 다양해 지고, 아차사고가 중대 재해로 이어지는 경우도 늘어나고 있다.

---

1 농업인 업무상 손상조사, 2013

특히 관행적 농업활동에 익숙했던 농업인들이 노동환경 변화에 적응하고자 무리하게 작업을 하게 됨에 따라 작업자 건강에 영향을 미치는 유해요인에 빈번하게 노출되고 있다. 더욱이 새 위험 요소에는 정보나 안전교육이 미흡하여 농업인 업무상 재해의 발생 가능성은 커지고 있다.

농촌진흥청이 연구를 통하여 보고하거나 국내외 문헌 등에서 공통으로 확인되는 농업노동환경의 주요 유해요인으로는 근골격계 질환을 발생시키는 인간공학적 위험 요소, 농약, 분진, 미생물, 온열, 유해가스, 소음, 진동 등이 있다(표 1, 그림 2).

표1 작목별 농업노동 유해요인과 관련된 농업인 업무상 재해

작목 대분류	유해요인 (관련 농업인 업무상 재해)
벼농사	농기계 협착 등 안전사고(신체손상), 곡물 분진(천식, 농부폐증 등), 소음/진동(난청)
과수	인간공학적 위험 요소(근골격계 질환), 농약(농약 중독), 농기계 전복, 추락 등 안전사고(신체손상), 소음/진동(난청)
과채, 화훼 (노지)	인간공학적 위험 요소(근골격계 질환), 농약(농약 중독), 농기계 전복 안전사고(신체손상), 자외선 (피부질환), 온열(열사병 등), 소음/진동(난청) 등
과채, 화훼 (시설하우스)	인간공학적 위험 요소(근골격계 질환), 농약(농약 중독), 트랙터 배기가스 (일산화탄소 중독 등), 온열 (열사병 등), 유기분진(천식 등), 소음/진동(난청)
축산	가스 중독 (질식사고 등), 가축과의 충돌 및 추락 등 안전사고(신체손상), 동물매개 감염(인수공통 감염병), 유기분진(천식, 농부폐증 등)
기타	버섯 포자(천식 등), 담배(니코틴 중독), 생강저장굴(산소 결핍, 질식사 등)

(그림 2) 유해요인 발생 작업 사례

농업인 업무상 재해의 작목별 특성을 보면 인간공학적 요인은 모든 작목의 공통적인 문제이며, 특히 하우스 시설 작목과 과수 작목의 위험성이 상대적으로 높다. 농약의 경우 과수 및 화훼 작목이 벼농사 및 노지보다 상대적으로 위험성이 높은 것으로 보고되었다. 미생물의 경우 축산농가와 비닐하우스 내 작업에서 대부분 노출 기준을 초과하는 위험한 수준이었으며, 온열 및 유해가스의 경우도 하우스 시설과 같이 밀폐된 공간에서 문제가 되었다. 소음 및 진동은 트랙터, 방제기, 예초기 등 농기계를 사용하는 작업에서의 노출 위험이 보고되었다.

3절 농업인 업무상 재해의 관리와 예방

지속 가능한 농업과 농촌의 발전에 있어 건강한 농업인 육성과 안전한 노동환경 조성은 필수 불가결한 요소이지만 FTA 등 국제농업시장 개방에 따라 농업에 대한 직접적인 지원이 점차 제한되고 있다. 반면에 농업인 업무상 재해관리에 대한 정부의 지원은 농업인의 생산적 복지의 확대 즉, 사회보장 확대 지원정책으로 매우 효과적이며 간접적인 지원 정책이 될 수 있다. 또한 산업 재해 예방을 통해서 농업인의 삶의 질 향상뿐 아니라, 건강한 노동력 유지에 도움이 되므로 농업과 농촌의 지속 가능한 발전도 도모할 수 있다.

유럽에서는 지속 가능한 사회발전을 위해 농업인의 건강과 안전관리를 최우선 정책관리 대상으로 삼고 (표 2)와 같이 농업인의 산업재해 예방부터 감시, 보상, 재활연구 등의 사업을 국가가 주도적으로 연계하여 추진하고 있다.

농가소득 및 농업경쟁력 증진을 지원하는 정책이 주류를 이루어 왔던 우리나라는 최근에서야 농업인 업무상 재해를 지원하고자 법적 기반을 마련하고 관리를 시작하는 단계이다.

우리 농업의 근간을 표현하는 농자천하지대본(農者天下之大本)은 농업인이야 말로 국가가 가장 우선적으로 보호해야 할 대상임을 이야기한다. 농업인은 국민의 먹거리를 책임지는 생명창고 지킴이, 환경 지킴이로써 지역의 균형발전에 기여하는 등 공익적 기능을 하고 있다. 농업은 근대 경제 부흥 시기의 산업 근로 버팀목이었으나, 최근 확대되는 FTA 등 국제시장 개방으로 농가가 농업을 유지하기 어려운 상황이다. 그럼에도 농업·농촌이 공공적 기능과 역할을 하고 있으므로 국가가 주도적으로 지켜나가야 한다. 또한 정부의 관리 책임 아래 농업인, 국민, 관련 전문가, 유관 기관, 단체 등이 농업인의 건강과 안전을 위하여 적극적이고 자발적으로 협력해야 한다.

표2 농업인 업무상 재해 관리영역 및 주요 내용

산업 재해 예방	유해요인 확인/평가	• 물리적, 화학적, 인간공학적 유해요인 구명 • 유해요인 평가방법 및 기준 개발 • 지속적인 유해요인 노출 평가 및 안전관리
	유해환경	• 농작업 환경 및 작업 시스템 개선 • 개인보호구 및 작업 보조장비 개발 및 보급
	개선	• 안전보건교육 시스템 구축 및 교육인력 양성 • 농업안전보건 교육내용, 교육매체 개발

산업 재해 감시	재해실태 조사	• 지속적 재해 실태 파악 및 중대 재해 원인조사 • 안전사고, 직업성 질환 감시 및 DB 구축 • 나홀로 작업자 안전사고 등 실시간 모니터링
	재해판정	• 직업성 질환 진단 및 재해 판정기준 개발 • 유해요인 특성별 특수 건강검진 항목 설정 • 직업성 질환 전문 연구, 진단기관 지원
	역학연구	• 농업인 건강특성 구명을 위한 장기역학 연구 • 급성 직업성 질환 및 사망사고 역학 연구
산업 재해 보상	재해보상	• 안전사고 및 직업성 질환 보상범위 수준 설정 • 산재대상 범위 설정 및 심의기구 등 마련
	치료/재활	• 직업성 질환 원인에 따른 치료와 직업적 재활 연구 • 지역 농업인 치료·재활 센터 운영 및 지원 • 재활기구 보급 및 재활프로그램 개발
건강 관리	지역단위 건강관리	• 농촌지역 주요 급·만성 질환 관리(거점병원) • 오지 등 농촌지역 순회 진료 및 건강교육 • 건강 관리시설 확대 및 운영 지원
	의료 접근성	• 공공 보건 의료서비스 강화 • 지역거점 공공병원 및 응급의료 체계 구축

4절 농작업 안전관리 기본 점검 항목

(표 3)은 앞서 서술한 다양한 농업인의 업무상 재해(근골격계 질환, 농기계 사고, 천식, 농약중독 등)의 예방을 위해 농업현장에서 기본적으로 수행해야 하는 안전 관리 항목이다.

각 점검 항목별로 보다 자세한 내용이나, 작목별로 특이하게 발생하는 위험요인의 관리와 재해예방지침은 농업인 건강안전정보센터(http://farmer.rda.go.kr)에서 확인할 수 있다.

표3 농작업 안전관리 기본 점검 항목과 예시 그림

분류	농작업 안전관리 기본 점검 항목	
개인 보호구 착용 및 관리	농약을 다룰 때에는 마스크, 방제복, 고무장갑을 착용한다.	
	먼지가 발생하는 작업환경에서는 분진마스크를 착용한다. (면 마스크 사용 금지)	
	개인보호구를 별도로 안전한 장소에 보관한다.	
	야외 작업 시 자외선(햇빛) 노출을 최소화하기 위한 조치를 취한다.	
농기계 안전	경운기, 트랙터 등 보유한 운행 농기계에 반사판, 안전등, 경광등, 후사경을 부착한다.	
	동력기기 운행 시 응급사고에 대비하여 긴급 멈춤 방법을 확인하고 운전한다.	

분류	농작업 안전관리 기본 점검 항목	
농기계 안전	음주 후 절대 농기계 운행을 하지 않는다.	
	농기계를 사용할 때는 옷이 농기계에 말려 들어가지 않도록 적절한 작업복을 입는다.	
	농기계는 수시로 정기점검하고 점검 기록을 유지한다.	
	수·전동공구는 지정된 안전한 장소에 보관한다.	
농약 및 유해 요인 관리	잔여 농약 및 폐기 농약은 신속하고 안전하게 보관·폐기한다.	
	농약은 잠금이 유지되는 농약 전용 보관함에 넣어 보관한다.	

분류	농작업 안전관리 기본 점검 항목	
농업 시설 관리	화재 위험이 있는 곳(배전반 등)에 소화기를 비치한다.	
	밀폐공간(저장고, 퇴비사 등)을 출입할 때에는 충분히 환기한다.	
	농작업장 및 시설에 적절한 조명시설을 설치한다.	
	사람이 다니는 작업 공간의 바닥을 평탄하게 유지하고 정리정돈한다.	
	출입문 등의 턱을 없애고, 계단 대신 경사로를 설치한다.	
인력 작업 관리	중량물 운반 시 최대한 몸에 밀착시켜 무릎으로 들어 옮긴다.	

분류	농작업 안전관리 기본 점검 항목	
인력 작업 관리	농작업 후에 피로회복을 위한 운동을 한다.	
	작업장에 별도의 휴식공간을 마련한다.	
일반 안전 관리	농업인 안전보험에 가입한다.	
	긴급 상황을 대비하여 응급연락체계를 유지한다.	
	비상 구급함을 작업장에 비치한다.	

알아두면 좋은 채소병해충

1판 1쇄 인쇄 2022년 01월 05일
1판 1쇄 발행 2022년 01월 10일
지은이 국립농업과학원
펴낸이 이범만
발행처 **21세기사**
등록 제406-00015호
주소 경기도 파주시 산남로 72-16 (10882)
전화 031)942-7861 팩스 031)942-7864
홈페이지 www.21cbook.co.kr
e-mail 21cbook@naver.com
ISBN 979-11-6833-009-2

정가 30,000원